河南省"十四五"普通高等教育规划教材

大学计算机基础
第 2 版

○ 甘 勇 尚展垒 翟 萍 侯小静
姬朝阳 王 伟 王爱菊 韩怿冰 编 著

中国教育出版传媒集团
高等教育出版社·北京

内容提要

　　本书是根据教育部高等学校大学计算机课程教学指导委员会提出的大学计算机课程改革思路和面向"四新"的大学计算机课程改革需要，以及多所普通高校一流课程建设的实际情况编写的。全书共分 11 章，主要内容包括：计算机与计算思维、计算机系统、数据在计算机中的表示、操作系统基础、多媒体技术基础、数据库技术基础、计算机网络基础与 Internet 应用、信息安全与职业道德、算法与数据结构、问题求解与程序设计、计算机的新技术。

　　本书密切结合"大学计算机"课程的基本教学要求，兼顾计算机软件和硬件的最新发展，结构严谨，层次分明，内容全面，资源丰富。

　　本书可作为普通高等学校各专业"大学计算机"课程的教材，也可作为计算机技术培训用书和计算机爱好者的自学用书。

图书在版编目（CIP）数据

大学计算机基础 / 甘勇等编著 . -- 2 版 . --北京：高等教育出版社，2022.9（2024.5 重印）
 ISBN 978-7-04-059245-0

Ⅰ. ①大… Ⅱ. ①甘… Ⅲ. ①电子计算机-高等学校-教材 Ⅳ. ①TP3

中国版本图书馆 CIP 数据核字（2022）第 146737 号

Daxue Jisuanji Jichu

策划编辑	武林晓	责任编辑	武林晓	特约编辑	薛秋丕	封面设计	张申申
版式设计	杜微言	责任绘图	李沛蓉	责任校对	刘丽娴	责任印制	赵义民

出版发行	高等教育出版社	网　　址	http://www.hep.edu.cn
社　　址	北京市西城区德外大街 4 号		http://www.hep.com.cn
邮政编码	100120	网上订购	http://www.hepmall.com.cn
印　　刷	北京盛通印刷股份有限公司		http://www.hepmall.com
开　　本	787 mm×1092 mm　1/16		http://www.hepmall.cn
印　　张	18.75	版　　次	2018 年 8 月第 1 版
字　　数	420 千字		2022 年 9 月第 2 版
购书热线	010-58581118	印　　次	2024 年 5 月第 3 次印刷
咨询电话	400-810-0598	定　　价	38.60 元

本书如有缺页、倒页、脱页等质量问题，请到所购图书销售部门联系调换
版权所有　侵权必究
物　料　号　59245-00

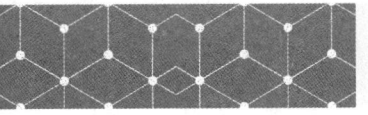

大学计算机基础

第 2 版

甘 勇　尚展垒　翟 萍
侯小静　姬朝阳　王 伟
王爱菊　韩怿冰　编　著

1. 计算机访问 http://abook.hep.com.cn/1880189，或手机扫描二维码、下载并安装 Abook 应用。
2. 注册并登录，进入"我的课程"。
3. 输入封底数字课程账号（20位密码，刮开涂层可见），或通过 Abook 应用扫描封底数字课程账号二维码，完成课程绑定。
4. 单击"进入课程"按钮，开始本数字课程的学习。

大学计算机基础
第 2 版

甘 勇　尚展垒　翟 萍　侯小静
姬朝阳　王 伟　王爱菊　韩怿冰　编　著

《大学计算机基础》（第 2 版）数字课程与纸质教材一体化设计，紧密配合。数字课程涵盖电子教案、微视频、拓展阅读、案例素材、程序源代码和习题答案，充分运用多种媒体资源，极大地丰富了知识的呈现形式，拓展了教材内容。在提升课程教学效果的同时，为学生学习提供思维与探索的空间。

课程绑定后一年为数字课程使用有效期。受硬件限制，部分内容无法在手机端显示，请按提示通过计算机访问学习。

如有使用问题，请发邮件至 abook@hep.com.cn。

扫描二维码
下载 Abook 应用

http://abook.hep.com.cn/1880189

前 言

计算机及相关技术的发展与应用已融入人们的日常工作和生活中，与生活息息相关，是必不可少的工作和生活工具，因此计算机教育应面向社会，面向应用，并与计算机技术的快速发展保持一致。

"大学计算机"是高等学校非计算机专业重要的基础课程，学习本课程是培养学生计算机应用能力、计算思维能力及为后续专业学习赋能的重要途径，可为各专业后续课程的学习与计算机应用相结合奠定基础。目前，由于各个省份的计算机普及程度，特别是在高中阶段的计算机普及程度，有很大的差异这就导致学习这门课程的学生基础不同。为此我们根据教育部大学计算机课程教学指导委员会提出的大学计算机课程改革思路和面向"四新"的大学计算机课程改革需要，联合多所大学，结合各高校学生实际情况，组织长期在教学一线工作的教师编写了本书。本书兼顾理论知识和实践能力的提高，在介绍计算思维、计算机系统、数据表示、操作系统、多媒体技术、数据库技术、计算机网络等知识的同时，也介绍了信息安全与职业道德、算法与数据结构、问题求解与程序设计，为适应计算机新技术的发展，还对大数据、人工智能、物联网、云计算、区块链、3D打印技术、虚拟现实技术、元宇宙等进行了介绍。本书内容丰富，知识覆盖面广。

编写本书的主要目的是满足当前高校对计算机教学改革的要求。本书在强调掌握理论知识的同时，更强调学生的动手能力，特别是用计算机解决问题的能力的培养，旨在使学生对计算机的基本理论和应用有全面、系统的认识。本书讲授可在32~52学时（其中实验16~26学时）内灵活安排。由于本书的内容覆盖面广，各高校可根据实际情况对教学内容进行适当的选取。

为了方便学生学习，本书以纸质教材+数字资源的形态出版。提供了大量与本书内容匹配的资源，包括电子教案、微视频、程序源代码等。学生可随时随地通过手机扫描知识点对应的二维码进行学习，在目前各高校压缩学时的情况下，这是对课堂教学的必要补充，也在很大程度上提高了本书的教学适用性。

本书由郑州工程技术学院的甘勇、郑州轻工业大学的尚展垒、郑州大学的翟萍、洛阳理工学院的侯小静、许昌学院的姬朝阳、郑州工程技术学院的王伟、郑州工程技术学院的王爱菊、郑州轻工业大学的韩怿冰编著，其中甘勇、尚展垒任主编，翟萍、侯小静、姬朝阳、王伟、王爱菊、韩怿冰任副主编。具体编写分工如下：第1、8章由甘勇编写，第2、3章由王伟编写，第4章由尚展垒编写，第5章由侯小静编写，第6、10章由韩怿冰编写，第7章由翟萍编写，第9章由姬朝阳编写，第11章由王爱菊编写。全书的统稿工作由甘勇完成，高等教育出版社的简彦杰做了大量的编辑工作。本书的编写工作得到了河南省高等学校计算机教育研究会和高等教育出版社的大力支持和帮助，在此表示由衷的感谢！

由于编者水平有限，书中难免存在不足和疏漏之处，敬请读者批评指正。

编　者
2022 年 6 月

目 录

第 1 章 计算机与计算思维 ... 1

1.1 计算机概述 ... 1
- 1.1.1 计算机的诞生 ... 1
- 1.1.2 计算机的发展 ... 2
- 1.1.3 计算机的应用 ... 5
- 1.1.4 计算机的分类 ... 6
- 1.1.5 计算机应用系统的工作模式 ... 6

1.2 计算模型 ... 9
- 1.2.1 图灵机模型 ... 9
- 1.2.2 冯·诺依曼模型 ... 10
- 1.2.3 量子计算模型 ... 11
- 1.2.4 生物计算模型 ... 12

1.3 计算思维概述 ... 13
- 1.3.1 科学思维 ... 14
- 1.3.2 计算科学与计算思维 ... 14
- 1.3.3 计算思维的应用 ... 18

习题 1 ... 21

第 2 章 计算机系统 ... 22

2.1 计算机系统概述 ... 22

2.2 计算机硬件系统和工作原理 ... 24
- 2.2.1 计算机硬件系统 ... 24
- 2.2.2 计算机的工作原理 ... 25

2.3 计算机软件系统 ... 25
- 2.3.1 系统软件 ... 26
- 2.3.2 应用软件 ... 26

2.4 微型计算机硬件系统 ... 26
- 2.4.1 主板 ... 27

2.4.2　CPU …………………………………………………………………… 27
　　2.4.3　内存储器 ………………………………………………………………… 28
　　2.4.4　外存储器 ………………………………………………………………… 28
　　2.4.5　总线与接口 ……………………………………………………………… 29
　　2.4.6　输入和输出设备 ………………………………………………………… 30
　习题 2 ……………………………………………………………………………………… 32

第 3 章　数据在计算机中的表示 …………………………………………………………… 33

3.1　数制及不同进制的数之间的转换 ………………………………………………… 33
　　3.1.1　进位计数制 ……………………………………………………………… 33
　　3.1.2　不同进制数之间的相互转换 …………………………………………… 35
　　3.1.3　二进制数的运算 ………………………………………………………… 38
3.2　计算机信息处理 …………………………………………………………………… 40
　　3.2.1　数值信息的表示 ………………………………………………………… 41
　　3.2.2　非数值数据的表示 ……………………………………………………… 46
3.3　条形码与射频识别 ………………………………………………………………… 53
　　3.3.1　条形码 …………………………………………………………………… 53
　　3.3.2　二维码 …………………………………………………………………… 53
　　3.3.3　射频识别 ………………………………………………………………… 54
　习题 3 ……………………………………………………………………………………… 56

第 4 章　操作系统基础 …………………………………………………………………… 58

4.1　操作系统概述 ……………………………………………………………………… 58
　　4.1.1　引言 ……………………………………………………………………… 58
　　4.1.2　操作系统的分类 ………………………………………………………… 59
　　4.1.3　常用操作系统简介 ……………………………………………………… 64
　　4.1.4　国产操作系统简介 ……………………………………………………… 67
4.2　操作系统的基本功能 ……………………………………………………………… 68
　　4.2.1　进程管理 ………………………………………………………………… 68
　　4.2.2　存储管理 ………………………………………………………………… 74
　　4.2.3　文件管理 ………………………………………………………………… 78
　　4.2.4　设备管理 ………………………………………………………………… 84
　　4.2.5　作业管理 ………………………………………………………………… 88
4.3　Windows 和云服务 ………………………………………………………………… 91
　　4.3.1　Windows ………………………………………………………………… 91
　　4.3.2　云服务 …………………………………………………………………… 92
　习题 4 ……………………………………………………………………………………… 95

第 5 章　多媒体技术基础 · 97

5.1　多媒体技术概述 · 97
5.1.1　多媒体技术的基本概念 · 97
5.1.2　多媒体的关键技术 · 99
5.1.3　多媒体技术的应用 · 101

5.2　多媒体系统组成 · 103
5.2.1　多媒体计算机硬件系统 · 103
5.2.2　多媒体计算机软件系统 · 105

5.3　多媒体信息的数字化 · 106
5.3.1　音频数字化 · 106
5.3.2　图像数字化 · 108
5.3.3　视频数字化 · 111

习题 5 · 114

第 6 章　数据库技术基础 · 115

6.1　数据库系统概述 · 115
6.1.1　常用术语 · 115
6.1.2　数据模型 · 118
6.1.3　常用的数据库系统 · 121

6.2　数据库的建立和维护 · 123
6.2.1　数据库的建立 · 123
6.2.2　数据库的管理与维护 · 123
6.2.3　SQL 语句 · 125

6.3　Access 的使用 · 131
6.3.1　Access 的基本功能 · 131
6.3.2　数据库的创建 · 133
6.3.3　数据表的创建与使用 · 138
6.3.4　查询的创建 · 146
6.3.5　窗体的创建 · 150
6.3.6　报表的创建 · 151

6.4　NoSQL 数据库简介 · 152
6.4.1　NoSQL 数据库分类 · 152
6.4.2　NoSQL 数据库特点 · 155
6.4.3　典型 NoSQL 数据库介绍 · 156

习题 6 · 159

第7章 计算机网络基础与因特网应用 ………………………………………… 162

7.1 计算机网络概述 ……………………………………………………………… 162
7.1.1 计算机网络的定义 …………………………………………………… 162
7.1.2 计算机网络的发展 …………………………………………………… 163
7.1.3 计算机网络的组成 …………………………………………………… 163
7.1.4 计算机网络的功能与分类 …………………………………………… 165
7.1.5 计算机网络体系结构和 TCP/IP ……………………………………… 165
7.2 计算机网络硬件 ……………………………………………………………… 167
7.2.1 网络传输介质 ………………………………………………………… 167
7.2.2 网卡 …………………………………………………………………… 170
7.2.3 交换机 ………………………………………………………………… 171
7.2.4 路由器 ………………………………………………………………… 172
7.3 计算机局域网 ………………………………………………………………… 173
7.3.1 局域网概述 …………………………………………………………… 173
7.3.2 带冲突检测的载波监听多路访问 …………………………………… 175
7.3.3 以太网 ………………………………………………………………… 176
7.4 因特网的基本技术与应用 …………………………………………………… 177
7.4.1 因特网概述 …………………………………………………………… 177
7.4.2 因特网的接入 ………………………………………………………… 179
7.4.3 IP 地址与 MAC 地址 ………………………………………………… 180
7.4.4 WWW 服务 …………………………………………………………… 185
7.4.5 域名系统 ……………………………………………………………… 188
7.4.6 电子邮件 ……………………………………………………………… 191
7.4.7 文件传输 ……………………………………………………………… 191
习题 7 ……………………………………………………………………………… 194

第8章 信息安全与职业道德 …………………………………………………… 195

8.1 信息安全概述 ………………………………………………………………… 195
8.1.1 信息安全相关概念 …………………………………………………… 195
8.1.2 信息安全策略 ………………………………………………………… 196
8.1.3 信息安全技术 ………………………………………………………… 197
8.2 计算机中的信息安全 ………………………………………………………… 199
8.2.1 计算机病毒及其防范 ………………………………………………… 199
8.2.2 网络黑客及其防范 …………………………………………………… 200
8.3 知识产权 ……………………………………………………………………… 202
8.3.1 知识产权概念 ………………………………………………………… 202

  8.3.2 计算机软件著作权 ·· 202
8.4 职业道德与相关法规 ·· 203
  8.4.1 使用计算机及网络社会应遵守的道德规范 ······································· 203
  8.4.2 我国信息安全的相关法律法规 ·· 204
习题 8 ··· 206

第 9 章 算法与数据结构 ·· 207

9.1 算法 ··· 207
  9.1.1 算法的基本概念 ··· 207
  9.1.2 算法设计基本方法 ·· 208
  9.1.3 算法的特征 ··· 209
  9.1.4 算法的描述 ··· 209
  9.1.5 Raptor 简介 ··· 211
9.2 数据结构的基本概念 ··· 213
  9.2.1 数据结构的基本概念 ·· 213
  9.2.2 数据结构的表示 ··· 214
  9.2.3 线性结构与非线性结构 ·· 215
9.3 线性表及其顺序存储结构 ··· 215
  9.3.1 线性表的基本概念 ·· 215
  9.3.2 线性表的顺序存储结构 ·· 215
  9.3.3 顺序表的插入运算 ·· 216
  9.3.4 顺序表的删除运算 ·· 216
9.4 栈和队列 ·· 216
  9.4.1 栈及其基本运算 ··· 216
  9.4.2 队列及其基本运算 ·· 217
9.5 线性链表 ·· 217
  9.5.1 单链表 ··· 218
  9.5.2 双向链表 ··· 218
  9.5.3 循环链表 ··· 218
9.6 树与二叉树 ·· 219
  9.6.1 树的基本概念 ··· 219
  9.6.2 二叉树及其基本性质 ·· 220
  9.6.3 二叉树的存储结构 ·· 220
  9.6.4 二叉树的遍历 ··· 220
9.7 图 ·· 221
  9.7.1 图的基本概念 ··· 221
  9.7.2 有向图 ··· 221

9.7.3 无向图 …… 222
9.7.4 图的遍历 …… 222
9.8 查找算法 …… 223
9.8.1 顺序查找 …… 223
9.8.2 二分法查找 …… 223
9.9 排序算法 …… 224
9.9.1 交换类排序法 …… 224
9.9.2 插入类排序法 …… 224
9.9.3 选择类排序法 …… 225
9.10 经典算法 …… 225
9.10.1 汉诺塔问题 …… 225
9.10.2 国王的烦恼 …… 226
9.10.3 旅行商问题 …… 226
习题 9 …… 227

第 10 章 问题求解与程序设计 …… 228

10.1 程序设计的概念 …… 228
  10.1.1 程序的概念 …… 228
  10.1.2 指令和指令系统 …… 229
  10.1.3 程序设计 …… 229
10.2 结构化程序设计与面向对象程序设计 …… 230
10.3 程序设计的基本控制结构 …… 232
  10.3.1 顺序结构 …… 232
  10.3.2 选择（分支）结构 …… 232
  10.3.3 循环结构 …… 234
10.4 程序设计语言 …… 234
  10.4.1 机器语言 …… 234
  10.4.2 汇编语言 …… 235
  10.4.3 高级语言 …… 235
10.5 Python 语言基础 …… 236
  10.5.1 Python 语言概述 …… 236
  10.5.2 程序的格式 …… 238
  10.5.3 变量和保留字 …… 239
  10.5.4 赋值语句 …… 239
  10.5.5 基本数据类型 …… 240
  10.5.6 输入语句：input（）函数 …… 242
  10.5.7 输出语句：print（）函数 …… 243

  10.5.8 条件分支语句 …… 244
  10.5.9 循环语句 …… 245
  10.5.10 序列类型 …… 246
  10.5.11 函数和库 …… 248
 10.6 软件工程基础 …… 250
  10.6.1 软件工程概述 …… 250
  10.6.2 软件工程各阶段简述 …… 251
 习题 10 …… 253

第 11 章 计算机的新技术 …… 255

 11.1 大数据 …… 255
  11.1.1 大数据的概念 …… 255
  11.1.2 大数据的关键技术 …… 257
  11.1.3 大数据的应用实例 …… 260
 11.2 人工智能 …… 260
  11.2.1 人工智能的概念 …… 260
  11.2.2 人工智能的研究目标 …… 262
  11.2.3 人工智能的研究领域 …… 263
 11.3 物联网 …… 265
  11.3.1 物联网起源与发展 …… 265
  11.3.2 物联网的关键技术 …… 267
 11.4 云计算 …… 267
  11.4.1 云计算的概念 …… 267
  11.4.2 云计算的发展 …… 268
  11.4.3 云计算的特点 …… 269
  11.4.4 云计算的服务类型 …… 270
  11.4.5 云计算的实现机制 …… 270
 11.5 区块链 …… 272
  11.5.1 区块链的概念 …… 272
  11.5.2 区块链的起源 …… 273
  11.5.3 区块链的特征 …… 273
  11.5.4 区块链的应用 …… 274
 11.6 3D 打印技术 …… 275
  11.6.1 3D 打印技术的概念 …… 275
  11.6.2 3D 打印技术的特点 …… 276
  11.6.3 3D 打印技术的原理 …… 276
  11.6.4 3D 打印技术的步骤 …… 277

11.6.5　3D打印技术的发展 ……………………………………………………… 277
11.7　虚拟（增强）现实技术 …………………………………………………………… 278
11.7.1　虚拟现实技术的概念 ……………………………………………………… 278
11.7.2　虚拟现实技术的特点 ……………………………………………………… 278
11.7.3　3D技术和虚拟现实技术的区别 …………………………………………… 279
11.7.4　虚拟现实技术的应用 ……………………………………………………… 280
11.8　元宇宙 ………………………………………………………………………………… 281
11.8.1　元宇宙的概念 ………………………………………………………………… 281
11.8.2　元宇宙的特征 ………………………………………………………………… 281
11.8.3　元宇宙的实现路径 …………………………………………………………… 281
11.8.4　元宇宙的核心技术 …………………………………………………………… 282
习题11 ………………………………………………………………………………………… 283

参考文献 …………………………………………………………………………………… 284

第 1 章　计算机与计算思维

本章介绍计算机的诞生、发展、应用和分类，讲述计算机应用系统的工作模式、计算模型、计算思维的概念和应用。通过学习本章，学生可以从整体上掌握计算机的发展脉络、发展趋势、分类和应用领域，了解计算机应用系统的工作模式、计算模型，初步了解计算思维的思想，为后续内容的学习打下基础。

【知识要点】
1. 计算机的发展
2. 计算机的应用领域
3. 计算机的分类和工作模式
4. 计算模型
5. 计算思维及应用

电子教案：计算机与计算思维

微视频：第1章章首导读

1.1　计算机概述

1.1.1　计算机的诞生

电子数字计算机（electronic computer）是一种能自动、高速、精确地进行信息处理的电子设备，是 20 世纪最重大的发明之一。计算机家族包括机械计算机、电动计算机、电子计算机等。电子计算机又可分为电子模拟计算机和电子数字计算机，人们通常所说的计算机就是指电子数字计算机，它是现代科学技术发展的结晶。微电子、光电、通信等技术以及计算数学、控制理论的迅速发展带动了计算机的不断更新。自 1946 年第一台电子数字计算机诞生以来，计算机发展十分迅速，已经从开始的高科技军事应用渗透到了人类社会的各个领域，对人类社会的发展产生了极其深刻的影响。

1943 年，美国为了解决新武器研制中的弹道计算问题而组织科技人员开始了电子数字计算机的研究。1946 年 2 月，电子数字积分计算机（electronic numerical integrator and calculator，ENIAC）在美国宾夕法尼亚大学研制成功，它是世界上第一台电子数字计算机，如图 1.1 所示。这台计算机共使用了 18 000 多只电子管、1 500 个继电器，耗电功率约 150 kW，占地面积约为 167 m^2，质量为 30 t，每秒能完成 5 000 次加法或 400 次乘法运算。

图 1.1 ENIAC 计算机

与此同时，美籍匈牙利科学家冯·诺依曼（Von Neumann）也在为美国军方研制电子离散变量自动计算机（electronic discrete variable automatic computer，EDVAC）。在 EDVAC 中，冯·诺依曼采用了二进制数，并创立了"存储程序"的设计思想，EDVAC 也被认为是现代计算机的原型。

1.1.2 计算机的发展

1. 计算机的发展

自 1946 年以来，计算机已经历了几次重大的技术革命，按所采用的电子器件可将计算机的发展划分为如下几代。

第一代计算机（1946—1959 年），主要特点是，逻辑元件采用电子管，功耗大，易损坏；主存储器采用汞延迟线或静电存储管，容量很小；外存储器使用了磁鼓；输入输出装置主要采用穿孔卡；采用机器语言编程，即用"0"和"1"来表示指令和数据；运算速度仅为数千至数万次每秒。

> 拓展阅读1.1：中国计算机历史记忆

第二代计算机（1960—1964 年），主要特点是：逻辑元件采用晶体管，与电子管相比，其体积小、耗电省、速度快、价格低、寿命长，主存储器采用磁芯，外存储器采用磁盘、磁带，存储器容量有较大提高；软件方面产生了监控程序（monitor），提出了操作系统的概念，程序设计有了很大的发展，先用汇编语言（assemble language）代替了机器语言，接着又发展了高级程序设计语言，例如 FORTRAN、COBOL、ALGOL 等；计算机应用开始进入实时过程控制和数据处理领域，运算速度达到数百万次每秒。

第三代计算机（1965—1969 年），主要特点是：逻辑元件采用集成电路（integrated circuit，IC），集成电路的体积更小，更省电，寿命更长；主存储器以磁芯为主，开始使用半导体存储器，存储容量大幅度提高；系统软件与应用软件迅速发展，出现了分时操系统和会话式语言；在程序设计中采用了结构化、模块化的设计方法，运算速度达到千万次每秒以上。

第四代计算机（1970年至今），主要特点是：采用了超大规模集成电路（very large scale integration，VLSI），主存储器采用半导体存储器，容量已达第三代计算机的外存储器水平，作为外存储器的软盘和硬盘的容量成百倍增加，并开始使用光盘；输入设备出现了光学字符阅读器、触摸输入设备和语音输入设备等，使操作更加简洁灵活，输出设备已逐步转为以激光打印机为主，使得字符和图形的输出更加逼真、高效。在此阶段微处理器的出现和微型机体系结构标准化促使了微型计算机的快速发展，使计算机的应用得到了空前的普及。

拓展阅读1.2：计算机发展简史

新一代计算机系统，即未来计算机系统（future generation computer system，FGCS）的目标是使其具有智能特性，具有知识表达和推理能力，能模拟人的分析、决策、计划和其他智能活动，具有人机自然交互能力，一般将其称为知识信息处理系统。现在人们已经开始了对神经网络计算机、生物计算机等的研究，并取得了可喜的进展。例如，生物计算机的研究表明，采用蛋白质分子为主要原材料的生物芯片的处理速度比现今最快的计算机还要快100万倍，而能量消耗仅为现代计算机的10亿分之一。

在计算机的发展史上，涌现出了许多著名的人物。如英国数学家查尔斯·巴贝奇（1791—1871），在近代计算机发展中，查尔斯·巴贝奇起着奠基的作用；他的主要贡献为①1822年设计了差分机；②1834年设计了分析机（以上两种机器均用蒸汽机作为动力）；③他的分析机已经具有输入、处理、存储、输出及控制5个基本装置的构思，当时他还提出了"条件转移"的思想，这些构思，已成为当今计算机硬件系统组成的基本框架。美国科学家霍华德·艾肯（1900—1973），1936年提出用机电方法而不是纯机械方法来实现巴贝奇分析机的想法，1944年他成功地制造了Mark2计算机，使巴贝奇的梦想变为现实。英国数学家艾伦·图灵（1912—1954）为计算机的诞生奠定了理论基础。1936年，他提出了计算机的抽象计算模型——图灵机，发展了可计算性理论；以他的名字命名的"图灵奖"是计算机界最负盛名的奖项，有"计算机界诺贝尔奖"之称。

2. 微型计算机的发展

微型计算机也称为个人计算机（personal computer，PC），简称微机。其主要特点是采用由大规模、超大规模集成电路构成的微处理器（micro processing unit，MPU）作为计算机的核心部件。微型计算机的升级换代主要有两个标志，即微处理器的更新和系统组成的变革。微处理器从诞生的那一天起就向更高的时钟频率、更宽的数据字长、更小的制造尺寸、更大的高速缓存发展，它以摩尔定律不断更新。微型计算机的发展大致可分为以下几代。

第一代（1971—1973）是4位和低档8位微处理器时代。典型的微处理器产品有Intel 4004、8008。其集成度为2 000个晶体管/片，时钟频率为1 MHz。

第二代（1974—1977）是8位微处理器时代。典型的微处理器产品有英特尔（Intel）公司的Intel 8080、摩托罗拉（Motorola）公司的MC6800、齐洛格（Zilog）公司的Z80

等。其集成度为 5 000 晶体管/片，时钟频率为 2 MHz。同时指令系统得到完善，形成典型的体系结构，具备中断、直接存储器访问等控制功能。

第三代（1978—1984）是 16 位微处理器时代。典型的微处理器产品是 Intel 公司的 Intel 8086/8088/80286、Motorola 公司的 MC68000、Zilog 公司的 Z8000 等。集成度为 25 000 个晶体管/片，时钟频率为 5 MHz。微机的各种性能指标达到或超过中、低档小型机的水平。

第四代（1985—1992）是 32 位微处理器时代。其集成度已达到 100 万个晶体管/片，时钟频率达到 60 MHz 以上。典型的 32 位 CPU 产品有 Intel 公司的 Intel 80386/80486、Motorola 公司的 MC 68020/68040、IBM 公司和 Apple 公司的 Power PC 等。

第五代（1993 年至今）是 64 位奔腾（Pentium）系列微处理器的时代，典型的产品是 Intel 公司的奔腾系列芯片及与之兼容的 AMD 的 K6 系列微处理器芯片，时钟频率达到 2.4 GHz 以上。它们内部采用了超标量指令流水线结构，并具有相互独立的指令和数据高速缓存。随着 MMX（multi media extension）微处理器的出现，微机的发展在网络化、多媒体化和智能化等方面跨上了更高的台阶。目前双核和多核处理器已成熟应用。

3. 计算机的发展趋势

目前计算机的发展趋势主要有如下几个方面。

（1）多极化

今天包括电子词典、掌上电脑、笔记本电脑等在内的微型计算机在人们的生活中已经是处处可见，同时大型、巨型计算机也得到了快速的发展。特别是在超大规模集成电路技术基础上的多处理机技术使计算机的整体运算速度与处理能力得到了极大的提高。图 1.2 所示为我国自行研制的超级计算机神威·太湖之光，运算速度最高可达 125.436 PFLOPS（千万亿次浮点运算每秒），标志着我国的高性能计算技术已经处于世界前列。除了向微型化和巨型化发展之外，中小型计算机也各有自己的应用领域和发展空间。特别是在注意运算速度提高的同时，提倡功耗小、对环境污染小的绿色计算机和提倡综合应用的多媒体计算机已经被广泛应用，多极化的计算机家族还在迅速发展中。

图 1.2　神威·太湖之光超级计算机

（2）网络化

网络化就是指通过通信线路将一定地域内不同地点的计算机连接起来形成一个更大

的计算机网络系统。计算机网络的出现只有 50 多年的历史，但已成为影响人们日常生活的应用热潮，是计算机发展的一个主要趋势。

(3) 多媒体化

可以将媒体理解为存储和传输信息的载体，文本、声音、图像等都是常见的信息载体。过去的计算机只能处理数值信息和字符信息，即单一的文本媒体。多媒体计算机则集多种媒体信息的处理功能于一身，实现了图、文、声、像等各种信息的收集、存储、传输和编辑处理，被认为是信息处理领域在 20 世纪 90 年代出现的又一次革命。

(4) 智能化

智能化虽然是新一代计算机系统的重要特征之一，但现在已经能看到它的踪影，比如能自动接收和识别指纹的门控装置、能听从主人语音指示的车辆驾驶系统等。使计算机具有人的某些智能将是计算机的下一个重要的发展目标。

1.1.3 计算机的应用

计算机的诞生和发展，对人类社会产生了深刻的影响，它的应用涉及科学技术、国民经济、社会生活的各个领域，概括起来可分为如下几个方面。

1. 科学计算

科学计算即数值计算，是计算机应用的一个重要领域。计算机的发明和发展首先是为了高速完成科学研究和工程设计中大量复杂的数学计算。

2. 信息处理

信息是各类数据的总称。信息处理一般泛指非数值方面的计算，如各类资料的管理、查询、统计等。

3. 实时过程控制

实时过程控制在国防建设和工业生产中都有着广泛的应用。例如由雷达和导弹发射器组成的防空控制系统、地铁指挥控制系统、自动化生产线等，都需要在计算机的控制下运行。

4. 计算机辅助工程

计算机辅助工程是近几年来迅速发展的应用领域，它包括计算机辅助设计（computer aided design，CAD）、计算机辅助制造（computer aided manufacture，CAM）、计算机辅助教学（computer assisted instruction，CAI）等多个方面。

5. 办公自动化

办公自动化（office automation，OA）指用计算机帮助办公室人员处理日常工作。例如，用计算机进行文字处理，文档管理，资料、图像、声音处理和网络通信等。

6. 数据通信

数据通信是通信技术和计算机技术相结合而产生的一种新的通信方式。要在两地间传输信息必须有传输信道，根据传输媒体的不同，有有线数据通信与无线数据通信之分。它们都是通过传输信道将数据终端与计算机联结起来，使不同地点的数据终端实现软、硬件和信息资源的共享。

7. 智能应用

智能应用,是指以人工智能应用为主,以大数据智能化为引领的智能化技术与管理的应用。人工智能既不同于单纯的科学计算,又不同于一般的数据处理,它不但要求具备高的运算速度,还要求具备对已有的数据(经验、原则等)进行逻辑推理和总结的功能(即对知识的学习和积累功能),并能利用已有的经验和逻辑规则对当前事件进行逻辑推理和判断。

1.1.4 计算机的分类

按照计算机的性能,可以将计算机分为巨型机、大型机、小型机和微型机,这种分类是以性能为特征,按价格来划分的。巨型机也称超级计算机,是计算机中功能最强、运算速度最快、存储容量最大的,是国家科技发展水平和综合国力的重要标志;大型机运算速度快,主要应用于军事技术科研领域;小型机结构简单、造价低、性能价格比突出;微型机体积小、重量轻、价格低,根据体积大小和形状有台式计算机、一体机、笔记本电脑、掌上电脑和平板电脑之分。

按照用途可分为专用机、通用机、工作站、服务器、家用计算机、嵌入式计算机等。一般把针对特定问题、专门设计的计算机称为专用机;把用于科学计算、数据处理、过程控制,解决各类问题的计算机称为通用机;把图形处理能力强的称为工作站;把处理速度快、数据存储能力大的称为服务器;把价格便宜、应用软件丰富、用于家庭的称为家用计算机;把嵌入设备中的计算机称为嵌入式计算机。

按照原理和处理信号类型可分为数字机、模拟机、混合机。数字机用数字量作为运算量,速度快、精度高、自动化、通用性强;模拟机用模拟量作为运算量,速度慢、精度差;混合机集中两者优点,避免其缺点。随着科技的发展,新出现新型计算机有生物计算机、光子计算机、量子计算机等。

1.1.5 计算机应用系统的工作模式

计算机应用系统中数据与应用程序的分布方式称为计算机应用系统的工作模式。自世界上第一台计算机诞生以来,计算机应用系统的模式发生了几次变革,分别是单主机模式、分布式客户机—服务器模式(client/server, C/S)、浏览器—服务器模式(browser/server, B/S)、云计算模式和普适计算模式等。

1. 单主机模式

早期的计算机应用一般是单主机模式,主机利用自己本机的软、硬件资源(CPU、内存等)完成计算任务。单主机模式又可细分为两个阶段:①单主机—单终端阶段,系统所用的操作系统为单用户操作系统,只有一个控制台,单独应用。②单主机—多终端阶段,分时多用户操作系统的研制成功及计算机终端的普及,可使多个用户通过终端同时使用主机,每个用户都感觉好像是在独自享用计算机的资源。单主机—多终端的计算模式在我国当时一般被称为"计算中心"。

20世纪80年代,微型计算机的发展使得计算机的性价比大幅度提升从而导致计算机走向普及，形成了个人计算机（PC）和台式计算机模式。

2. 分布式客户机—服务器模式

个人计算机的资源有限，但在网络技术的支持下，应用程序不仅可利用本机资源，还可通过网络方便地共享其他计算机的资源，随着个人计算机的发展和局域网技术的成熟，用户不仅可通过计算机网络共享计算机资源，还可以通过网络协同完成某些数据处理工作，形成了分布式客户机—服务器（C/S）模式。在客户机—服务器模式中，网络中的计算机被分为两大类：一是用于向其他计算机提供各种服务（主要有数据库服务、打印服务等）的计算机，统称为服务器；二是享受服务器所提供的服务的计算机，称为客户机。客户机一般由微机承担，运行客户应用程序，应用程序被分散地安装在每台客户机上，这是 C/S 模式应用系统的重要特征；部门级和企业级的计算机作为服务器运行服务器系统软件（如数据库服务器系统、文件服务器系统等），向客户机提供相应的服务。

在 C/S 模式中，数据库服务是最主要的服务，客户机将用户的数据处理请求通过客户机的应用程序发送到数据库服务器，数据库服务器分析用户请求，实施对数据库的访问与控制，并将处理结果返回给客户机。在这种模式下，网络上传送的只是数据处理请求和少量的结果数据，网络负担较小。C/S 模式是一种较成熟且应用广泛的企业计算模式，其客户端应用程序的开发工具也较多，这些开发工具分为两类：一类是针对某一种数据库管理系统的开发工具（如针对 Oracle 的 Developer2000），另一类是对大部分数据库系统都适用的前端开发工具（如 Power Builder、Visual Basic、Visual C++、Delphi、C++ Builder、Java 等）。

C/S 模式的优点是能充分发挥客户端的处理能力，很多工作可以在客户端处理后再提交给服务器。但它存在以下缺点：一是只适用于局域网，随着互联网的飞速发展，这种方式远程访问需要专门的技术，同时要对系统进行专门的设计来处理分布式的数据；二是客户端需要安装专用的客户端软件，其维护和升级成本非常高，逐步被 B/S 模式所代替。

3. 浏览器—服务器模式

B/S 最大的优点就是可以在任何地方进行操作而不用安装任何专门的软件，只要有一台能上网的计算机就能使用，客户端零维护，系统的扩展非常容易。B/S 模式采用三层结构，它将 C/S 架构中的服务器端进一步分解成应用服务器（Web 服务器）和多个数据库服务器，同时简化 C/S 中的客户端，将客户端的计算功能移至 Web 服务器，仅保留其表示功能，从而成为一种由表示层（browser）、应用层（web server）与数据层（database server）构成的三层结构。表示层负责处理用户的输入和输出；应用层也称为逻辑层或中间层，是应用程序的核心，对表示层中收集的信息进行处理；数据层有时称为数据库层、数据访问层或后端，是存储和管理应用程序处理信息的地方，它对实际的数据库进行存储和检索，响应应用层的数据处理请求，并将结果返回给应用层。

与 C/S 二层结构相比，B/S 三层结构更适合群体开发，每个人有不同的分工，协同工作使效率倍增；三层结构属于瘦客户的模式，用户端只需一个较小的硬盘、较小的内存和较慢的 CPU 就可以获得不错的性能；另外，三层结构的最大优点是安全性，用户端只能通过逻辑层来访问数据层，减少了入口点，一定程度上屏蔽了对数据层的危害。从技术发展趋势看，B/S 模式最终将取代 C/S 模式，但目前仍有 B/S 和 C/S 同时存在的混合计算模式。

4. 云计算模式

云计算（cloud computing）是通过网络"云"将巨大的数据计算处理程序分解成无数个小程序，然后通过多台服务器组成的系统处理和分析这些小程序得到的结果并返回给用户；它由一系列可以动态升级和被虚拟化的资源组成，这些资源被所有云计算的用户共享并且可以方便地通过网络访问，用户无须掌握云计算的技术，只需要按照个人或者团体的需要租赁云计算的资源；它是一种按使用量付费的模式，这种模式提供可用的、便捷的、按需的网络访问，进入可配置的计算资源共享池（资源包括网络、服务器、存储、应用软件、服务），这些资源能够被快速提供，只需投入很少的管理工作，或与服务供应商进行很少的交互，它使得计算服务变成像"水、电、气"一样的公共资源，是改变互联网的技术基础，甚至会影响整个互联网产业的格局。

云计算可以通过以下三个层次为用户提供服务，基础设施即服务（IaaS）、平台即服务（PaaS）和软件即服务（SaaS），它们分别在基础设施层、软件开放运行平台层和应用软件层实现。

此外，与云计算相对应的是海计算（sea computing）。海计算为用户提供基于互联网的一站式服务，用户只要在海计算系统输入服务需求，系统就能明确识别这种需求，并将该需求分配给最优的应用或内容资源提供商处理，最终返回给用户相匹配的结果。海计算是一种新型物联网计算模式，通过在物理世界的物体中融入计算、存储、通信能力和智能算法，实现物物互联，把"智能"推向前端的计算，与云计算相比，"云"在天上，在服务端提供计算能力；"海"在地上，在客户前端汇聚计算能力。

5. 普适计算模式

1979 年，美国著名的计算机专家 Mark Weiser 发表了文章《21 世纪的计算机》（*The Computer for the 21st Century*）的，开创了普适计算这个研究领域，创造了一个当时看起来有些生僻的词语：pervasive computing，即普适计算，被称为"普适计算之父"。

所谓普适计算，指的是无所不在的、随时随地可以进行计算的一种方式——无论何时何地，只要需要，就可以通过某种设备访问所需的信息。1999 年 IBM 公司提出了普适计算的概念，它有两个特征，即间断连接、轻量计算（即计算资源相对有限），同时具有如下特性。①普适特性（pervasive）：用户可以随地以各种接入手段进入同一信息世界；②嵌入特性（embedded）：计算和通信能力存在于我们生活的世界中，用户能够感觉到它和作用于它；③游牧特性（nomadic）：用户和计算均可按需自由移动；④自适应特性（a-daptive）：计算和通信服务可按用户需要和运行条件提供充分的灵活性和自主性；⑤永恒特性（eternal）：系统在开启以后再也不会死机或需要重启。

普适计算涉及移动通信与设备、小型计算设备制造、小型计算设备上的操作系统及软件等技术，它把计算和信息融入生活空间，使人们生活的物理世界与在信息空间中的虚拟世界融合成为一个整体，人们生活在其中，可随时随地得到信息访问和计算服务，从根本上改变了人们对信息技术的思考,也改变了人们生活和工作的方式。

普适计算是对计算模式的革新,活跃了学术思想,具有强大的生命力,带来了深远的影响,推动了新型计算模式的研究,出现了许多诸如平静计算(calm computing)、日常计算(everyday computing)、主动计算(proactive computing)等的新研究方向。

1.2 计算模型

计算模型是刻画计算的抽象的形式系统或数学系统,在计算科学中,计算模型是指具有状态转换特征,能够对所处理的对象的数据或信息进行表示、加工、变换和输出的数学机器。

1.2.1 图灵机模型

1936年图灵发表了一篇重要的论文《论可计算数及其在判定问题上的应用》(*On Computable Numbers, with an Application to the Entscheidungs Problem*),提出了一种抽象计算模型——图灵机(Turing Machine),对人们使用纸笔进行数学运算的过程进行抽象,由一个虚拟的机器替代人们进行数学运算,为解决逻辑过程问题提供了一种简单有效的方法。图灵机是一台假想的机器,其模型如图1.3所示,由以下几个部分组成。

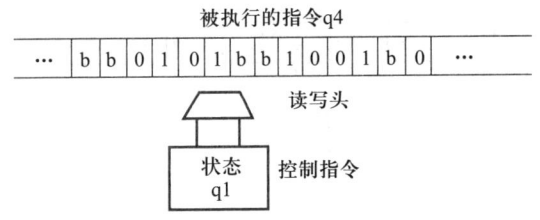

图1.3 图灵机模型

① 一条无限长的纸带,有无限多个格子,每个格子上只有几个符号,这些符号来自一个小的字母表,纸带有编号,从1到无穷大。

② 一个读写头,每次可以读到一个小格子,并可识别其上面的字母,读写头就像有一支笔和一块橡皮,可以写字母,也可以擦掉不想要的字母。

③ 一套规则,只有遵守规则才能有条不紊地正常运行,读写头也就知道该怎么做,下一步去哪里。状态寄存器遵守该规则,可以进入全新的状态。

④ 状态寄存器,就像人的大脑,读写头读写了什么、现在的状态等都记录在该寄存器中。

图灵机可形式化地描述为一个五元组:$\{K, \Sigma, \delta, s, H\}$。

K是一个有穷个状态的集合。

Σ是字母表,即符号的集合:$\{0, 1, \cdots\}$。

δ是转移函数,即控制器的规则集合。

$s \in K$，是初始状态。

$H \in K$，是停机状态。

图灵机是一种十分简单但运算能力很强的理想计算装置，虽然只是假想的计算机，完全没有考虑硬件状态，考虑的焦点是逻辑结构，但图灵机可以模拟其他任何一台解决某个特定数学问题的计算机的工作状态；图灵甚至还想象在带子上存储数据和程序，"通用图灵机"实际上就是现代通用计算机最原始的模型，其变革性的意义在于第一次在纯数学的符号逻辑和实体世界之间建立了联系，为现代计算机的诞生奠定坚实的理论基础。

1.2.2 冯·诺依曼模型

计算机在运行时，先从内存中取出第一条指令，通过控制器的译码，按指令的要求，从存储器中取出数据进行指定的运算和逻辑操作等加工，然后再按地址把结果送到内存中去。接下来，再取出第二条指令，在控制器的指挥下完成规定操作。依此进行下去，直至遇到停止指令。程序与数据一样存储，按程序编排的顺序，一步一步地取出指令，自动地完成指令规定的操作是现代计算机最基本的工作模型，它最初是由美籍匈牙利数学家冯·诺依曼于1945年提出来的，故称为冯·诺依曼计算机模型和存储程序原理。

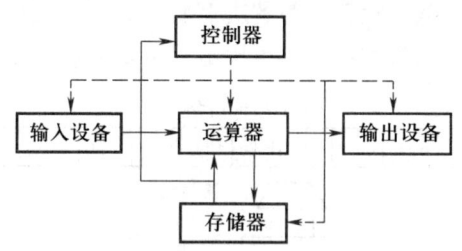

图 1.4　冯·诺依曼计算机模型

冯·诺依曼计算机由运算器（arithmetic logic unit，ALU）、控制器（controller）、存储器（memory）、输入设备（input equipment）和输出设备（output equipment）五大部件组成。运算器的主要功能是进行算术及逻辑运算，是计算机的核心部件；控制器是计算机的"神经中枢"，用于分析指令，根据指令要求产生各种协调各部件工作的控制信号；存储器用来存放控制计算机工作过程的指令序列（程序）和数据（包括计算过程中的中间结果和最终结果）；输入设备用来输入程序和数据；输出设备用来输出计算结果，即将其显示或打印出来。图1.4所示为冯·诺依曼计算机模型图。原始的冯·诺依曼计算机结构以运算器为核心，在运算器周围连接着其他各个部件，经由连接导线在各部件之间传送着各种信息。这些信息可分为两大类：数据信息和控制信息（在图 1.4 中分别用实线和虚线表示）。数据信息包括数据、地址和指令等，数据信息可存放在存储器中；控制信息由控制器根据指令译码结果即时产生，并按一定的时间次序发送给各个部件，用以控制各部件的操作或接收各部件的反馈信号。

尽管计算机经历了多次的更新换代，但到目前为止，其整体结构上仍属于冯·诺依曼计算机的发展，还保持着冯·诺依曼计算机的基本特征。
① 采用二进制数表示程序和数据。
② 能存储程序和数据，并能自动控制程序的执行。
③ 具备运算器、控制器、存储器、输入设备和输出设备 5 个基本部分。

1.2.3 量子计算模型

量子力学是现代物理学描述世界的语言，在量子力学中，物理系统的状态、演化和观测均由矩阵表示，这样一组矩阵构成了一个物理系统的理论模型。量子计算是一种遵循量子力学规律调控量子信息单元进行计算的新型计算模式。从计算的效率上，由于量子力学叠加态的存在，某些已知的量子算法在处理问题时速度要快于传统的通用计算机。在量子计算和信息领域，已经发展出一系列方法用于重构这些矩阵。量子计算机就是遵循量子力学规律进行高速数学与逻辑运算、存储和处理量子信息的物理装置，它处理和计算的是量子信息，运行的是量子算法。

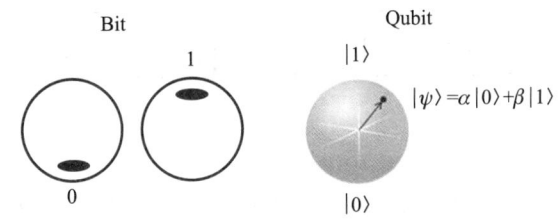

图 1.5 经典比特（bit）与量子比特（qubit）

"经典"计算通过常规的二进制（通常称为"0"和"1"）来处理和表示信息，比特（bit）就是 0 或 1 的值，然后排列成长长的标识字符串；量子计算的基本单位不是比特，而是量子比特（qubit），量子比特可以同时是 0 和 1 的值，即量子比特可以是 |0⟩ 或 |1⟩ 或这两种状态的线性叠加。量子计算的信息存储单位是量子比特，其两态的表示常用以下两种方式：一是利用电子自旋的方向，如向左自转状态代表 1，向右自转状态代表 0；二是利用原子的不同能级，原子有基态和激发态两种能级，规定原子基态为 0，激发态为 1。由于量子态可以处于叠加态，一个量子比特实际上可以表示无穷多个状态；如果把这些状态映射到一个半径为 1 的球面上，球面上的任何一个点都代表一种可能存在的状态，这个球被称作布洛赫（Bloch）球。经典比特与量子比特如图 1.5 所示。N 个经典比特一次表示的状态只有 1 种，N 个纠缠在一起的量子比特一次表示的状态为 2^N，当 $N=250$ 时，将比宇宙中所有原子的数目还要多。由于量子态具有相干叠加性质，特别是纠缠特性，量子计算的计算能力呈指数增长，因此量子计算机具有天然的大规模并行计算的能力，其并行规模随芯片上集成的量子位数目指数增加。量子可以纠缠在一起。纠缠是一种特别神奇的量子现象，它指的是多个量子系统组成的复合系统可以处在某种"量子关联"态。在这些状态下，单看每个粒子人们得不到任何信息，必须把它们合起来看才能获得其中的信息。

量子计算机以量子态为记忆单元、开关电路和信息存储形式,以量子动力学演化作为信息传递与量子通信,其硬件的各种元件的尺寸达到原子或分子的量级,能够接纳这种双向状态的特殊原子,如"离子、光子或微小的超导电路",这就是量子计算的基石。正如有多种量子计算模型一样,量子计算机也有一系列提出的物理实现。其中包括超导量子、离子阱、硅基半导体、光量子等。图1.6为超导量子计算机组成,其中量子芯片系统起到了对量子芯片进行控制、处理、运算的作用,量子计算机测控系统包括硬件和软件;如果没有量子计算机测控系统,那么量子计算机将无法运行。

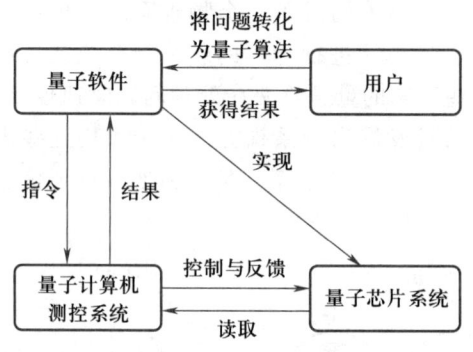

图1.6 超导量子计算机组成

量子计算机和量子计算都是利用量子现象来加快执行进程,像量子叠加态(量子粒子同时存在多个量子状态,而不是在一个位置和状态中)和量子纠缠态(具有纠缠态的两个粒子无论相距多远,只要一个状态发生变化,另外一个也会瞬间发生变化)这样的量子原理,可以用来让计算机处理超出常规二进制原理以外的问题。因此计算问题转化为量子算法非常重要,舒尔质因数分解算法和格罗弗搜索算法是量子计算中最为经典且重要的两个算法。

舒尔算法用量子的逻辑电路,可以将大数分解问题的求解时间从指数级降低为准多项式级;如大数不可分正是现在互联网上应用最广泛的非对称加密系统(也叫公钥加密系统)的数学基础,有人估算过,用现在最好的经典算法破解2 048位数的公钥密码,需要时间超过100万年,而用舒尔算法只需要几分钟。

格罗弗算法可以将无结构的数据搜索问题从 N 复杂度降低为 $\sqrt{N}$ 复杂度,还可以映射到多种实际问题中去;当 N 非常大时,这种加速效应也非常显著,目前互联网中每时每刻产生海量数据,要从中寻找有用信息,正对应着这种 N 非常大的情况;搜索算法也可以用来进行密码破解。

1.2.4 生物计算模型

生物计算是指利用生物系统固有的信息处理机理研究开发的一种新的计算模式,生物计算机是以生物界处理问题的方式为模型的计算机,它借鉴生物界的各种处理问题的方式,即所谓生物算法,提出了一些生物计算机的模型,部分模型已经解决了一些经典计算机难以解决的问题。目前生物计算机主要有以下几类。

① 生物分子或超分子芯片，立足于传统计算机模式，从寻找高效、体微的电子信息载体及信息传递体入手，目前已对生物体内的小分子、大分子、超分子生物芯片的结构与功能做了大量的研究与开发；利用有机（或生物）材料在分子尺度内构成的有序体系、提供通过分子层次上的物理化学过程信息检测、处理、传输和存储的基本单元，称为分子器件。

② 自动机模型，以自动理论为基础，致力于寻找新的计算机模式，特别是特殊用途的非数值计算机模式，目前研究的热点集中在基本生物现象的类比，如神经网络、免疫网络、细胞自动机等。不同自动机的区别主要是网络内部连接的差异，其基本特征是集体计算，又称集体主义，在非数值计算、模拟、识别方面有极大的潜力。

③ 仿生算法，以生物智能为基础，用仿生的观念致力于寻找新的算法模式，它虽然类似于自动机思想，但立足点在算法上，不追求硬件上的变化。

④ 生物化学反应算法，立足于可控的生物化学反应或反应系统，利用小容积内同类分子高复制数的优势，追求运算的高度并行化，从而提高运算的效率。

科学家通过对生物组织体研究，发现组织体是由无数的细胞组成，细胞由水、盐、蛋白质和核酸等组成，而有些有机物中的蛋白质分子像开关一样，具有"开"与"关"的功能。人类可以利用遗传工程技术，仿制出这种蛋白质分子，用来作为元件制成计算机。生物计算系统的结构和计算原理不同于传统的计算系统，它的结构一般是并行分布式的；信息存储往往是短时记忆和长时记忆的结合，是通过学习完成的；它的计算则表现为复杂的动态过程，不仅存在精确的时间同步，甚至只有在分维时间尺度上才能描述。生物计算机具有以下优点。

（1）体积小、功效高

科学家预计，若用 DNA 碱基对序列作为信息编码的载体，$1cm^3$ DNA 存储的信息要比 1 万亿张光盘存储的信息还要多；将来十几个小时的 DNA 计算，就相当于所有计算机问世以来的总运算量；用它制成的计算机，已经不像现在计算机的形状了，可以隐藏在桌角、墙壁或地板等地方。

（2）能够自我修复

当芯片有故障时能够像生物的创口自愈一样及时进行自我修复，因此，这种计算机将具有半永久性，可靠性高。

（3）节能环保

由有机分子构成的生物化学元件是利用高效化学反应工作的，耗能极低，不存在发热散热的问题，它的能耗最终将能够达到同等级别普通电子计算机的 100 亿分之一。

1.3 计算思维概述

思维是人类所具有的高级认识活动。按照信息论的观点，思维是对新输入信息与脑内存储知识经验进行一系列复杂的心智操作过程。伴随着社会的发展与技术的进步，人类的思维方式从原来简单的思维模式发展到现在丰富多彩的思维模式，这些思维模式与人类的社会生活息息相关。

1.3.1 科学思维

1. 思维

思维是人脑借助于语言对客观事物的概括和间接的反应过程，思维以感知为基础又超越感知的界限，它探索与发现事物的内部本质联系和规律性，是认识过程的高级阶段。思维是对事物的间接反映，是通过其他媒介作用认识客观事物，并借助已有的知识和经验、已知的条件推测未知的事物。思维概括性表现在它对一类事物非本质属性的摒弃和对其共同本质特征的反映。

思维的基本形式如下。

① 抽象思维：是以概念为基本单元进行的思维。

② 形象思维：是以事物的形象特征及感性形象为基本单元的思维。

依据思维主体是个人还是群体，可以将思维分为个体思维和群体思维。群体思维又称为社会思维或集体思维，它是集合众人的认识能力、思维智慧共同认识同一事物的思维活动。

思维的基本特征如下。

① 思维具有间接性，人们不可能对所要认识的每一个事物都去直接感知，事物的本质和规律也不都能直接感知到，但思维能够凭借获得的感性材料、已有的经验和知识，透过事物的现象，揭示事物的本质和规律，从而实现对未知事物的认识。

② 思维具有概括性，思维能够从多种事物各种各样的属性中，舍去表面的、非本质的属性，抓住内在的、共同的、本质的属性，把握一类事物的共同本质。

2. 科学思维

在《马克思主义哲学原理》中，马克思和恩格斯对科学思维的定义是形成并运用于科学认识活动、对感性认识材料进行加工处理的方式与途径的理论体系；是真理在认识的统一过程中，对各种科学的思维方法的有机整合，是人类实践活动的产物。在科学认识活动中，科学思维必须遵守三个基本原则，一是在逻辑上要求严密的逻辑性，达到归纳和演绎的统一；二是在方法上要求辩证地分析和综合两种思维方法；三是在体系上，实现逻辑与历史的一致，达到理论与实践的具体的历史的统一。因此科学思维泛指符合认识规律的思维、遵循逻辑规则的思维、能够达到正确认识结果的思维。

科学思维具有客观性、精确性、可检验性、预见性和普适性特点。学习科学思维，有利于运用辩证思维的方法，把握事物的本质和发展规律；有利于综合运用各种思维方法，面对新情况，解决新问题，从而有所发现、有所发明、有所创造。

1.3.2 计算科学与计算思维

1. 计算科学

计算作为数学的主要研究对象已有几千年了，现已深入扩展到研究和工程。自然现象的许多模型导出的方程的解就形成了对自然现象的预言,如天气预报和流体的流动等。计算科学,又称为科学计算,是一个与数学模型构建、定量分析方法以及利用计算机来分析和解决科学问题相关的研究领域,在实际应用中,计算科学主要应用于对各学科中的问题进行计算机模拟和其他形式的计算。

计算科学应用程序需要创建真实世界变化情况的模型,包括天气、飞机周围的气流、事故中的汽车车身变形、星系中恒星的运动、爆炸装置等。这类程序会在计算机内存中创建一个"逻辑网格",网格中的每一项在空间上都对应一个区域,并包含与模型相关的那一空间的信息。例如在天气模型中,每一项都可以是一平方千米,并包含了地面海拔、当前风向、温度、压力等参数。程序在模拟该过程时会基于当前状态计算出可能的下一状态,解出描述系统运行的方程,然后重复上述过程计算出下一状态。因此计算科学常被认为是科学研究的第三种范式,是实验/观察和理论分析这两种研究范式的补充和发展。

在现代科学和工程技术中,经常会遇到大量复杂的数学计算问题,这种计算涉及庞大的运算量,简单的计算工具难以胜任。在计算机出现之前,科学研究和工程设计主要依靠实验或试验提供数据,计算仅处于辅助地位。计算机的迅速发展使越来越多的复杂计算成为可能。计算过程主要包括建立数学模型、建立求解的计算方法和计算机实现三个阶段。

建立数学模型就是依据有关学科理论对所研究的对象确立一系列数量关系,即一套数学公式或方程式。复杂模型的合理简化是避免运算量过大的重要措施。数学模型一般包含连续变量,如微分方程、积分方程,它们不能在数字计算机上直接处理。为此,先把问题离散化,即把问题化为包含有限个未知数的离散形式(如有限代数方程组),然后寻找求解方法。计算机实现包括程序设计、调试、运算和分析结果等一系列步骤。软件技术的发展为科学计算提供了合适的程序设计语言(如 FORTRAN)和其他软件工具,使工作效率和可靠性大为提高。

计算机科学是指研究计算机及其周围各种现象和规律的科学,亦即研究计算机系统结构、程序系统(即软件)、人工智能以及计算本身的性质和问题的学科。计算机科学是一门包含各种各样与计算和信息处理相关主题的系统学科,从抽象的算法分析、形式化语法等,到更具体的主题(如编程语言、程序设计、软件和硬件等)。

计算机科学包含很多分支领域:有些强调特定结果的计算,如计算机图形学;有些探讨计算问题的性质,如计算复杂性理论;还有一些专注于怎样实现计算,如编程语言理论是研究描述计算的方法,而程序设计是应用特定的编程语言解决特定的计算问题,人机交互则是专注于怎样使计算机和计算变得有用、好用以及随时随地为人所用。

尽管计算机只有短暂的历史,但它的本质引发了人们的热烈讨论,人们关于计算机科学的身份问题一直争论不休,认为它属于工程学和数学,而不属于科学。瑞典斯德哥尔摩大学计算机与系统科学系马蒂·特德雷(Matti Tedre)在《计算机科学:一门科学的形成》(*The Science of Computing: Shaping a Discipline*)一书中,通过分享计算机领域的权威人士、教育工作者和从业人员学术文章和观点的方式,探讨了计算机科学的本质,证明了科学和实验方法都是计算机科学的一部分。

1989年，美国计算机协会（ACM）和IEEE计算机学会（IEEE computer society）攻关组提交了著名的《计算作为一门学科》（Computing as a Discipline）报告。报告认为，计算机科学与计算机工程没有什么区别，建议使用"计算科学"一词来涵盖这一领域的所有工作。因而，计算科学围绕什么能（有效地）自动运行、什么不能（有效地）自动运行展开，不但覆盖了计算机科学与技术的研究范畴，而且包含更多的内涵。

近年来，不少学者对计算和计算科学都有自己的看法和见解。如著名计算机教育家PeterJ. Denning认为计算是一种原理，计算机只是（实现原理的）工具。计算科学将成为科学的第四大范畴，与物质科学、生命科学和社会科学并列。

在算法理论和NP完全理论方面做出突出贡献的图灵奖获得者Richard M. Karp认为计算不仅是一门关于人工现象（artificial）的科学，还是一门关于自然现象（natural）的科学。

中国科学院计算技术研究所徐志伟认为计算科学的研究对象从单一计算变成人机共生的"人—机—物"三元计算；图灵的算法科学变为网络计算科学；摩尔定律变为网络效应，即Gilder's Law（互联网带宽每6个月增长1倍）和Metcalfe's Law（网络价值与网络用户数平方成正比）。

总之，计算的演变是人们的广泛需求驱动的，计算学科以及产生的众多的细小的研究方向和分支都是伴随计算的发展而形成的，是学科发展中年轻但是又最具活力最有挑战性的一支，它的发展和壮大不以人的意志为转移，是学科发展的大趋势。

2. 计算思维

正如图灵奖得主Edsger Dijkstra说的，"我们所使用的工具影响着我们的思维方式和思维习惯，从而也将深刻地影响着我们的思维能力。"计算工具的发展、计算环境的演变、计算科学的形成、计算文明的迭代中到处蕴含着思维的火花。这种思维活动在这个发展、演化、形成的过程中不断闪现，在人类科学思维中早已存在，并非一个全新概念。

比如，计算理论之父图灵提出用机器来模拟人们用纸笔进行数学运算的过程，他把这样的过程看成两个简单的动作：①在纸上写上或擦除某个符号；②把注意力从纸的一个位置移动到另一个位置。图灵构造出这台假想的、被后人称为"图灵机"的机器，可用十分简单的装置模拟人类所能进行的任何计算过程。

这些思维活动虽然在人类科学思维中早已存在，但其研究却比较缓慢，电子计算机的出现带来了根本性的改变，计算机把人的科学思维和物质的计算工具合二为一，反过来又大大拓展了人类认知世界和解决问题的能力和范围。或者说，计算思维帮助人们发明、改造、优化、延伸了计算机，同时，计算思维借助于计算机，其意义和作用进一步浮现。

美国卡内基-梅隆大学的Jeannette M. Wing（周以真）教授于2006年在《ACM通》（Communications of the ACM）杂志提出了计算思维的概念："Computational thinking involves solving problems, designing systems, and understanding human behavior, by drawing on the concepts fundamental to computer science. Computational thinking includes a range of mental tools that reflect the breadth of the field of computerscience."计算思维是（包括、涉及）运用计算机科学的基础概念进行问题求解、系统设计以及人类行为理解等涵盖计算机科学之广度的一系列思维活动（智力工具、技能、手段）。

周以真为了让人们更易于理解，又将计算思维更进一步地定义为，通过约简、嵌入、转化和仿真等方法，把一个看来困难的问题重新阐释成一个我们知道问题怎样解决的方法；是一种递归思维，是一种并行处理，是一种把代码译成数据又能把数据译成代码，是一种多维分析推广的类型检查方法；是一种采用抽象和分解来控制庞杂的任务或进行巨大复杂系统设计的方法，是基于关注分离的方法（SoC方法）；是一种选择合适的方式去陈述一个问题，或对一个问题的相关方面建模使其易于处理的思维方法；是按照预防、保护及通过冗余、容错、纠错的方式，并从最坏情况进行系统恢复的一种思维方法；是利用启发式推理寻求解答，也即在不确定情况下的规划、学习和调度的思维方法；是利用海量数据来加快计算，在时间和空间之间，在处理能力和存储容量之间进行折中的思维方法。

周以真从6方面来界定计算思维是什么不是什么。

① 计算思维是概念化思维，不是程序化思维。计算机科学不等于计算机编程，计算思维应该像计算机科学家那样去思维，远远不止是为计算机编写程序，能够在抽象的多个层次上思考问题。计算机科学不只是关于计算机，就像通信科学不只是关于手机，音乐产业不只是关于麦克风一样。

② 计算思维是基础的技能，而不是机械的技能。基础的技能是每个人为了在现代社会中发挥应有的职能所必须掌握的。生搬硬套的机械技能意味着机械的重复。计算思维不是一种简单、机械的重复。

③ 计算思维是人的思维，不是计算机的思维。计算思维是人类求解问题的方法和途径，但绝非试图使人类像计算机那样去思考。计算机枯燥且沉闷，人类聪颖且富有想象力。计算思维是人类基于计算或为了计算的问题求解的方法论，而计算机思维是刻板的、教条的、枯燥的、沉闷的。以语言和程序为例，必须严格按照语言的语法编写程序，错一个标点符号都会出问题。程序流程毫无灵活性可言。配置了计算设备，我们就能用自己的智慧去解决那些之前不敢尝试的问题，就能建造那些其功能仅仅受制于我们想象力的系统。

④ 计算思维是思想，不是人造品。计算思维不只是将我们生产的软硬件等人造物到处呈现，更重要的是计算的概念，被人们用来求解问题、管理日常生活以及与他人进行交流和活动。

⑤ 计算思维是数学和工程互补融合的思维，不是数学性的思维。人类试图制造的能代替人完成计算任务的自动计算工具都是在工程和数学结合下完成的。这种结合形成的思维才是计算思维。具体来说，计算思维是与形式化问题及其解决方案相关的一个思维过程。这样其解决问题的表达形式才能有效地转换为信息处理；而这个表达形式是可表述的、确定的、机械的（不因人而异的），解析基础构建于数学之上，所以数学思维是计算思维的基础。此外，计算思维不仅仅是为了问题解决和问题解决的效率、速度、成本

压缩等，它面向所有领域，对现实世界中巨大复杂系统进行设计与评估，甚至解决行业、社会、国民经济等宏观世界中的问题，因而工程思维（如合理建模）的高效实施也是计算思维不可或缺的部分。

⑥ 计算思维面向所有的人、所有的领域。计算思维是面向所有人的思维，而不只是计算机科学家的思维。如同所有人都具备"读、写、算"（Reading、wRiting、aRithmetic，3R）能力一样，计算思维是必须具备的思维能力。因而，计算思维不仅仅是计算机专业的学生要掌握的能力，也是所有受教育者应该掌握的能力。

周以真同时提出，计算思维的本质是抽象（abstraction）和自动化（automation）。Karp教授认为任何自然系统和社会系统都可视为一个动态演化系统，演化伴随着物质、能量和信息的交换，这种交换可映射（也就是抽象）为符号变换，使之能利用计算机进行离散的符号处理。当动态演化系统抽象为离散符号系统之后，就可以采用形式化的规范描述、建立模型、设计算法、开发软件，揭示演化的规律，并实时控制系统的演化，使之自动执行，这就是计算思维中的自动化。

谭浩强在《研究计算思维，坚持面向应用》中指出：思维属于哲学范畴。计算思维是一种科学思维方法，显然所有人都应学习和培养。但是学习的内容和要求是相对的，对不同的人群应该有不同的要求。计算思维不是悬空的、不可捉摸的抽象概念，是体现在各个环节中的。

不要把计算思维想象得高不可攀，难以捉摸。其实，计算思维并非现在才有，自古已有萌芽，随着计算工具的发展而发展。如算盘就是一种没有存储设备的计算机（人脑作为存储设备），提供了一种用计算方法来解决问题的思想和能力；图灵机是现代数字计算机的数学模型，是有存储设备和控制器的；现代计算机的出现强化了计算思维的意义和作用。

事实上，人们在学习和应用计算机过程中不断地培养着计算思维。正如学习数学的过程就是培养理论思维的过程，学习物理的过程就是培养实证思维的过程。学生学习程序设计，其中的算法思维就是计算思维。培养和推进计算思维包含两个方面：一是深入掌握计算机解决问题的思路，总结规律，更好更自觉地应用信息技术；二是把计算机处理问题的方法用于各个领域，推动在各个领域中运用计算思维，使各学科更好地与信息技术相结合。计算思维不是孤立的，它是科学思维的一部分，其他如形象思维、抽象思维、系统思维、设计思维、创造性思维、批判性思维等都很重要，不要脱离其他科学思维孤立地提计算思维。在学习和应用计算机的过程中，在培养计算思维的同时，也培养了其他的科学思维（如逻辑思维、实证思维）。

1.3.3 计算思维的应用

计算思维建立在计算过程的能力和限制之上，由人、由机器执行。计算方法和模型使人们敢于去处理那些原本无法由任何个人独自完成的问题求解和系统设计；计算思维直面机器智能的不解之谜：什么人类比计算机做得好？什么计算机比人类做得好？最基本的问题还是什么是可计算的。

计算思维是每个人的基本技能，不仅仅属于计算机科学家。就像要使每个孩子在培养解析能力时不仅掌握阅读、写作和算术（3R），还要学会计算思维。正如印刷出版促进了 3R 的普及，计算和计算机也以类似的正反馈促进了计算思维的传播。

计算思维就是运用计算机科学的基础概念去求解问题、设计系统和理解人类的行为。它包括了涵盖计算机科学之广度的一系列思维活动。当人们求解一个特定的问题时，首先会问：解决这个问题有多么困难？什么才是最佳的解决方法？计算机科学根据坚实的理论基础来准确地回答这些问题。表述问题的难度就是工具的基本能力，必须考虑的因素包括机器的指令系统、资源约束和操作环境。

为了有效地求解一个问题，人们可能要进一步问：一个近似解是否就够了，是否可以利用一下随机化以及是否允许误报（false positive）和漏报（false negative）。计算思维就是通过约简、嵌入、转化和仿真等方法，把一个看来困难的问题重新阐释成一个人们知道怎样解决的问题。

计算思维是一种递归思维。它是并行处理；它是把代码译成数据又把数据译成代码；它是由广义量纲分析进行的类型检查；对于别名或赋予人与物多个名字的做法，它既知道其益处又了解其害处；对于间接寻址和程序调用的方法，它既知道其威力又了解其代价；它评价一个程序时，不仅仅根据其准确性和效率，还有美学的考量；而对于系统的设计，还考虑简洁和优雅。

利用计算思维进行抽象和分解，来应对庞杂的任务或者设计巨大复杂的系统。它是关注的分离（SOC 方法）；它是选择合适的方式去陈述一个问题，或者是选择合适的方式对一个问题的相关方面建模使其易于处理；它是利用不变量简明扼要且表述性地刻画系统的行为；它使人们在不必理解每一个细节的情况下就能够安全地使用、调整和影响一个大型复杂系统的信息；它是为预期的未来应用而进行的预取和缓存。计算思维是按照预防、保护及通过冗余、容错、纠错的方式从最坏情形恢复的一种思维；它称堵塞为"死锁"，称约定为"界面"；计算思维就是学习在同步相互会合时如何避免"竞争条件"（亦称"竞态条件"）的情形。

计算思维利用启发式推理来寻求解答，就是在不确定情况下的规划、学习和调度；它就是搜索、搜索、再搜索，结果是一系列的网页、一个赢得游戏的策略或者一个反例。计算思维利用海量数据来加快计算，在时间和空间之间，在处理能力和存储容量之间进行权衡。

计算思维将渗透到我们每个人的生活之中，以日常生活中为例，小女孩早晨去学校时，她把当天需要的东西放进背包，这就是预置和缓存；小男孩弄丢他的手套时，建议他沿走过的路寻找，这就是回推；在什么时候停止租用滑雪板而为自己买一副呢？这就是在线算法；在超市结账时，应当去排哪个队呢？这就是多服务器系统的性能模型；为什么停电时你的电话仍然可用？这就是失败的无关性和设计的冗余性；完全自动的大众图灵测试如何区分计算机和人类，即 CAPTCHA 程序是怎样鉴别人类的？这就是充分利用求解人工智能难题之艰难来挫败计算代理程序。

计算思维对其他学科也产生了重要的影响。例如，机器学习已经改变了统计学；就数学尺度和维数而言，统计学习用于各类问题的规模仅在几年前还是不可想象的；现在各种机构的统计部门都聘请了计算机科学家；计算机系也正在与已有或新开设的统计学系联姻。

　　计算机科学家对生物科学越来越感兴趣，因为他们坚信生物学家能够从计算思维中获益；计算机科学对生物学的贡献绝不限于其能够在海量序列数据中搜索寻找模式规律的本领；最终希望是数据结构和算法（计算抽象和方法）能够以其体现自身功能的方式来表示蛋白质的结构；计算生物学正在改变着生物学家的思考方式。类似地，计算博弈理论正改变着经济学家的思考方式，纳米计算改变着化学家的思考方式，量子计算改变着物理学家的思考方式。这种思维将成为每一个人的技能组合成分，而不仅仅限于科学家。

习 题 1

习题答案：习题1答案

1. 计算机应用领域有哪些？
2. 计算机系统如何分类？
3. 计算机的发展趋势是什么？
4. 计算机应用系统的工作模式有哪几种？
5. 冯·诺依曼计算机由哪几部分组成？有什么特点？
6. 如何描述图灵机模型？
7. 什么是思维、科学思维？
8. 什么是计算科学？
9. 什么是计算思维？有什么用途？

第 2 章　计算机系统

信息化是当今社会发展的主流，信息技术是当今世界崭新的生产力，信息产业也已成为当今全球第一大产业，计算机技术则是重要支柱。随着计算机科学技术的发展和应用以及它对人类社会产生的巨大影响，"掌握和应用计算机"的能力已成为当今衡量个人素质高低的重要标志。读者通过对本章的学习，除对计算机系统有基本的认识外，也为后面了解计算机的相关知识打下良好基础。

【知识要点】
1. 计算机系统
2. 计算机工作原理
3. 软件系统
4. 硬件系统

电子教案：计算机系统

微视频2.1：第2章章首导读

2.1　计算机系统概述

一个完整的现代计算机系统包括硬件系统和软件系统两大部分，微机系统也是如此。硬件包括计算机的基本部件和各种具有实体的计算机相关设备；软件则包括用各种计算机语言编写的计算机程序、数据和应用说明文档等。本节仅以微机系统为例说明现代计算机系统的构成。

1. 软件系统

在计算机系统中，硬件是软件运行的物质基础，软件是硬件功能的扩充与完善，没有软件的支持，硬件的功能不可能得到充分的发挥，因此软件是使用者与计算机之间的桥梁。软件可分为系统软件和应用软件两大部分。

系统软件是为使用者能方便地使用、维护、管理计算机而编制的程序的集合，它与计算机硬件相配套，也称之为软设备。系统软件主要包括对计算机系统资源进行管理的操作系统（operating system，OS）软件、对各种汇编语言和高级语言程序进行编译的语言处理（language processor，LP）软件、对计算机进行日常维护的系统服务程序（system support program）以及工具软件等。

应用软件则主要面向各种专业应用和解决某一特定问题，一般指操作者在各自的专业领域中为解决各类实际问题而编制的程序，如文字处理软件、仓库管理软件、工资核算软件等。

2. 硬件系统

在计算机科学中,将连接各部件的信息通道称为系统总线(bus,简称总线),并把通过总线连接各部件的形式称为计算机系统的总线结构,分为单总线结构和多总线结构两大类。为使成本低廉,设备扩充方便,微机系统基本上采用了图 2.1 所示的单总线结构。根据所传送信号的性质,总线由地址总线(address bus, AB)、数据总线(data bus, DB)和控制总线(control bus, CB)3 个部分组成。根据部件的作用,总线一般由总线控制器、总线信号发送/接收器和导线等所构成。

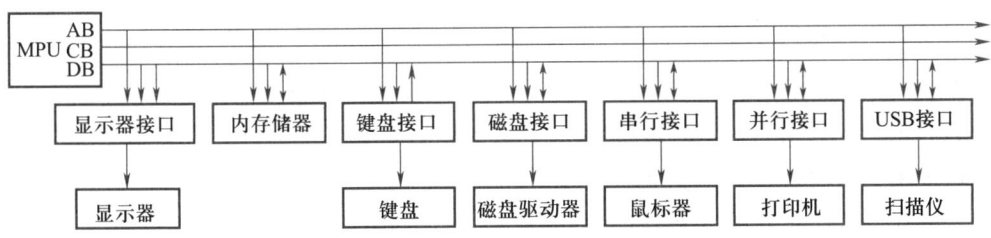

图 2.1 微机系统的单总线结构示意图

在微机系统中,主板(见图 2.2)由微处理器、存储器、输入输出(I/O)接口、总线电路和基板组成,主板上安装了基本硬件系统,形成了主机部分。其中的微处理器是采用超大规模集成电路工艺将运算器和控制器置于同一芯片中的 CPU,其他外部设备均通过相应的接口电路与主机总线相连,即不同的设备只要配接合适的接口电路(一般称为适配卡或接口卡)就能以相同的方式挂接在总线上。一般在微机的主板上设有数个标准的插座槽,将一块接口板插入到任一个插槽里,再用信号线将其和外部设备连接起来就完成了一台设备的硬件扩充,非常方便。

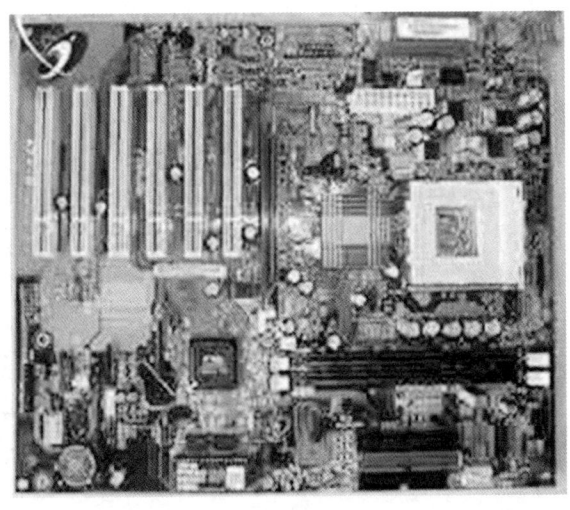

图 2.2 微机主板

把主机和接口电路装配在一块电路板上,就构成单板计算机(single board computer),简称单板机;若把主机和接口电路制造在一个芯片上,就构成单片计算机(single chip computer),简称单片机。单板机和单片机在工农业生产、汽车、通信、家用电器等领域都得到了广泛的应用。

2.2 计算机硬件系统和工作原理

2.2.1 计算机硬件系统

尽管计算机经历了多次的更新换代,但到目前为止,其整体结构上仍属于冯·诺依曼计算机的发展,还保持着如下所述的冯·诺依曼计算机的基本特征。

① 采用二进制数表示程序和数据。
② 能存储程序和数据,并能由程序控制计算机的执行。
③ 具备运算器、控制器、存储器、输入设备和输出设备5个基本部分。

原始的冯·诺依曼计算机结构以运算器为核心,在运算器周围连接着其他各个部件,经由连接导线在各部件之间传送各种信息。这些信息可分为两大类:数据信息和控制信息(在图2.3中分别用实线和虚线表示)。数据信息包括数据、地址和指令等,数据信息可存放在存储器中;控制信息由控制器根据指令译码结果即时产生,并按一定的时间次序发送给各个部件,用以控制各部件的操作或接收各部件的反馈信号。

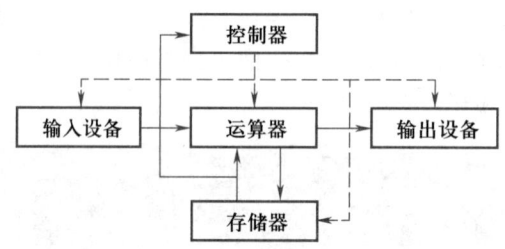

图2.3 计算机硬件的基本组成示意图

为了节约设备成本和提高运算可靠性,计算机中的各种信息均采用二进制数的表示形式。在二进制数中,每位只有"0"和"1"两个状态,计数规则是"逢二进一"。例如,用此计数规则计算式子"1+1+1+1+1"可得到3位二进制数"101",即十进制数的5。在计算机科学研究中把8位(bit)二进制数称为一字节(Byte),简记为"B",1 024 B称为1KB,1 024 KB称为1 MB,1 024 MB称为1 GB,1 024 GB称为1 TB等。若不加说明,本书所写的"位"就是指二进制位。

微视频2.2:计算机存储单位

2.2.2 计算机的工作原理

根据冯·诺依曼体系结构，计算机内部以二进制的形式表示和存储指令及数据，要让计算机工作，就必须先把程序编写出来，然后将编写好的程序和原始数据存入存储器中，接下来计算机在不需要人员干预的情况下，自动逐条读取并执行指令，因此，计算机只能执行指令并被指令所控制。

在计算机的 5 个基本部分中，运算器（arithmetic logic unit，ALU）的主要功能是进行算术及逻辑运算，是计算机的核心部件，运算器每次能处理的最大的二进制数长度称为该计算机的字长（一般为 8 的整倍数）；控制器（controller）是计算机的"神经中枢"，用于分析指令，根据指令要求产生各种协调各部件工作的控制信号；存储器（memory）用来存放控制计算机工作过程的指令序列（程序）和数据（包括计算过程中的中间结果和最终结果）；输入设备（input equipment）用来输入程序和数据；输出设备（output equipment）用来输出计算结果，即将其显示或打印出来。

根据计算机工作过程中的关联程度和相对的物理安装位置，通常将运算器和控制器合称为中央处理器（central processing unit，CPU）。表示 CPU 能力的主要技术指标有字长和主频等。字长代表每次操作能完成的任务量，主频则代表在单位时间内能完成操作的次数。一般情况下，CPU 的工作速度要远高于其他部件的工作速度，为了尽可能地发挥 CPU 的工作潜力，解决好运算速度和成本之间的矛盾，将存储器分为主存和辅存两部分。主存成本高、速度快、容量小，能直接和 CPU 交换信息，并安装于主机箱内部，也称其为内存；辅存成本低、速度慢、容量大，要通过接口电路经由主存才能和 CPU 交换信息，是特殊的外部设备，也称为外存。

计算机工作时，操作人员首先通过输入设备将程序和数据送入到存储器中。启动运行后，计算机从存储器顺序取出指令，送往控制器进行分析并根据指令的功能向各有关部件发出各种操作控制信号，最终的运算结果要送到输出设备输出。

2.3 计算机软件系统

计算机软件（computer software）简称软件，是指计算机系统中的程序及其文档，程序是计算任务的处理对象和处理规则的描述，是按照一定顺序执行的、能够完成某一任务的指令集合，而文档则是为了便于了解程序所需的说明性资料。

计算机之所以能够按照用户的要求运行，是因为计算机采用了程序设计语言（计算机语言），该语言是人与计算机之间沟通时需要使用的语言，用于编写计算机程序，计算机可通过该程序控制其工作流程，从而完成特定的设计任务。可以说，程序语言是计算机软件的基础和组成部分。

计算机软件总体分为系统软件和应用软件两大类。

2.3.1 系统软件

系统软件是指控制和协调计算机及外部设备，支持应用软件开发和运行的系统，其主要功能是调度、监控和维护计算机系统，同时负责管理计算机系统中各种独立的硬件，使它们可以协调工作。系统软件是应用软件运行的基础，所有应用软件都是在系统软件上运行的。

系统软件主要分为操作系统、语言处理程序、数据库管理系统和系统辅助处理程序等，具体介绍如下。

① 操作系统。操作系统（OS）是计算机系统的指挥调度中心，它可以为各种程序提供运行环境。常见的操作系统有 DOS、Windows、UNIX 和 Linux 等，如本书中讲解的 Windows 10 就是一个操作系统。

② 语言处理程序。语言处理程序是为用户设计的编程服务软件，用来编译、解释和处理各种程序所使用的计算机语言，是人与计算机相互交流的一种工具，包括机器语言、汇编语言和高级语言 3 种。计算机只能直接识别和执行机器语言，因此要在计算机上运行高级语言程序就必须配备程序语言翻译程序，翻译程序本身是一组程序，不同的高级语言都有相应的翻译程序。

③ 数据库管理系统。数据库管理系统（database management system，DBMS）是一种操作和管理数据库的大型软件，它是位于用户和操作系统之间的数据管理软件，也是用于建立、使用和维护数据库的管理软件，把不同性质的数据进行组织，以便能够有效地查询、检索和管理这些数据。常用的数据库管理系统有 SQL Server、Oracle 和 Access 等。

④ 系统辅助处理程序。系统辅助处理程序也称为软件研制开发工具或支撑软件，主要有编辑程序、调试程序、装备和连接程序等，这些程序的作用是维护计算机的正常运行，如 Windows 操作系统中自带的磁盘整理程序等。

2.3.2 应用软件

应用软件是指一些具有特定功能的软件，是为解决各种实际问题而编制的程序，包括各种程序设计语言以及用各种程序设计语言编制的应用程序。计算机中的应用软件种类繁多，这些软件能够帮助用户完成特定的任务，如要编辑一篇文章可以使用 Word，要制作一份报表可以使用 Excel，这类软件都属于应用软件。

2.4 微型计算机硬件系统

计算机硬件是指计算机中看得见、摸得着的一些实体设备。从外观上看，微型计算机主要由主机、显示器、鼠标和键盘等部分组成。其中主机背面有许多插孔和接口，用于接通电源和连接键盘和鼠标等外设；而主机箱内包括光驱、CPU、主板、内存和硬盘等硬件。下面将按类别对微型计算机的主要硬件进行详细介绍。

2.4.1 主板

主板（main board）也称为"mother board"（母板）或"system board"（系统板），它是机箱中最重要的部件之一，如图 2.4 所示。主板上布满了各种电子元器件、插座、插槽和各种外部接口，它可以为计算机的所有部件提供插槽和接口，并通过其中的线路统一协调所有部件的工作。

主板上主要的芯片是 BIOS 芯片。其中 BIOS 芯片是一块矩形的存储器，里面存有与该主板搭配的基本输入输出系统程序，能够让主板识别各种硬件，还可以设置引导系统的设备和调整 CPU 外频等，如图 2.5 所示。

图 2.4 主板

图 2.5 主板上的 BIOS 芯片

2.4.2 CPU

当前可选用的微处理器产品较多，主要有 Intel 公司的 Pentium 系列、DEC 公司的 Alpha 系列、IBM 公司和 Apple 公司的 PowerPC 系列等。在中国，Intel 公司的产品占有较大的优势，主要的应用已经从 80486、Pentium、Pentium PRO、Pentium 4、Intel Pentium D（即奔腾系列），Intel Core 2 Duo 处理器，到目前的 Intel Core i7 等处理器。CPU 也从单核、双核，发展到目前常见的 4 核、6 核、8 核。

微处理器中除了包括运算器和控制器外，还集成有寄存器组和高速缓冲存储器，其基本结构简介如下。

① 一个 CPU 可有几个乃至几十个内部寄存器，包括用来暂存操作数或运算结果以提高运算速度的数据寄存器；支持控制器工作的地址寄存器、状态标志寄存器等。

② 执行算术逻辑运算的运算器以加法器为核心，能按照二进制法则进行补码的加法运算，可进行数据的直接传送、移位和比较操作。

③ 控制器由程序计数器、指令寄存器、指令译码器和定时控制逻辑电路组成，用于分析和执行指令、统一指挥微机各部分按时序协调工作。

④ 在新型的微处理器中普遍集成了超高速缓冲存储器,其工作速度和运算器的工作速度相一致,是提高 MPU 处理能力的重要技术措施之一,其容量已达到 8 MB 以上。

2.4.3 内存储器

存储器是存放程序和数据的装置,存储器的容量越大越好,工作速度越快越好,但两者和价格是互相矛盾的。为了协调这种矛盾,目前的微机系统均采用了分层次的存储器结构,一般将存储器分为 3 层:内存储器(Memory)、外存储器(Storage)和高速缓冲存储器(Cache)。现在一些微机系统又将高速缓冲存储器设计为 MPU 芯片内部的高速缓冲存储器和 MPU 芯片外部的高速缓冲存储器两级,以满足速度和容量的需要。

内存储器又称主存储器,CPU 可以直接访问它,其容量一般为 4 GB~8 GB,新产品的存取速度可达 6 ns(1 ns 为 10 亿分之一秒,内存的存取速度一般用每次与 CPU 间数据处理所耗费的时间衡量),主要存放将要运行的程序和数据。

微视频2.3:主存储器

微机的主存采用半导体存储器(见图 2.6),其体积小,功耗低,工作可靠,扩充灵活。半导体存储器按功能可分为随机存取存储器(random access memory,RAM)和只读存储器(read only memory,ROM)。RAM 是一种既能读出也能写入的存储器,适合于存放经常变化的用户程序和数据。RAM 只能在电源电压正常时工作,一旦电源断电,里面的信息将全部丢失。ROM 是一种只能读出而不能写入的存储器,用来存放固定不变的程序和常数,如监控程序、操作系统中的 BIOS(基本输入输出系统)等。ROM 必须在电源电压正常时才能工作,但断电后信息不会丢失。

图 2.6 微机内存条

2.4.4 外存储器

外存储器属外部设备,又称为辅助存储器,常用的有磁盘、光盘、磁带等。磁盘分为软磁盘和硬磁盘两种(简称软盘和硬盘)。软盘容量较小,一般为 1.2 MB~1.44 MB。硬盘的容量目前已达 4 TB,常用的也在 500 GB 以上。为了在磁盘上快速地存取信息,在磁盘使用前要先进行初级格式化操作(目前基本上由生产厂家完成),即在磁盘上用磁信号划分出如图 2.7 所示的若干有编号的磁道和扇区,以便计算机通过磁道号和扇区号直接寻找到要写数据的位置或要读取的数据。为了提高磁盘存取操作的效率,计算机每次要读完或写完一个扇区的内容。

只有磁盘片是无法进行读写操作的，还需要将其放入磁盘驱动器中。磁盘驱动器由驱动电机、可移动寻道的读写磁头部件、壳体和读写信息处理电路所构成，如图 2.8 所示。在进行磁盘读写操作时，磁头通过移动寻找磁道。在磁头移动到指定磁道位置后，就等待指定的扇区转动到磁头之下（通过读取扇区标识信息判别），称为寻区，然后读写一个扇区的内容。光盘的读写过程和磁盘的读写过程相似，不同之处在于它是利用激光束在盘面上烧出斑点进行数据的写入，通过辨识反射激光束的角度来读取数据。光盘和光盘驱动器都有只读和可读写之分。

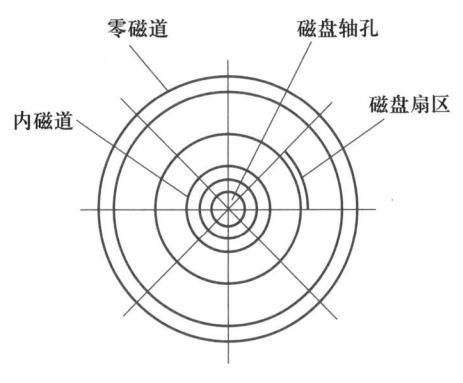

图 2.7　磁盘格式化示意图

图 2.8　硬盘示意图

2.4.5　总线与接口

要考察一台主机的性能，除了要看 MPU 的性能和存储器的容量和速度外，采用的总线标准和高速缓存的配置情况也是重要的因素。

由于存储器是由一个个的存储单元组成的，为了快速地从指定的存储单元中读取或写入数据，就必须为每个存储单元分配一个编号，称为该存储单元的地址。利用地址标号查找指定存储单元的过程称为寻址，所以地址总线的位数就确定了计算机管理内存的范围。比如 20 根地址线（20 位的二进制数）共有约 1M 个编号，即可以直接寻址 1 MB 的内存空间；若有 32 根地址线，则寻址范围扩大 4 096 倍，达 4 GB。

数据总线的位数决定了计算机一次能传送的数据量。在相同的时钟频率下，64 位数据总线的数据传送能力是 8 位数据总线的 8 倍。

控制总线的位数和所采用的 MPU 与总线标准有关。其传送的信息一般为 MPU 向内存和外设发出的控制信息、外设向 MPU 发送的应答和请求服务信号。

① ISA 总线。ISA（industrial standard architecture）总线最早安排了 8 位数据总线，共 62 个引脚，主要满足 8088 CPU 的要求。后来又增加了 36 个引脚，数据总线扩充到 16 位，总线数据传输率达到 8 MBps，适应了 80286 CPU 的需求，成为 AT 系列微机的标准总线。

② EISA 总线。EISA（extend ISA）总线的数据线和地址线均为 32 位，总线数据传输

率达到 33 MBps，满足了 80386 和 80486 CPU 的要求，并采用双层插座和相应的电路技术保持了和 ISA 总线的兼容。

③ VESA 总线。VESA（也称 VL-BUS）总线的数据线为 32 位，留有扩充到 64 位的物理空间。采用局部总线技术使总线数据传输率达到 132 MBps，支持高速视频控制器和其他高速设备接口，满足了 80386 和 80486 CPU 的要求，并采用双层插座和相应的电路技术，保持了和 ISA 总线的兼容。VEST 总线支持 Intel、AMD、Cyrix 等公司的 CPU 产品。

④ PCI 总线。PCI（peripheral controller interface）总线采用局部总线技术，在 33 MHz 下工作时数据传输率为 132 MBps，不受制于处理器且保持了和 ISA、EISA 总线的兼容。同时 PCI 还留有向 64 位扩充的余地，最高数据传输率为 264 MBps，支持 Intel 80486、Pentium 以及更新的微处理器产品。

2.4.6 输入和输出设备

输入输出设备又称外部设备或外围设备，简称外设。外设种类繁多，常用的外部设备有键盘、显示器、打印机、鼠标、绘图机、扫描仪、光学字符识别装置、传真机、智能书写终端设备等。其中键盘、鼠标、显示器、打印机是目前用得最多的常规设备。

1. 键盘

依据键盘的结构形式，键盘分为有触点和无触点两类。有触点键盘采用机械触点按键，价廉，但易损坏。无触点键盘采用霍尔磁敏电子开关或电容感应开关，操作无噪声，手感好，寿命长，但价格较贵。

微视频2.4：键盘和鼠标的使用

2. 显示器

CRT 显示器由监视器（monitor）和装在主机内的显示控制适配器（adapter）两部分组成。监视器显像管所能显示的光点的最小直径（也称为点距）决定了它的物理显示分辨率，常见的有 0.33 mm、0.28 mm 和 0.20 mm 等。显示控制适配器是监视器和主机的接口电路，也称为显示卡。监视器在显示卡和显示卡驱动软件的支持下可实现多种显示模式，如分辨率为 1 024×768、1 280×720、1 600×900 等，乘积越大分辨率越高，但不会超过监视器的最高物理分辨率。

液晶显示器（LCD）以前只在笔记本电脑中使用，目前 LCD 已经替代 CRT 成为主流。

3. 鼠标

鼠标通过串行接口或 USB 接口和计算机相连，其上有 2 个或 3 个按键，称为两键鼠标或三键鼠标。鼠标上的按键分别称为左键、右键和中键。鼠标的基本操作为移动、单击、双击和拖动。

4. 打印机

打印机也经历了数次更新，目前已进入了激光打印机（laser printer）的时代，但针式点阵击打式打印机（dot matrix impact printer）仍在广泛应用着。针式点阵击打式打印机工作噪声较大，速度较慢；激光打印机工作噪声小，普及型的输出速度也在 6 页/分钟，分辨率高达 600 dpi 以上。另一种打印机是喷墨打印机，各项指标都处于前两种打印机之间。

5. 标准并行和串行接口

为了方便外接设备，微机系统都提供了一个用于连接打印机的 8 位并行接口和两个标准 RS232 串行接口。并行接口也可用来直接连接外置硬盘、软件加密狗和数据采集模拟数字转换器等并行设备。串行接口可用来连接鼠标、绘图仪、调制解调器（modem）等低速（小于 115 KBps，即每秒小于 115 KB）串行设备。

6. 通用串行接口

目前微机系统还备有通用串行接口（universal serial BUS，USB），通过它可连接多达 256 个外部设备，通信速度高达 12 MBps，它是一种新的接口标准。目前带 USB 接口的设备有扫描仪、键盘、鼠标、声卡、调制解调器、摄像头等。

习 题 2

习题答案：习题2答案

1. 微型计算机系统由哪几部分组成？其中硬件包括哪几部分？软件包括哪几部分？各部分的功能如何？
2. 微型计算机的存储体系如何？内存和外存各有什么特点？
3. 计算机更新换代的主要技术指标是什么？
4. 表示计算机存储器容量的单位是什么？如何由地址总线的根数来计算存储器的容量？KB、MB、GB分别代表什么意思？

第 3 章　数据在计算机中的表示

信息技术（information technology，IT），是主要用于管理和处理信息所采用的各种技术的总称。信息技术的应用包括计算机硬件和软件、网络和通信技术、应用软件开发工具等。计算机和互联网普及以来，人们日益普遍地使用计算机来生产、处理、交换和传播各种形式的信息（如书籍、商业文件、报刊、唱片、电影、电视节目、语音、图形、图像等）。通过前面的学习，我们对计算机的结构与发展已有了基础了解，本章详细讲述信息技术的基础。读者通过对本章的学习，会对数值与编码的知识有所掌握。

【知识要点】
1. 进位计数制
2. 进制数之间的转换
3. 计算机对于数值信息的处理
4. 计算机对于文本信息的处理

电子教案：数据在计算机中的表示

微视频：第3章章首导读

3.1　数制及不同进制的数之间的转换

3.1.1　进位计数制

数制也称计数制，是指用一组固定的符号和统一的规则来表示数值的方法。按进位的方法进行计数，称为进位计数制。常用的进位计数制有十进制、二进制、八进制和十六进制。日常生活中，我们经常用到的是十进制，即"逢十进一"，而计算机中常用是二进制。

一种进位计数制包含数码、基数和位权。

位权：数码在不同位置上的权值。在某进位制中，处于不同数位的数码代表不同的数值，某一个数位的数值是由这位数码的值乘上这个位置的固定常数构成，这个固定常数称为"位权"。如十进制的个位的位权是"1"，百位的位权是"100"。

基数：某计数制可以使用的数码个数。例如二进制的数码个数，也就是基数为 2，八进制的基数为 8。

数码：一组用来表示该进制的符号。比如二进制的数码为 0、1，八进制的数码为 0、1、2、3、4、5、6、7。

进位计数制的基本原理就是同一个数字放在不同的数位上，代表不同大小的数。如

"11",放到十进制中,表示的是数字 11,如放到二进制中,表示的是十进制的 3。下面具体讲述各种进制的实现以及相互转换。

1. 十进制

十进制(decimal)采用 0~9 共 10 个阿拉伯数字符号来表示,相邻两位之间为"逢十进一"或"借一当十"的关系。十进制使用 10 个数字(0、1、2、3、4、5、6、7、8、9)计数,基数为 10,逢十进一。

历史上第一台电子数字计算机 ENIAC 是一台十进制机器,其数字以十进制表示,并以十进制形式运算。设计十进制机器比设计二进制机器复杂得多。而自然界具有两种稳定状态的组件普遍存在,如开关的开和关、电路的通和断、电压的高和低等,非常适合表示计算机中的数。二进制计算机设计过程简单,可靠性高。因此,现在计算机均使用二进制。

十进制同一数码在不同的数位上代表不同的数值。我们把某种进位计数制所使用数码的个数称为该进位计数制的"基数",把计算每个"数码"在所在位上代表的数值时所乘的常数称为"位权"。位权是一个指数,以"基数"为"底",其幂是数位的"序号"。数位的序号以小数点为界,其左边的数位序号为 0,向左每移一位序号加一,向右每移一位序号减一。由此任一个十进制数都可以表示为一个按位权展开的多项式之和,如十进制数 5 678.9 可表示为

$$5\ 678.9 = 5\times 10^3 + 6\times 10^2 + 7\times 10^1 + 8\times 10^0 + 9\times 10^{-1}$$

其中,10^3、10^2、10^1、10^0、10^{-1} 分别是千位、百位、十位、个位和十分位的位权。

2. 二进制

二进制(binary)也有两个特点:数码仅采用"0"和"1",基数为 2;相邻两位之间为"逢二进一"或"借一当二"的关系。它的"位权"可表示成"2^i",2 为其基数,i 为数位序号。所以任何一个二进制数都可以表示为按位权展开的多项式之和,如二进制数 11 100.1 可表示为

$$11\ 100.1 = 1\times 2^4 + 1\times 2^3 + 1\times 2^2 + 0\times 2^1 + 0\times 2^0 + 1\times 2^{-1}$$

计算机内采用二进制的原因如下。

① 电路中容易实现:当计算机工作时,电路通电工作,于是每个输出端就有了电压。电压的高低通过模数转换即转换成了二进制:高电平由 1 表示,低电平由 0 表示。也就是说将模拟电路转换成数字电路。这里的高电平与低电平可以人为确定,一般地,0.25 V 以下即为低电平,3.5 V 以上为高电平。二进制数码只有两个("0"和"1")。电路只要能识别低、高就可以表示"0"和"1"。

② 物理上最易实现存储:二进制在物理上最易实现存储,通过磁极的取向、表面的凹凸、光照的有无等来记录。

③ 便于进行加、减运算和计数编码。二进制与十进制数易于互相转换。

④ 运算规则简单,节省设备。我们知道,具有两种稳定状态的元件(如晶体管的导通和截止,继电器的接通和断开,电脉冲电平的高低等)容易找到,而要找到具有 10 种稳定状态的元件来对应十进制的 10 个数就困难了。

⑤ 便于逻辑判断（是或非）。逻辑代数是逻辑运算的理论依据，二进制只有两个数码，正好与逻辑代数中的"真"和"假"相吻合。二进制的两个数码正好与逻辑命题中的"真（Ture）、假（False）"或称为"是（Yes）、否（No）"相对应。

在计算机中，采用二进制的主要原因是，两个状态的系统容易实现、运算法则简单、可进行逻辑运算。

3. 八进制

八进制（octal）用的数码为 0~7，8 个阿拉伯数字，其基数为 8，相邻两位之间为"逢八进一"和"借一当八"的关系，它的"位权"可表示成"8^i"。任何一个八进制数都可以表示为按位权展开的多项式之和，如八进制数 1 533.3 可表示为

$$1\ 533.3 = 1\times 8^3 + 5\times 8^2 + 3\times 8^1 + 3\times 8^0 + 3\times 8^{-1}$$

一些编程语言中常常以数字 0 开始表明该数字是八进制。

4. 十六进制

十六进制（hexadecimal）用的数码共有 16 个，除了 0~9 外又增加了 6 个字母符号 A、B、C、D、E、F，分别对应了 10、11、12、13、14、15，其基数是 16，相邻两位之间为"逢十六进一"和"借一当十六"的关系，它的"位权"可表示成"16^i"。任何一个十六进制数都可以表示为按位权展开的多项式之和，如十六进制数 3FF7.D 可表示为

$$3FF7.D = 3\times 16^3 + 15\times 16^2 + 15\times 16^1 + 7\times 16^0 + 13\times 16^{-1}$$

八进制与十六进制的应用，主要是为了书写和表示方便，因为二进制表示位数比较长。

5. 其他进制

除十进制、二进制、八进制、十六进制外，在某些情况下还存在其他进制。假设一个进制为 K 进制，那么 K 进制用的数码共有 K 个，其基数是 K，相邻两位之间为"逢 K 进一"和"借一当 K"的关系，它的"位权"可表示成"K^i"，i 为数位序号。任何一个 K 进制数都可以表示为按位权展开的多项式之和，该表达式就是数的一般展开表达式：

$$D = \sum_{k=1}^{n} A_k N^k$$

其中，N 为基数，A_k 为第 k 位上的数码，N^k 为第 k 位上的位权。

3.1.2 不同进制数之间的相互转换

数制转换即进制转换，指进制（二、八、十、十六进制）间的相互转换，计算机编程中较为常见。虽然计算机能极快地进行运算，但其内部并不像人类在实际生活中使用的十进制，而是使用只包含 0 和 1 两个数值的二进制。当然，人们输入计算机的十进制被转换成二进制进行计算，计算后的结果又由二进制转换成十进制，这都由操作系统自动完成，并不需要人们手工去做，学习汇编语言，就必须了解二进制（还有八进制和十六进制）。

1. 二进制数、八进制数、十六进制数转换成十进制数

其他进制向十进制转换主要是为了阅读方便，因为人们在日常生活中采用的数制就

是十进制,如果计算机输出的数据都是二进制的形式,那么普通人很难完成对计算机的操作。

其他进制向十进制转换的方法就是按照位权展开表达式,例如:

① $(111.101)_2 = 1×2^2+1×2^1+1×2^0+1×2^{-1}+1×2^{-3}$
$= 4+2+1+0.5+0+0.125 = (7.625)_{10}$

其中利用括号加脚码来表示转换前后的不同进制,以下例中不再加以说明。

② $(774)_8 = 7×8^2+7×8^1+4×8^0 = (508)_{10}$

③ $(AF3.8C)_{16} = 10×16^2+15×16^1+3×16^0+8×16^{-1}+12×16^{-2}$
$= 2\ 560+240+3+0.5+0.046875 = (2\ 803.546875)_{10}$

2. 十进制数转换成二进制数

将十进制数转换成等值的二进制数,需要对整数和小数部分分别进行转换。整数部分转换法是连续除 2,直到商数为零,然后逆向取各个余数得到一串数位即为转换结果,如图 3.1 所示。

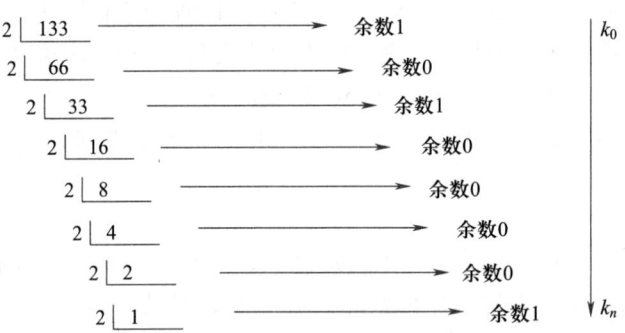

图 3.1 十进制转换为二进制示例

$133÷2 = 66$ ·················· 余数 1
$66÷2 = 33$ ···················· 余数 0
$33÷2 = 16$ ···················· 余数 1
$16÷2 = 8$ ······················ 余数 0
$8÷2 = 4$ ························ 余数 0
$4÷2 = 2$ ························ 余数 0
$2÷2 = 1$ ························ 余数 0
$1÷2 = 0$ ························ 余数 1

逆向取余数(后得的余数为结果的高位)得 $(133)_{10} = (10\ 000\ 101)_2$。

小数部分转换法是连续乘 2,直到小数部分为零或已得到足够多个整数位,正向取积的整数位(后得的整数位为结果的低位)组成一串数位即为转换结果,例如:

$0.8 \times 2 = 1.6$ —————— 整数部分为 1
$0.6 \times 2 = 1.2$ —————— 整数部分为 1
$0.2 \times 2 = 0.4$ —————— 整数部分为 0
$0.4 \times 2 = 0.8$ —————— 整数部分为 0（进入循环过程）

若要求 3 位小数，则算到第 4 位，以便舍入。结果得 $(0.8)_{10} = (0.110)_2$。

可见有限位的十进制小数所对应的二进制小数可能是无限位的循环或不循环小数，这就必然导致转换误差。仅将上述转换方法简单证明如下。

若有一个十进制整数 A，必然对应有一个 n 位的二进制整数 B，将 B 展开表示就得下式：

$$(A)_{10} = b_{n-1} \times 2^{n-1} + b_{n-2} \times 2^{n-2} + \cdots + b_2 \times 2^2 + b_1 \times 2^1 + b_0 \times 2^0$$

若式子两端同除以 2，则两端的结果和余数都应当相等，分析式子右端，除了最末项外各项都含有因子 2，所以其余数就是 b_0。同时 b_1 项的因子 2 没有了。当再次除以 2 时，b_1 就是余数。以此类推，就逐次得到了 b_2、b_3、b_4……直到式子左端的商为 0。

小数部分转换方法的证明同样是利用转换结果的展开表达式，写出下式：

$$(A)_{10} = b_{-1} \times 2^{-1} + b_{-2} \times 2^{-2} + \cdots + b_{-(m-1)} \times 2^{-m+1} + b_{-m} \times 2^{-m}$$

显然当式子两端乘以 2 时，其右端的整数位就等于 b_{-1}。当式子两端再次乘以 2 时，其右端的整数位就等于 b_{-2}。以此类推，直到右端的小数部分为 0，或得到了满足要求的二进制小数位数。

最后将小数部分和整数部分的转换结果合并，并用小数点隔开就得到最终转换结果。
十进制和二进制之间的相互转换可以查看表 3.1。

表 3.1 十进制与二进制转换表

十进制	0	1	2	3	4	5	6	7	8	9	10
二进制	0	1	10	11	100	101	110	111	1000	1001	1010
十进制	11	12	13	14	15	16	17	18	19	20	21
二进制	1011	1100	1101	1110	1111	10000	10001	10010	10011	10100	10101
十进制	22	23	24	25	26	27	28	29	30	31	32
二进制	10110	10111	11000	11001	11010	11011	11100	11101	11110	11111	100000

注意：十进制转换为二进制的过程中，第一次得到的余数为二进制数的最低位，最后一次得到的余数为二进制数的最高位。

3. 十进制数转换为八进制数和十六进制数

对整数部分"连除基数取余"，对小数部分"连乘基数取整"的转换方法可以推广到十进制数到任意进制数的转换，这时的基数要用十进制数表示。例如，用"除 8 逆向取余"和"乘 8 正向取整"的方法可以实现由十进制数向八进制数的转换；用"除 16 逆向取余"和"乘 16 正向取整"可实现由十进制数向十六进制数的转换。将十进制数 377 转换为八进制数和十六进制数的计算如下:

$$377 \div 8 = 47 \quad \text{余数 } 1$$
$$47 \div 8 = 5 \quad \text{余数 } 7$$
$$5 \div 8 = 0 \quad \text{余数 } 5$$

结果为 $(377)_{10} = (571)_8$。

$$377 \div 16 = 23 \quad \text{余数 } 9$$
$$23 \div 16 = 1 \quad \text{余数 } 7$$
$$1 \div 16 = 0 \quad \text{余数 } 1$$

结果为 $(377)_{10} = (179)_{16}$。

4. 八进制数、十六进制数与二进制数之间的转换

由于 3 位二进制数能表示 8 个状态,因此一位八进制数与 3 位二进制数之间就有着一一对应的关系,转换就十分简单,即将八进制数转换成二进制数时,只需要将每一位八进制数码用 3 位二进制数码代替即可,例如:

$$(367.12)_8 = (011\ 110\ 111.001\ 010)_2$$

为了便于阅读,这里在数字之间特意添加了空格。若要将二进制数转换成八进制数,只需从小数点开始,分别向左和向右每 3 位分成一组,用一位八进制数码代替即可,例如:

$$(10\ 100\ 101.001\ 111\ 01)_2 = (010\ 100\ 101.001\ 111\ 010)_2 = (245.172)_8$$

这里要注意的是,小数部分最后一组如果不够 3 位,应在尾部用零补足 3 位再进行转换。

与八进制数类似,一位十六进制数与 4 位二进制数之间也有着一一对应的关系。将十六进制数转换成二进制数时,只需将每一位十六进制数码用 4 位二进制数码代替即可,例如:

$$(CF.5)_{16} = (1100\ 1111.0101)_2$$

将二进制数转换成十六进制数时,只需从小数点开始,分别向左和向右每 4 位一组用一位十六进制数码代替即可。小数部分的最后一组不足 4 位时要在尾部用 0 补足 4 位,例如:

$$(1011\ 0111.1001\ 1)_2 = (1011\ 0111.1001\ 1000)_2 = (B7.98)_{16}$$

3.1.3 二进制数的运算

二进制数只有 0 和 1 两个数码,二进制的运算包括二进制逻辑运算和二进制算术运算。它的算术运算规则与十进制相似,但较十进制简单。

1. 二进制数的加法运算

二进制的基数是 2,进位规则是"逢 2 进 1",故加法运算法则如下。

① 0+0 = 0

② 0+1 = 1;1+0 = 1

③ 1+1 = 10（本位的 0 向高位进 1）

如将两个二进制数 1000 与 1011 相加，加法过程的竖式表示如下：

$$
\begin{array}{r}
1000 \\
+\ 1011 \\
\hline
10011
\end{array}
$$

2. 二进制数的减法运算

二进制的减法运算法则如下。

① 0−0 = 1−1 = 0

② 1−0 = 1

③ 0−1 = 1（向高位借位）

例如，$(11000011)_2 - (00101101)_2$ 的算式如下：

$$
\begin{array}{r}
11000011 \\
-\ 00101101 \\
\hline
10010110
\end{array}
$$

3. 二进制数的乘法

二进制的乘法运算规则如下。

① 0×0 = 0

② 0×1 = 0；1×0 = 0

③ 1×1 = 1

如求二进制数 1101 和 1010 相乘的乘积，竖式计算如下：

$$
\begin{array}{r}
1\ 1\ 0\ 1 \quad \text{被乘数}\\
\times\ 1\ 0\ 1\ 0 \quad \text{乘数}\\
\hline
0\ 0\ 0\ 0 \\
1\ 1\ 0\ 1\ \ \ \\
0\ 0\ 0\ 0\ \ \ \ \ \quad \text{部分乘积}\\
+\ 1\ 1\ 0\ 1\ \ \ \ \ \ \ \\
\hline
1\ 0\ 0\ 0\ 0\ 0\ 1\ 0 \quad \text{乘积}
\end{array}
$$

从该例可知其乘法运算过程和十进制的乘法运算过程非常一致，仅仅是换用了二进制的加法和乘法规则，计算更为简洁。

4. 二进制数的除法

二进制除法是乘法的逆运算，其运算法则如下。

① 0÷0 = 0

② 0÷1 = 0

③ 1÷1 = 1

如求二进制数 10111010 除以二进制数 110，竖式计算如下：

```
              11111
        ┌──────────
    110 )10111010
         110
         ───
         1011
          110
          ───
          1010
           110
           ───
           1001
            110
            ───
             110
             110
             ───
               0
```

结果为 11111。

5. 二进制的逻辑运算

逻辑运算主要包括三种基本运算,即逻辑加法("或")、逻辑乘法("与")、逻辑否定("非")。

逻辑加法通常用符号"+"来表示,运算规则如下。

$$0+0=0$$
$$0+1=1$$
$$1+0=1$$
$$1+1=1$$

可以看出,二进制逻辑运算和二进制算术运算的结果并不相同,因为逻辑加法具有"或"的意义,在给定的算式中,只要两个数有一个为1,两者相加结果都为1,只有当两者都为0时,逻辑加法的结果才为0。

逻辑乘法通常用符号 * 表示,运算规格如下。

$$0*0=0$$
$$0*1=0$$
$$1*0=0$$
$$1*1=1$$

可以看出,二进制逻辑运算和二进制算术运算的结果并不相同,因为逻辑乘法具有"与"的意义,在给定的算式中,当且仅当参与运算的全部数都为1时,逻辑乘法的结果才是1,其余情况下结果都为0。

逻辑否定运算又称为否定运算。

3.2 计算机信息处理

信息,指消息、通信系统传输和处理的对象,泛指人类社会传播的一切内容。人们通过获得、识别自然界和社会的不同信息来区别不同事物，得以认识和改造世界。在一切通信和控制系统中，信息是一种普遍联系的形式。1948 年，数学家香农在题为《通信的数学理论》的论文中指出："信息是用来消除随机不定性的东西"。创建一切宇宙万物的最基本的万能单位是信息。

在物理学中信息有明确的定义。在 2003 年雅各布·贝肯斯坦认为物理学中的一个发展趋势是将物理世界定义为由信息本身组成（也以此来定义信息）。这个例子包括量子纠缠的现象，两个粒子会互相影响，影响的速度甚至高于光速。信息即使是以非直接的方式传播，其传播速度也不会比光速快。因此可能在物理上观测某一个和其他粒子纠缠的粒子，观测本身就会影响另一个粒子，其中两个粒子除了承载的信息外，两者没有任何其他的链接。

另外一个示例是麦克斯韦的思想实验。在此实验中呈现了信息和另一个物理性质熵的关系，其结论是无法在熵不增加（一般是会产生热）的情形来破坏信息，另一个更哲学性的结论是信息可以和能量互相转换。因此在逻辑门的研究中，AND 闸发热量的理论下限比 NOT 闸的发热量要低（因为信息在 AND 闸中会被破坏，而在 NOT 闸中只会被转换）。在量子计算机的理论中物理信息的概念格外重要。

有信息就有信息处理。人类很早就开始出现了信息的记录、存储和传输，原始社会的"结绳记事"就是指以麻绳和筹码作为信息载体，用来记录和存储信息。文字的创造、造纸术和印刷术的发明是信息处理的第一次巨大飞跃，计算机的出现和普遍使用则是信息处理的第二次巨大飞跃。

信息处理就是对信息的接收、存储、转化、传送和发布等。随着计算机科学的不断发展，计算机已经从初期的以"计算"为主的一种计算工具，发展成为以信息处理为主的、集计算和信息处理于一体的、与人们的工作、学习和生活密不可分的一个工具。

在计算机处理信息的过程中，由于数据会影响处理效率和精度，所以需要对数据进行编码之后，再由计算机进行处理。编码的主要目的是减少信息量，因为数据影响处理效率和精度，效率低主要是由于大量字符用于名称或描述，许多时间用于报告、录入、辨认及理解。更重要的是必须有足够空间存放那些字符及数字。这种低效率对手工操作及计算机处理都有很大影响。同时，要提高计算机处理精度，必须实现数据项定义标准化。设计好的编码结构可以解决上述问题。例如一个三位数编码 000~999 唯一并简洁标识 1 000 个不同条目，明显比每一条用语言描述占用空间少。运用编码除提高处理效率及精度之外，编码结构可用于表示特定意思。例如一个人的身份证号码可以表示所在省市区、出生年月、性别等。关于这个人的数据就可以根据规定算法，用计算机进行排序、总结、统计、分析等。本节详细描述计算机内部信息的表述与处理。

3.2.1 数值信息的表示

1. 数的定点和浮点表示

在常见的信息中，最容易处理的信息是数值信息。数值型数据是表示数量、可以进行数值运算的数据类型。数值型数据的表示按小数点的处理可分为定点数和浮点数。

在计算机内部，通常用两种方法来表示带小数点的数，即所谓的定点数和浮点数。

定点数：小数点在数中的位置是固定不变的数，数的最高位为符号位，小数点可在符号位之后，也可在数的末尾，小数点本身不需要表示出来，它是隐含的。缺点是只有纯小数或整数才能用定点数表示。

浮点数：小数点在数中的位置是浮动的、不固定的数。

一般浮点数既有整数部分又有小数部分，通常对于任何一个二进行制数，都可以将其分为整数部分和小数部分进行比较。例如+1000111.0101 可以表示为

$$+2^6 * 1.0001110101$$

6 为阶码，一般为定点整数，常用补码表示，阶码指明小数点在数据中的位置，它决定浮点的表示范围。1.0001110101 为尾数，一般为定点小数，常用补码或原码表示，尾数部分给出了浮点数的有效数字位数，它决定了浮点数的精度，且规格化浮点数 $0.5 \leq |S| < 1$。

在计算机中表示一个浮点数其结构如表 3.2 所示。

表 3.2 浮点数结构

阶符	阶数	尾符	尾数
E_f	$E_1 E_2, \cdots, E_m$	S_f	$S_1 S_2, \cdots, S_n$

假设用 8 个二进制位来表示一个浮点数，且阶码部分占 4 位，其中阶符占一位；尾数部分占 4 位，尾符也占一位。

如一个十进制数可以表示成一个纯小数与一个以 10 为底的整数次幂的乘积，如 134.45 可表示为 0.13445×10^3。

浮点数表示法把字长分成阶码（表示指数）和尾数（表示数值）两部分，在大多数计算机中，尾数为纯小数，常用原码或补码表示，阶码为定点整数，常用移码或补码表示。而其中的尾数和阶码分别是定点纯小数和定点纯整数。例如，二进制数 11001.11 的浮点数表示形式可为 0.1100111×2^{101}。

> 注意：一个浮点形式的尾数 S 若满足 $0.5 \leq |S| < 1$，且尾数的最高位数为 1，没有无效的 0，则该浮点数称为规格化。规格化数可以提高运算的精度。

2. 数的编码表示

信息在冯·诺依曼体系结构计算机中都是以二进制形式表示的，数值信息究竟是如何被表示的呢？直接存放它的二进制值不是一个好的解决方法。

事实上，我们除了要表示一个数的值以外，还要考虑它的正负号如何表示，小数点如何表示，甚至也要考虑如何表示更有利于计算机实现，如何设计表示的范围更大，如何表示精度更高，等等。在数据编码的过程中，应该遵循以下原则。

（1）系统性

编码在逻辑上必须满足所涉及学科的科学分类方法以体现该类属性本身的自然系统

性。另外还要能反映出类型中不同的等级特点。

(2) 标准型

为满足未来的有效的信息传输与交流,所指定的编码系统必须在尽可能的条件下实现标准化。如果每个人都有一套自己的编码系统,那么在协同办公上会出现因为编码导致不能合作等问题。

(3) 实用性

在满足国家标准的前提下,每一种编码都应该以最小的数据量负载最大的信息量,以便于计算机存储和管理。

(4) 扩充性

虽然代码的码位一般要求紧凑经济,减少冗余代码,但应考虑到实际使用时往往会出现新的类型,需要加入编码系统中,因此编码时应留有扩展的余地,避免因新对象的出现而使原编码系统失效或造成编码错乱。

(5) 效率性

编码的目的是提高计算机处理数据的效率,不能为了编码或者扩充性而去强行复杂化编码,从而导致编码后的信息对于计算机来说更难处理。

(6) 稳定性

稳定性是指数据编码一旦确定,就不能轻易更改。如果一套编码系统中,编码所负载的数据信息一直在变化,那么这套编码系统就不具有明确的信息表示作用,也就不能再被使用。

在计算机中,如果所有的数据和符号全部被数字化,最高位为符号位,且用 0 表示正、1 表示负,那么把包括符号在内的一个二进制数称为机器数,机器数有原码、反码和补码三种表示方法。

一般数都有正负之分,计算机只能记忆 0 和 1,为了将数在计算机中存放和处理就要将数的符号进行编码,用编码来代表数据的正负。

真值就是用"+"和"-"号表示的二进制数。因为机器数的第一位是符号位,所以机器数的形式值就不等于真正的数值。例如上面的有符号数 10000011,其最高位 1 代表负,其真正数值是 -3 而不是形式值 131 (10000011 转换成十进制等于 131)。所以,为区别起见,将带符号位的机器数对应的真正数值称为机器数的真值。

例如:

00000001 的真值 = +0000001 = +1

10000001 的真值 = -0000001 = -1

原码:是最简单的机器数表示法。其数符位用 0 表示正,1 表示负,其余各位表示真值本身,即用第一位表示符号,其余位表示值。比如 8 位二进制数:

1 的原码是 00000001

-1 的原码是 10000001

按上述原码的定义和编码方法,数 0 就有两种编码形式:0000…0 和 100…0。对于带符号的整数来说,n 位二进制原码表示的数值范围是 $-(2^{n-1}-1) \sim +(2^{n-1}-1)$。

例如 8 位原码的表示范围为 $-127 \sim +127$，16 位原码的表示范围为 $-32767 \sim +32767$。

为了简化运算操作，也为了把加法和减法统一起来以简化运算器的设计，计算机中也用到了其他的编码形式，主要有补码和反码。

反码：正数的反码同原码，负数的反码是在其原码的基础上，符号位不变，其余各个位取反。

1 的反码是 00000001

-1 的反码是 11111110

补码：正数的补码同原码，负数的补码是在其原码的基础上，符号位不变，其余各位取反，最后+1。

1 的补码是 00000001

-1 的补码是 11111110

为了说明补码的原理，先介绍数学中的"同余"概念。对于 a、b 两个数，若用一个正整数 K 去除，所得的余数相同，则称 a、b 对于模 K 是同余的（或称互补）。也就是说，a 和 b 在模 K 的意义下相等，记作 $a=b$（MOD K）。

例如，$a=13$，$b=25$，$K=12$，用 K 去除 a 和 b 余数都是 1，记作 $13=25$（MOD12）。

对钟表校对时间来说，顺时针方向拨 $K(0 \leq K \leq 12)$ 个小时与反时针方向拨 $(12-K)$ 个小时其效果是相同的，就是因为在表盘上只有 12 个计数状态，即其模为 12。

对于计算机，其运算器的位数（字长）总是有限的，即它也有"模"的存在，可以利用"补码"实现加减法之间的相互转换。下面仅给出求补码和反码的算法和应用举例。

① 求反码的算法

对于正数，其反码和原码同形；对于负数，则将其原码的符号位保持不变，而将其原码的其他位按位求反（即将 0 换为 1，将 1 换为 0）。

② 求补码的算法

对于正数，其补码和原码同形；对于负数，先求其反码，再在最低位加"1"（称为末位加 1）。

求原码、反码和补码的计算，举例如表 3.3 所示（以 8 位代码为例）。

若对一补码再次求补就又得到了对应的原码。

表 3.3　真值、原码、反码、补码对照举例

十进制数	二进制数	十六进制数	原码	反码	补码	说明
68	1000100	44	01000100	01000100	01000100	定点正整数
-92	-1011100	-5C	11011100	10100011	10100100	定点负整数
0.82	0.11010010	0.D2	01101001	01101001	01101001	定点正小数
-0.6	-0.10011010	-0.9A	11001101	10110010	10110011	定点负小数

注意：当真值为正数时，原码、反码、补码 3 种机器数的最高位均为 0；当真值为负数时，原码、反码、补码 3 种机器数的最高位均为 1。

当真值为正数时，原码=反码=补码。

当真值为负数时，三种机器数的符号位相同，均为1，原码的数值位保持"原"样，反码的数值位是原码数值位的"按位取反"，补码的数值位是原码的数值位的"按位取反"后再加1，简称"取反加1"。表3.4为码长为8的几种机器数表示方式。表3.5为码长为8的机器数的可表示范围。

当真值为负数时：补码=反码+1。

当真值为负数时：原码=[补码]取补，补码=[原码]取补。

即 $[-x]_{补}$=模-$[x]_{补}$，$[x]_{补}$=模-$[-x]_{补}$。

表3.4 码长为8的几种机器数对照举例

真值	+0	-0	+1	-1	+127	-127	-128
原码	00000000	10000000	00000001	10000001	01111111	11111111	溢出
反码	00000000	11111111	00000001	11111110	01111111	10000000	溢出
补码	00000000	00000000	00000001	11111111	01111111	10000001	10000000

表3.5 码长为8的几种机器数表示范围

	二进制定点整数	十进制定点整数	N位可表示的个数	二进制定点小数	十进制定点小数
原码	11111111~01111111	-127~+127	$2n-1$个	1.1111111~0.1111111	-127/128~+127/128
反码	10000000~01111111	-127~+127	$2n-1$个	1.1111111~0.1111111	-127/128~+127/128
补码	10000000~01111111	-128~+127	$2n$个	1.1111111~0.1111111	-1~-127/128

3. 补码运算举例

补码运算的基本规则是 $[X]_{补}$+$[Y]_{补}$=$[X+Y]_{补}$，由此规律进行计算。

（1）18-13=5

由式18-13=18+（-13），8位补码计算的竖式如下：

```
    00010010
 +  11110011
  ----------
   100000101
```

最高位进位自动丢失后，结果的符号位为0，即为正数，补码原码同形。转换为十进制数即为+5，运算结果正确。

（2）25-36=-11

由式25-36=25+（-36），8位补码计算的竖式如下：

```
    00011001
 +  11011100
  ----------
    11110101
```

结果的符号位为1,即为负数。由于负数的补码原码不同形,所以要将其求补得到原码:10001011,再转换为十进制数即为-11,运算结果正确。

4. 计算机中数的浮点表示

前面已经了解了数的浮点表示形式,即阶码和尾数的表示形式。原则上,阶码和尾数都可以任意选用原码、补码或反码,这里仅简单举例说明采用补码表示的定点纯整数表示阶码、采用补码表示的定点纯小数表示尾的浮点数表示方法。例如,在IBM的PC系列微机中,采用4个字节存放一个实型数据,其中阶码占1个字节,尾数占3个字节。阶码的符号(简称阶符)和数值的符号(简称数符)各占一位,且阶码和尾数均为补码形式。当存放十进制数+256.8125时,其浮点格式如下:

$$\underbrace{0\ 000\ 100}_{\text{阶符\ 阶码}}\ \underbrace{1}_{\text{数符}}\ \underbrace{0\ 1000000\ 00110100\ 00000000}_{\text{尾数}}$$

即 $(256.8125)_{10} = (0.1000000001101 \times 2^{1001})_2$。

当存放十进制数据-0.21875时,其浮点格式如下:

$$\underbrace{1\ 111\ 1110}_{\text{阶符\ 阶码}}\ \underbrace{1}_{\text{数符}}\ \underbrace{00100000\ 00000000\ 00000000}_{\text{尾数}}$$

即 $(-0.21875)_{10} = (-0.00111)_2 = (-0.111 \times 2^{-010})_2$。

由上例可以看到,当写一个编码时必须按规定写足位数。另外,为了充分利用编码表示高的数据精度,计算机中采用了"规格化"的浮点数的概念,即尾数小数点的后一位必须是非"0",即对正数,小数点的后一位必须是"1";对负数补码,小数点的后一位必须是"0"。

3.2.2 非数值数据的表示

非数值数据是计算机中使用最多的数据,是人与计算机进行通信、交流的重要形式。由于计算机只能识别二进制代码,数字、字母、符号等必须以特定的二进制代码来表示,称为它们的二进制编码,所以我们需要将人们日常需要处理的文本信息和字符信息等通过二进制编码的形式转换成计算机可识别的二进制数据。

1. 十进制数字的编码

前面的学习中提到当十进制小数转换为二进制数时将会产生误差,为了精确地存储和运算十进制数,可用若干位二进制数码来表示一位十进制数,称为二进制编码的十进制数,简称二-十进制代码(binary code decimal,BCD)。由于十进制数有10个数码,起码要用4位二进制数才能表示1位十进制数,而4位二进制数能表示16个符号,所以就存在多种编码方法。其中8421码是常用的一种,它利用了二进制数的展开表达式形式,即各位的位权由高位到低位分别是8、4、2、1,方便了编码和解码的运算操作。若用BCD码表示十进制数2365就可以直接写出结果:0010001101100101。

2. 字母和常用符号的编码

字符编码、字集码是把字符集中的字符编码为指定集合中的某一个对象,以便文本在计算机中存储和通过网络传递。

在英语书中用到的字母为 52 个（大、小写字母各 26 个），数码 10 个，数学运算符号和其他标点符号等约 32 个，再加上用于控制打印机等外部设备的控制字符，共计 128 个符号。对 128 个符号编码需要 7 位二进制数，且可以有不同的排列方式，即不同的编码方案。其中 ASCII（American Standard Code for Information Interchange，美国标准信息交换码）是使用最广泛的字符编码方案。在 7 位 ASCII 之前再增加一位用作校验位，形成 8 位编码。ASCII 编码表如表 3.6 和表 3.7 所示。

表 3.6　ASCII 字符编码 1

高四位	低四位								
	0000	0001	0010	0011	0100	0101	0110	0111	1000
0000	NUL	SOH	STX	ETX	EOT	ENQ	ACK	BEL	BS
0001	DLE	DC1	DC2	DC3	DC4	NAK	SYN	ETB	CAN
0010	空格	!	"	#	$	%	&	'	(
0011	0	1	2	3	4	5	6	7	8
0100	@	A	B	C	D	E	F	G	H
0101	P	Q	R	S	T	U	V	W	X
0110	`	a	b	c	d	e	f	g	H
0111	p	q	r	s	t	y	v	w	x

表 3.7　ASCII 字符编码 2

高四位	低四位						
	1001	1010	1011	1100	1101	1110	1111
0000	HT	LF	VT	FF	CR	SO	SI
0001	EM	SUB	ESC	FS	GS	RS	US
0010	)	*	+	,	-	.	/
0011	9	:	;	<	=	>	?
0100	I	J	K	L	M	N	O
0101	Y	Z	[	\	]	^	_
0110	i	j	K	l	m	n	o
0111	y	z	{			}	~	

3. 汉字编码

汉字编码（Chinese character coding）是为汉字设计的一种便于输入计算机的代码。由于电子计算机现有的输入键盘与英文打字机键盘完全兼容，因而如何输入非拉丁字母的文字（包括汉字）便成了多年来人们研究的课题。汉字信息处理系统一般包括编码、输入、存储、编辑、输出和传输,其中编码是关键,不解决这个问题,汉字就不能进入计算机。

汉字进入计算机的三种途径分别如下。

① 机器自动识别汉字:计算机通过"视觉"装置(光学字符阅读器或其他设备),用光电扫描等方法识别汉字。

② 通过语音识别输入:计算机利用人们给它配备的"听觉器官",自动辨别汉语语音要素,从不同的音节中找出不同的汉字,或从相同音节中判断出不同汉字。

③ 通过汉字编码输入:根据一定的编码方法,由人借助输入设备将汉字输入计算机。

机器自动识别汉字和汉语语音识别,国内外都在研究,虽然取得了不少进展,但由于难度大,预计还要经过相当一段时间才能得到解决。在现阶段,比较现实的就是通过汉字编码方法使汉字进入计算机。

计算机中汉字的表示也是用二进制编码,同样是人为编码的。根据应用目的的不同,汉字编码分为外码、交换码、机内码、字形码和地址码。

(1) 外码(输入码)

外码也叫输入码,是用来将汉字输入到计算机中的一组键盘符号。常用的输入码有拼音码、五笔字型码、自然码、表形码、认知码、区位码和电报码等,一种好的编码应有编码规则简单、易学好记、操作方便、重码率低、输入速度快等优点,每个人都可以根据自己的需要进行选择。

拓展阅读3.1:国标码

(2) 交换码(国标码)

计算机内部处理的信息都是用二进制代码表示的,汉字也不例外。而二进制代码使用起来是不方便的,于是需要采用信息交换码。中国国家标准总局1980年发布了中华人民共和国国家标准 GB 2312—1980《信息交换用汉字编码字符集 基本集》,即国标码。

区位码是国标码的另一种表现形式,把国标 GB 2312—1980 中的汉字、图形符号组成一个94×94的方阵,分为94个"区",每区包含94个"位",其中"区"的序号从01至94,"位"的序号也是从01至94。94个区中位置总数为94×94=8 836个,其中7 445个汉字和图形字符中的每一个占一个位置后,还剩下1 391个空位,这1 391个位置空下来保留备用。

(3) 机内码

如果国标码直接在计算机上使用,那么会和早已经通用的 ASCII 码冲突,比如,"万"字国标码中的高位字节77与 ASCII 的"M"冲突,低位字节114与 ASCII 的"r"冲突。因此,为避免与 ASCII 码冲突,规定国标码中的每个字节的最高位都从0换成1,即相当于每个字节都再加上128(十六进制为80,即80H;二进制为10000000),从而得到国标码的"机内码"表示,简称"机内码"。

根据国标码的规定,每一个汉字都有了确定的二进制代码,在微机内部汉字代码都用机内码,在磁盘上记录汉字代码也使用机内码。

（4）汉字的字形码

字形码是汉字的输出码，输出汉字时都采用图形方式，无论汉字的笔画多少，每个汉字都可以写在同样大小的方块中。通常用16×16点阵来显示汉字。

（5）汉字地址码

汉字地址码是指汉字库中存储汉字字形信息的逻辑地址码。它与汉字内码有着简单的对应关系，以简化内码到地址码的转换。

> 拓展阅读3.2：点阵汉字的原理及应用

在键盘输入汉字用到的汉字输入码归纳起来可分为数字码、拼音码、字形码和音形混合码。数字码以区位码、电报码为代表，一般用4位十进制数表示一个汉字，每个汉字编码唯一，记忆困难。拼音码又分全拼和双拼，基本上无须记忆，但重音字太多。为此又提出双拼双音、智能拼音和联想等方案，推进了拼音汉字编码的普及使用。字形码以五笔字型为代表，优点是重码率低，适用于专业打字人员应用，缺点是记忆量大。自然码则将汉字的音、形、义都反映在其编码中，是混合编码的代表。

要在屏幕或在打印机上输出汉字，就需要用到汉字的字形信息。目前表示汉字字形常用点阵字形法和矢量法。

点阵字形是将汉字写在一个方格纸上，用一位二进制数表示一个方格的状态，有笔画经过记为"1"，否则记为"0"，并称其为点阵。把点阵上的状态代码记录下来就得到一个汉字的字形码。将字形信息有组织地存放起来就形成汉字字形库。一般的汉字系统中汉字字形点阵有16×16、24×24、48×48几种，点阵越大对每个汉字的修饰作用就越强，打印质量也就越高，通常用16×16点阵来显示汉字。

矢量字形则是通过抽取并存放汉字中每个笔画的特征坐标值，即汉字的字形矢量信息，在输出时依据这些信息经过运算恢复原来的字形。所以矢量字形信息可适应显示和打印各种字号的汉字。

当输入一个汉字并要将其显示出来时，就要将其输入码转换成能表示其字形码存储地址的机内码。根据字库的选择和字库存放位置的不同，同一汉字在同一计算机内的内码也将是不同的。

汉字的输入码、字形码和机内码都不是唯一的，不便于不同计算机系统之间的汉字信息交换。为此我国制定了《信息交换用汉字编码字符集 基本集》，即 GB 2312—1980，提供了统一的国家信息交换用汉字编码，称为国标码。该标准集中规定了 682 个西文字符和图形符号、6 763 个常用汉字。

除 GB 2312—1980 外，GB/T 7589—1987 和 GB/T 7590—1987 两个辅助集也对非常用汉字做出了规定，三者定义汉字共 21 039 个。

汉语拼音推广应用，并逐步过渡到汉字和汉语拼音文字并存并用，这是一种双轨制。汉字信息处理领域中，音码和形码的并存并用，同样是一种双轨制。因此，不少人认为，采用双轨制有以下 5 个理由。

① 对掌握普通话的人来说，使用音码比形码方便，速度比较快。形码虽然较慢，但能输入任何汉字（包括古字）。采用双轨制，操作员可按音输入认识的字，按形输入不认

识的字，会普通话的人可按音输入，方音重的人可按形输入。

② 对于用字量少的单位，按音输入无问题，但对用字量多的单位来说，按音输入就不如按形输入，因为一般人只能念出一部分汉字。

③ 按形输入（尤其是整体输入）对于中文信息处理的某类工作，如统计汉字，非常适合；但是对于其他类工作，例如统计汉语的音（声韵调）则无能为力。按音输入则正相反。双轨制正好是相辅相成。

④ 有的形码可以照顾多种汉字（如日本的汉字、韩国的汉字），而音码能分词连写，便于做进一步的信息处理。

⑤ 适当的双轨方案不会额外增加设备。如不考虑采用整字输入，一般均可使用现有的小键盘。

汉字编码研究的新发展除了单轨制向双轨制发展之外，还有下列趋势。

① 混合式编码法。笔触字表示法中除整体字之外，增加一些部件或字元，可以解决盘外字问题，甚至能具有字形分解法的全部优点。而笔画方案为了提高速度，一般也增加一些部件或整字。

② 充分利用简码和词汇码。这样可以提高输入速度。因而人们为少量出现频率高的字或词设计了单字母和双字母的简码。

③ 充分发挥"电脑"的作用，尽量减少"人脑"的负担。例如有的方案不断以开窗口方式向操作员提供选择的范围，这样操作员不必再记忆大量的编码规则。还有的方案不断以开窗口方式向操作员提供选择的范围。这样，操作员不必再记忆大量的编码规则。

除了汉语拼音外，五笔字型输入法（简称五笔）是王永民在1983年8月发明的一种汉字输入法。因为发明人姓王，所以也称为"王码五笔"。五笔字型完全依据笔画和字形特征对汉字进行编码，是典型的字形码输入法。

五笔是目前中国以及一些东南亚国家如新加坡、马来西亚等国的最常用的汉字输入法之一。五笔相对于拼音输入法具有重码率低的特点，熟练后可快速输入汉字。五笔自1983年诞生以来，先后推出三个版本：86五笔、98五笔和新世纪五笔。

拓展阅读3.3：五笔输入法字根

五笔作为专业打字员的第一选择，优势之一就是纯形码拆字，不考虑字的读音，即使不认识这个字也可以打出来。还有，打五笔熟练到一定程度，可以达到"眼见手拆"的境界，眼睛看到文稿上的字，手下意识地就会打出来，脑子里不用再考虑如何拆分它，也不用去考虑按了哪几个键，这样就能保证使用五笔可以长时间高效率地打字。

词汇码也是提高速度的手段。有一种形码方案的词汇码是根据每个字的部件规定的，如"汉字编码"的词汇码是43、45、55、13（氵宀纟石）。另一种形码方案的词汇码是利用计算机引导方式输入的。例如，当"中"字输入后，一按语词键，屏幕上便显示出"中国""中型""中性""中华"等双音词；选择"中国"后，如再按一下语词键，便可显示出"（中国）话""（中国）人民""（中国）共产党""（中国）工农红军"等词或词组。音码方案的词汇码实际上为词组码，如 ZRG "中华人民共和国"，ZZXY "中国中文信息研究会"。词汇码不仅能提高速度，而且也能区别同码。但是，如果用得太多，也会产生重码。因此，有必要划分通用词汇码和专业词汇码，以减少重码。

4. 万国码

由于各个国家都有自己的语言，所以基本上很多国家都根据自己的特色重新制定了符合自己的编码标准，但是互相之间却不支持别人的代码。为了解决这种问题，国际标准化组织（ISO）废除所有的地区编码，提出了一套适用于全球的编码系统：万国码（unicode）。

unicode 是为了解决传统的字符编码方案的局限而产生的，例如 ISO 8859-1 所定义的字符虽然在不同的国家中广泛地使用，可是在不同国家间却经常出现不兼容的情况。很多传统的编码方式都有一个共同的问题，即容许计算机处理双语环境（通常使用拉丁字母以及其本地语言），但却无法同时支持多语言环境（指可同时处理多种语言混合的情况）。

unicode 编码系统设计时遵循以下原则。

① 普适性：提供单一、综合的字符集，编码所有现代与大部分历史文献的字符。

② 效率性：易于处理与分析。

③ 采用字符：字符，而不是字形。

④ 语义性：字符要有良好定义的语义。

⑤ 纯文本：仅限于文本字符。

⑥ 逻辑性：默认内存表示是其逻辑序。

⑦ 统一性：把不同语言的同一书写系统（scripts）中的相同字符统一起来。

⑧ 可动态组合：附加符号可以动态组合。

⑨ 稳定性：已分配的字符与语义不再改变。

⑩ 可转换的：unicode 与其他著名字符集可以精确转换。

正是由于 unicode 编码系统在设计时遵循了这十大原则，才使得 unicode 编码系统渐渐取代了各地区的多种多样的编码方式，使得全球交流更加方便。

统一码的编码方式与 ISO/IEC 10646 的通用字符集概念相对应。目前实际应用的统一码版本对应于 UCS-2，使用 16 位的编码空间，也就是每个字符占用 2 个字节。这样理论上一共最多可以表示 2^{16}（即 65 536）个字符，基本满足各种语言的使用需要。实际上当前版本的统一码并未完全使用这 16 位编码，而是保留了大量空间以作为特殊使用或将来扩展。

上述 16 位统一码字符构成基本多文种平面。最新（但未实际广泛使用）的统一码版本定义了 16 个辅助平面，两者合起来至少需要占据 21 位的编码空间，比 3 字节略少。但事实上辅助平面字符仍然占用 4 字节编码空间，与 UCS-4 保持一致。未来版本会扩充到 ISO/IEC 10646-1 实现级别 3，即涵盖 UCS-4 的所有字符。UCS-4 是一个更大的尚未填充完全的 31 位字符集，加上恒为 0 的首位，共需占据 32 位，即 4 字节。理论上最多能表示 231 个字符，完全可以涵盖一切语言所用的符号。

基本多文种平面的字符的编码为 U+hhhh，其中每个 h 代表一个十六进制数字，与 UCS-2 编码完全相同。而其对应的 4 字节 UCS-4 编码后两个字节一致，前两个字节则所有位均为 0。

关于统一码和 ISO 10646 及 UCS 的详细关系见通用字符集。

unicode 的实现方式不同于编码方式。一个字符的 unicode 编码是确定的。但是在实际传输过程中，由于不同系统平台的设计不一定一致以及出于节省空间的目的，对 unicode 编码的实现方式有所不同。unicode 的实现方式称为 unicode 转换格式（unicode transformation format，UTF）。

例如，有一个仅包含基本 7 位 ASCII 字符的 unicode 文件，如果每个字符都使用 2 字节的原 unicode 编码传输，其第一字节的 8 位始终为 0，这就造成了比较大的浪费。对于这种情况，可以使用 UTF-8 编码，这是一种变长编码，它将基本 7 位 ASCII 字符仍用 7 位编码表示，占用一个字节（首位补 0）。而遇到与其他 unicode 字符混合的情况，将按一定算法转换，每个字符使用 1~3 个字节编码，并利用首位为 0 或 1 进行识别。这样对以 7 位 ASCII 字符为主的西文文档就大幅节省了编码长度（具体方案参见 UTF-8）。类似地，对未来会出现的需要 4 个字节的辅助平面字符和其他 UCS-4 扩充字符，2 字节编码的 UTF-16 也需要通过一定的算法进行转换。

再如，如果直接使用与 unicode 编码一致（仅限于 BMP 字符）的 UTF-16 编码，由于每个字符占用了两个字节，那么在麦金塔（Mac）计算机和个人计算机上，对字节顺序的理解是不一致的。这时同一字节流可能会被解释为不同内容，如某字符为十六进制编码 4E59，按两个字节拆分为 4E 和 59，在 Mac 上读取时是从低字节开始，那么 macOS 会认为此 4E59 编码为 594E，找到的字符为"奎"，而 Windows 从高字节开始读取，则编码为 U+4E59 的字符为"乙"。就是说在 Windows 下以 UTF-16 编码保存一个字符"乙"，在 macOS 环境下打开会显示成"奎"。此类情况说明 UTF-16 的编码顺序若不加以人为定义就可能发生混淆，于是在 UTF-16 编码实现方式中使用了大端序（big-endian，UTF-16BE）、小端序（little-endian，UTF-16LE）的概念以及可附加的字节顺序记号解决方案，目前在 PC 上的 Windows 系统和 Linux 系统对于 UTF-16 编码默认使用 UTF-16LE。（具体方案参见 UTF-16）

此外 unicode 的实现方式还包括 UTF-7、Punycode、CESU-8、SCSU、UTF-32、GB18030 等，这些实现方式有些仅在一定的国家和地区使用，有些则属于未来的规划方式。目前通用的实现方式是 UTF-16 小端序（LE）、UTF-16 大端序（BE）和 UTF-8。在微软公司 Windows 10 附带的记事本（Notepad）中，"另存为"对话框可以选择的 5 种编码方式除去非 unicode 编码的 ANSI（对于英文系统即 ASCII 编码，中文系统则为 GB2312 或 Big5 编码）外，其余三种为"unicode"（对应 UTF-16LE）、"unicode big endian"（对应 UTF-16BE）、"UTF-8"和带有 BOM 的 UTF-8。

目前辅助平面的工作主要集中在第二和第三平面的中日韩统一表意文字中，因此包括 GBK、GB18030、Big5 等简体中文、繁体中文、日文、韩文以及越南喃字的各种编码与 unicode 的协调性被重点关注。考虑到 unicode 最终要涵盖所有的字符，从某种意义而言，这些编码方式也可视作 unicode 出现于其之前的既成事实的实现方式，如同 ASCII 及其扩展 Latin-1 一样，后两者的字符在 16 位 unicode 编码空间中的编码第一字节各位全为 0，

第二字节编码与原编码完全一致。但上述东亚语言编码与 unicode 编码的对应关系要复杂得多。

3.3 条形码与射频识别

3.3.1 条形码

条形码是由黑白相间的条纹组成的图案，如图 3.2 所示的黑色部分称为"条"，白色部分称为"空"，条和空代表二进制的 0 或 1，对其进行编码，从而可以组合不同粗细间隔的黑白图案，可以代表数字、字符和符号信息。在各种商超、供应商管理、商品流通、客户员工管理等领域总能出现条形码的身影。

图 3.2 条形码

条形码中条和空对同一光线的反射率和反射强度不一样，简单说就是和我们看到的黑与白有很好的区分度，扫描枪利用该原理，通过光学传感器检测来自不同发射区的不同反射光，即检测黑与白的排序信息进行识别。

条形码可以用来表示数字、英文和符号，但不能表示汉字。它只有横向记录信息，但纵向不记录信息，有一定抗破坏能力。即使纵向被破坏一部分，只要横向完整，就能读取出对应的信息。条形码常应于物料管理、生产管理、超市等领域。

条形码的特点如下。

（1）条形码输入速度快：与键盘输入相比，条形码输入的速度是键盘输入的 5 倍。条形码扫描速度快于二维码。

（2）条形码标签易于制作，如果不需要粘贴，那么普通纸就可以，且扫描设备也相对便宜。

条形码设备主要有两种，一种是只读信息不能存储信息，必须要连接计算机，比如超市结账时，售货员扫描二维码，计算机就可以读出价格；另外一种是既可以读也可以存，之后可以将信息传到计算机。

3.3.2 二维码

二维码又称二维条码，可看成条形码的升级。与条形码相比，二维码可以表示汉字，这是一大优点。它的表示信息也多于条形码，传统的条形码只能处理 20 位左右的信息量，与之相比，二维码可处理条形码的几十倍到几百倍的信息量。

如图 3.3 所示，常见的二维码为 QR code，QR 全称 quick response，是近几年来移动设备上非常流行的一种编码方式，它比传统的条形码能存储更多的信息，也能表示更多的数据类型。

图 3.3 二维码

二维条码/二维码（2-dimensional bar code）是用某种特定的几何图形按一定规律在平面（二维方向上）分布的、黑白相间的、记录数据符号信息的图形；在代码编制上巧妙地利用构成计算机内部逻辑基础的"0"和"1"比特流的概念，使用若干与二进制相对应的几何形体来表示文字数值信息，通过图像输入设备或光电扫描设备自动识读以实现信息自动处理：它具有条码技术的一些共性，即每种码制有其特定的字符集；每个字符占有一定的宽度；具有一定的校验功能等。同时还具有对不同行的信息自动识别功能及处理图形旋转变化点。

二维码的特点如下。
① 高密度编码，信息容量大。
② 编码范围广。
③ 容错能力强，具有纠错功能。
④ 译码可靠性高。
⑤ 可引入加密措施。
⑥ 成本低，易制作，持久耐用。

3.3.3 射频识别

不论是条形码，还是二维码，都是一次只能读取一个标签内容，而使用 RFID 技术，一次可以读取多个标签，读取效率大为提高，这是 RFID 的一个优势，也因为该优势，它在很多场合取代了条形码。

RFID（射频识别）是 radio frequency identification 的缩写，其原理为阅读器与标签之间进行非接触式的数据通信，达到识别目标的目的。RFID 电子标签又称为射频标签、应答器、数据载体。RFID 阅读器又称为读出装置、扫描器、读头、通信器、读写器（取决于电子标签是否可以无线改写数据）。RFID 电子标签与 RFID 阅读器之间通过耦合元件实现射频信号的空间（无接触）耦合。在耦合通道内，根据时序关系，实现信号的传递和数据交换。

RFID 电子标签的特点如下。

① RFID 有不同频率,从工作频段来分,可分为低频(125~134 kHz)、高频(13.56 MHz)、超高频(860~928 MHz,全球标准不一)、微波(2.45 GHz、5.8 GHz)。频率越高,传播距离越远,但是绕射或穿透能力较弱。

② RFID 标签可以重复地新增、修改、删除 RFID 卷标内存储的数据,方便信息的更新。

③ 在被覆盖的情况下,RFID 能够穿透纸张、木材和塑料等非金属或非透明的材质,并能够进行穿透性通信。而条形码扫描器材需近距离而且没有物体阻挡的情况下,才可以识别。

射频识别技术依据其标签的供电方式可分为三类,即无源 RFID、有源 RFID 和半有源 RFID。

1. 无源 RFID

在三类 RFID 产品中,无源 RFID 出现时间最早,最成熟,其应用也最为广泛。在无源 RFID 中,电子标签通过接受射频识别阅读器传输来的微波信号以及通过电磁感应线圈获取能量来对自身短暂供电,从而完成此次信息交换。因为省去了供电系统,所以无源 RFID 产品的体积可以达到厘米量级甚至更小,而且自身结构简单,成本低,故障率低,使用寿命较长。但作为代价,无源 RFID 的有效识别距离通常较短,一般用于近距离的接触式识别。无源 RFID 主要工作在较低频段如 125 kHz、13.56 MHz 等,其典型应用包括公交卡、二代身份证、食堂餐卡等。

2. 有源 RFID

有源 RFID 兴起的时间不长,但已在各个领域,尤其是在高速公路电子不停车收费系统中发挥着不可或缺的作用。有源 RFID 通过外接电源供电,主动向射频识别阅读器发送信号。其体积相对较大,但也因此拥有了较长的传输距离与较高的传输速度。一个典型的有源 RFID 标签能在百米之外与射频识别阅读器建立联系,读取率可达 1 700 次/秒。有源 RFID 主要工作在 900 MHz、2.45 GHz、5.8 GHz 等较高频段,且具有可以同时识别多个标签的功能。有源 RFID 的远距性、高效性使得它在一些需要高性能、大范围的射频识别应用场合里必不可少。

3. 半有源 RFID

无源 RFID 自身不供电,但有效识别距离太短。有源 RFID 识别距离足够长,但需外接电源,体积较大。而半有源 RFID 就是为这一矛盾而妥协的产物。半有源 RFID 又叫低频激活触发技术。在通常情况下,半有源 RFID 产品处于休眠状态,仅对标签中保存数据的部分进行供电,因此耗电量较小,可维持较长时间。当标签进入射频识别阅读器识别范围后,阅读器先以 125 kHz 低频信号在小范围内精确激活标签使之进入工作状态,再通过 2.4 GHz 微波与其进行信息传递。也就是说,先利用低频信号精确定位,再利用高频信号快速传输数据。其通常应用场景为,在一个高频信号所能覆盖的大范围中,在不同位置安置多个低频阅读器用于激活半有源 RFID 产品。这样既完成了定位,又实现了信息的采集与传递。

习题答案：习题3答案

习 题 3

一、单项选择题

1. 在计算机内部，用来传送、存储、加工和处理的数据或者指令都是采取（　　）。

A. ASCII 码

B. GB2312 码

C. 二进制码

D. GBK 码

2. 计算机中的信息编码指的是（　　）。

A. 用 7 位二进制数表示一个字符

B. 各种形式的数据按一定的法则转换成二进制码

C. 计算机中的二进制码按照一定的法则逆转换成各种数据

D. 用两个字节来表示一个汉字

3. IT 的全称是（　　）。

A. Internet

B. information technology

C. information transmit

D. information technique

4. 下列叙述正确的是（　　）。

A. 信息技术就等同于计算机技术和网络技术

B. 信息技术是指在信息的获取、整理、加工、存储、传递和利用的过程中所采取的技术

C. 微电子技术和信息技术是互不关联的两个技术领域

D. 信息技术是处理信息的技术

5. 下列叙述正确的是（　　）。

A. 一个字符的标准 ASCII 码占一个字节的空间

B. 大写字母的 ASCII 码等于相对应的小写字母的 ASCII 码

C. 同一个英文字母的 ASCII 码值和它在汉字系统下的全角内码的值是相同的

D. 一个字符的 ASCII 码与它的内码是不同的

6. 下面关于计算机中定点数和浮点数的叙述，正确的是（　　）。

A. 浮点数既有整数部分也有小数部分，定点数只能表示纯小数

B. 浮点数的尾数越长，所表示的数的精确度就越高

C. 定点数可表示的数值范围总是大于浮点数可表示的范围

D. 浮点数用二进制表示，定点数用十进制表示

二、填空题

1. 十进制数 31.594 的二进制表示为_____。

2. 十进制数 2010 加上八进制数 32 等于_____。

3. 已知字母"C"的 ASCII 编码为十六进制数 43，则字母"w"的 ASCII 编码为_____（十进制表示）。

4. 信息的基本容量单位是_____。

5. 输出汉字时采用图形方式，_____是汉字的输出码。

6. 已知一黑白图像数字化后的数据量为 8 KB，该数字图像包含的像素总数是_____。

三、简答题

1. 请自己举一个二进制数的例子，并将该二进制数转换为十进制和十六进制形式。

2. 如果一个整数的补码为 FFFF（H），那么请计算该整数的二进制形式。写出详细计算过程。

第 4 章 操作系统基础

本章首先简单讲述操作系统的基本概念、分类及发展，然后详细讲述操作系统的进程管理、存储管理、文件管理和设备管理等功能。内容由浅入深，知识覆盖面广，在讲解理论的同时，还简单讲解相应的应用及操作，以帮助读者对操作系统相关概念的理解。

【知识要点】
1. 操作系统的定义、基本功能和分类
2. 操作系统的进程管理
3. 操作系统的存储管理
4. 操作系统的文件管理
5. 操作系统的设备管理
6. 操作系统的作业管理

电子教案：操作系统基础

微视频4.1：第4章章首导读

4.1 操作系统概述

4.1.1 引言

为了使计算机系统中所有软硬件资源协调一致，有条不紊地工作，就必须有一套软件来进行统一的管理和调度，这种软件就是操作系统。操作系统（operating system，OS）是管理软硬件资源、控制程序执行、改善人机界面、合理组织计算机工作流程和为用户使用计算机提供良好运行环境的一种系统软件。计算机系统不能缺少操作系统，正如人不能没有大脑一样，而且操作系统的性能在很大程度上直接决定了整个计算机系统的性能。操作系统直接运行在裸机上，是对计算机硬件系统的第一次扩充。在操作系统的支持下，计算机才能运行其他软件。从用户的角度看，操作系统加上计算机硬件系统形成一台虚拟机（通常广义上的计算机），它为用户构成了一个方便、有效、友好的使用环境。因此可以说，操作系统不但是计算机硬件与其他软件的接口，而且也是用户和计算机的接口。事实上操作系统已成为现代计算机系统、多处理机系统、计算机网络中都必须配置的系统软件。操作系统在计算机系统中的位置可以用图 4.1 表示。

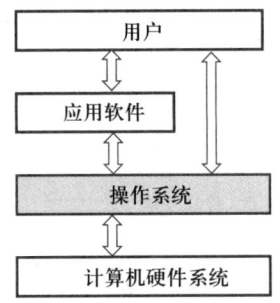

图 4.1 操作系统在计算机系统中的位置示意图

操作系统作为计算机系统的管理者，为多道程序的运行提供良好的运行环境，以保证多道程序能有条不紊地、高效地运行，并能最大限度地提高系统中各种资源的利用率，方便用户使用。它的主要功能是对系统所有的软硬件资源进行合理而有效的管理和调度，提高计算机系统的整体性能。一般而言，引入操作系统有两个目的：第一，从用户角度来看，操作系统将裸机改造成一台功能更强、服务质量更高、用户使用起来更加灵活方便、更加安全可靠的虚拟机，使用户无须了解更多有关硬件和软件的细节就能使用计算机，从而提高用户的工作效率；第二，为了合理地使用系统包含的各种软硬件资源，提高整个系统的使用效率。具体地说，操作系统具有进程（处理器）管理、存储管理、设备管理、文件管理和作业管理等基本功能，具体的功能将在 4.2 节介绍。

4.1.2 操作系统的分类

经过了多年的迅速发展，操作系统多种多样，功能也相差很大，已经发展到能够适应各种不同的应用环境和各种不同的硬件配置。操作系统按不同的分类标准可分为不同类型的操作系统，如图 4.2 所示。

微视频4.2：操作系统的分类

1. 按使用界面分类

（1）命令行界面操作系统

在命令行界面操作系统中，用户只有在命令提示符（如 C:\>）后输入命令才能操作计算机。其界面不友好，用户需要记忆各种命令，否则无法使用系统，如 MS DOS、Novell 等系统。

（2）图形界面操作系统

图形界面操作系统交互性好，用户无须记忆命令，可根据界面的提示进行操作，简单易学，如 Windows 7/8/10 等系统。

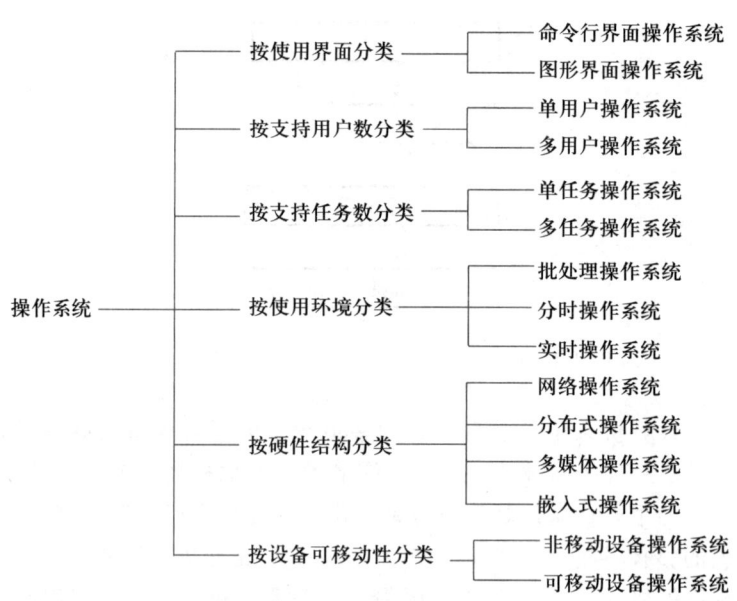

图 4.2　操作系统的分类示意图

2．按支持用户数分类

（1）单用户操作系统

单用户操作系统只允许一个用户使用操作系统，该用户独占计算机系统的全部软硬件资源。曾经在微型计算机上使用的 MS-DOS、Windows 3.x 和 OS/2 等属于单用户操作系统。

单用户操作系统可分为单任务操作系统和多任务操作系统，其区别是一台计算机能否同时执行两项（含两项）以上的任务，比如在数据统计的同时能否播放音乐等。

（2）多用户操作系统

多用户操作系统是在一台主机上连接有若干台终端，能够支持多个用户同时通过这些终端机使用该主机进行工作。根据各用户占用该主机资源的方式，多用户操作系统又分为分时操作系统和实时操作系统。典型的多用户操作系统有 UNIX、Linux 和 VAX-VMS 等。

3．按支持任务数分类

（1）单任务操作系统

单任务操作系统的主要特征是系统每次只能执行一个程序，例如，打印机在打印时，计算机就不能再进行其他工作了，如 DOS 操作系统。

（2）多任务操作系统

多任务操作系统允许同时运行两个以上的程序，比如在打印时，可以同时执行另一个程序，如 Windows NT、Windows 2000/XP、Windows Vista/7/8/10、UNIX 等系统。

4. 按使用环境分类

（1）批处理操作系统

批处理操作系统（batch processing operating system）是一种早期用在大型计算机上的操作系统，用于运行许多商业和科学应用，其特点是，用户脱机使用计算机、作业成批处理和多道程序运行。

批处理操作系统的工作方式是，用户事先把上机的作业准备好，该作业包括程序、数据和一些有关作业性质的控制信息，然后提交给计算机操作员。作业通常是用穿孔卡片来写的。计算机操作员将许多用户的作业按类似需求组成一批作业，输入计算机中，在系统中形成一个自动转接的连续的作业流，系统自动、依次执行每个作业。最后由操作员将作业结果交给用户。在这种执行环境下，因为机械 I/O 设备速度比电子设备的速度要慢很多，CPU 经常处于空闲状态。根据作业的输入输出是否由 CPU 来处理，批处理系统可分为联机批处理系统和脱机批处理系统。

批处理系统的主要特点是用户脱机使用计算机和成批处理，从而大大提高了系统资源的利用率和系统的吞吐量，如 MVX、DOS/VSE、AOS/V 等操作系统。

（2）分时操作系统

分时操作系统（time sharing operating system，TSOS）允许多个终端用户同时共享一台计算机资源，彼此独立互不干扰，用户感到好像一台计算机只为他所用。分时操作系统的工作方式是，一台主机连接若干终端，每个终端有一个用户在使用，终端机可以没有 CPU 与内存。用户交互式地向系统提出命令要求，系统接受每个用户的命令，采用时间片轮转方式处理服务请求，并通过交互方式在终端上向用户显示结果。

分时操作系统将 CPU 的时间划分成若干片段，称为时间片。操作系统以时间片为单位，轮流为每个终端用户服务。分时是指若干道程序对 CPU 运行时间的分享。分时系统具有多路性、交互性、独占性和及时性等特点，如 UNIX、XENIX 等操作系统。

多路性是指多个联机用户可以同时使用一台计算机，宏观上看是多个用户同时使用一个 CPU，微观上是多个用户在不同时刻轮流使用 CPU。交互性是指多个用户或程序都可以通过交互方式进行操作。独占性是指由于分时操作系统是采用时间片轮转方法为每个终端用户作业服务，用户彼此之间都感觉不到计算机为其他人服务，就像整个系统为他所独占。及时性指系统对用户提出的请求及时响应。

常见的通用操作系统是分时系统与批处理系统的结合。其原则是，分时优先，批处理在后。UNIX 是其典型的代表。

（3）实时操作系统

实时操作系统（real time operating system，RTOS）是指使计算机能及时响应外部事件的请求，在严格规定的时间内完成对该事件的处理，并控制所有实时设备和实时任务协调一致地工作的操作系统。实时操作系统的主要特点是资源的分配和调度首先要考虑实时性，然后才是效率。当对处理器或数据流动有严格时间要求时，就需要使用实时操作系统。

实时操作系统有明确的时间约束，处理必须在确定的时间约束内完成，否则系统会失败，通常用在工业过程控制和信息实时处理中。例如，飞行器控制、导弹发射、数控机床、飞机票（火车票）预订等。它的两大特点是响应的即时性和系统的高可靠性。在实时操作系统中，一般都要采取多级容错技术和措施以保证系统的安全性和可靠性。如 IRMX、VRTX 等操作系统。

5. 按硬件结构分类

（1）网络操作系统

计算机网络可以定义为互连的自主计算机系统的集合。所谓自主计算机是指计算机具有独立处理能力，而互连则是表示计算机之间能够实现通信和相互合作。可见，计算机网络是在计算机技术和通信技术高度发展的基础上相互结合的产物。

网络操作系统（NOS）是网络的心脏和灵魂，是向网络计算机提供服务的特殊的操作系统。它在计算机操作系统下工作，使计算机操作系统增加了网络操作所需要的能力。

通常可以把网络操作系统定义为，实现网络通信的有关协议以及为网络中各类用户提供网络服务的软件的集合，其主要目标是使用户能通过网络上各个计算机站点去方便而高效地享用和管理网络上的各类资源（数据与信息资源，软件和硬件资源）。

网络操作系统按控制模式可以分为集中模式、客户机-服务器模式、对等模式。集中式网络操作系统是由分时操作系统加上网络功能演变的，系统的基本单元是由一台主机和若干台与主机相连的终端构成，信息的处理和控制是集中的。客户机-服务器模式是最流行的网络工作模式，服务器是网络的控制中心，并向客户提供服务，客户机用于本地处理和访问服务器的站点。对等模式中的站点都是对等的，既可以作为客户机访问其他站点，也可以作为服务器向其他站点提供服务，这种模式具有分布处理和分布控制的功能。

目前流行的网络操作系统有：Windows Server 2019，Windows Server 2022，Linux 的 FreeBSD、RedHat、CentOS，Unix 的 SUR4.0、Solaris 8.0 等。

（2）分布式操作系统

分布式操作系统也是通过通信网络将物理上分布存在的、具有独立运算功能的数据处理系统或计算机系统连接起来，实现信息交换、资源共享和协作完成任务的系统。分布式操作系统管理系统中的全部资源，为用户提供一个统一的界面，强调分布式计算和处理，更强调系统的健壮性、重构性、容错性、可靠性和快速性。从物理连接上看它与网络系统十分相似，它与一般网络系统的主要区别表现在，当操作人员向系统发出命令后能迅速得到处理结果，但运算处理是在系统中的哪台计算机上完成的操作人员并不知道，如华为鸿蒙系统。

分布式操作系统主要具有资源共享、加速计算、可靠性和可通信等优点。资源共享可以实现分散资源的深度共享，如分布式数据库的信息处理、远程站点文件的打印等；加速计算是指如果可以将一个特定的大型计算分解成能够并发运行的子运算，并且分布式系统允许将这些子运算分布到不同的站点，那么这些子运算可以并发运行，加快了计算速度；可靠性是指由于在整个系统中有多个 CPU 系统，如果一个 CPU 系统发生故障，那么其他站点可以继续工作；可通信是指当许多站点通过通信网络连接在一起时，不同站点的用户可以交换信息。

（3）多媒体操作系统

多媒体操作系统是指"除具有一般操作系统的功能外，还具有多媒体底层扩充模块，支持高层多媒体信息的采集、编辑、播放和传输等处理功能的系统"。

多媒体操作系统通常支持对多媒体声、像及其他多媒体信息的控制和实时处理；支持多媒体的输入输出及相应的软件接口，具有对多媒体数据和多媒体设备的管理和控制以及图形用户界面管理等功能。也就是说，它能够像一般操作系统处理文字、图形、文件那样去处理音频、图像、视频等多媒体信息，并能够对各种多媒体设备进行控制和管理。当前主流的操作系统都具备多媒体功能。

（4）嵌入式操作系统

嵌入式操作系统（embedded operating system，EOS）是指用于嵌入式系统的操作系统，它负责嵌入式系统的全部软、硬件资源的分配、任务调度，控制、协调并发活动。嵌入式操作系统具有如下特点。

① 系统内核小。由于嵌入式系统一般是应用于小型电子装置，系统资源相对有限，所以内核较之传统的操作系统要小得多。

② 专用性强。嵌入式系统的个性化很强，其中的软件系统和硬件的结合非常紧密，一般要针对硬件进行系统的移植，即使在同一品牌、同一系列的产品中也需要根据系统硬件的变化和增减不断进行修改。

③ 高实时性。高实时性是嵌入式软件的基本要求，而且软件要求固态存储，以提高速度；软件代码要求高质量和高可靠性。

④ 系统精简。嵌入式系统一般没有系统软件和应用软件的明显区分，不要求其功能设计及实现上过于复杂，这样一方面利于控制系统成本，同时也利于实现系统安全。

嵌入式系统广泛应用在生活和工作的各个方面，涵盖范围从便携设备到大型固定设施，如数码照相机、手机、平板电脑、家用电器、医疗设备、交通信号灯、航空电子设备和工厂控制设备等，越来越多的嵌入式系统安装有实时操作系统。

目前在嵌入式领域广泛使用的操作系统有嵌入式实时操作系统 $\mu C/OS-\mathrm{II}$、嵌入式 Linux、Windows Embedded、VxWorks 等以及应用在智能手机和平板电脑的 Android、iOS 等。

6. 按设备可移动性分类

（1）非移动设备操作系统

这类操作系统主要用在服务器、台式机等设备上，如 Windows 7/8/10 等。

（2）可移动设备操作系统

① 华为鸿蒙系统（HUAWEI Harmony OS）。这是华为公司在 2019 年 8 月 9 日于东莞举行华为开发者大会（HDC.2019）上正式发布的操作系统。它是一款全新的面向全场景的分布式操作系统，创造一个超级虚拟终端互联的世界，将人、设备、场景有机地联系在一起，为消费者在全场景生活中接触的多种智能终端实现极速发现、极速连接、硬件互助、资源共享，用合适的设备提供场景体验。

它将手机、计算机、平板电脑、电视、工业自动化控制、无人驾驶、车机设备、智能穿戴统一成一个操作系统，并且该系统是面向下一代技术而设计的，能兼容全部安卓应用的所有 Web 应用。

② Android。这是 Google 公司收购了原开发商 Android 后，联合多家制造商推出的面向平板电脑、移动设备、智能手机的操作系统，它是基于 Linux 开放的源代码开发的，且仍然是免费使用的系统。

拓展阅读4.1：Android简介

③ iOS。这是 Apple 公司为其生产的移动电话 iPhone 开发的操作系统。它主要用于 Apple 的 i 系统数码产品，包括 iPhone、iPod touch、iPad 以及 Apple TV。

拓展阅读4.2：iOS简介

④ Windows Mobile。这是微软公司开发的适用于移动设备的 Windows 系统。此处的移动设备，也叫袖珍 PC，即 PPC（packet PC），通常专指使用 Windows Mobile 操作系统的移动设备。

除了按以上 6 大类分类之外，还可以按其他方式分类，如根据指令的长度分，操作系统还可以分为 8 bit（位）、16 bit、32 bit、64 bit 操作系统。例如，目前的 Windows 7 就可分为 32 位和 64 位两种。

4.1.3 常用操作系统简介

操作系统的形成到现在已经有 60 多年的时间。20 世纪 50 年代中期出现了单道批处理操作系统；20 世纪 60 年代中期产生了多道批处理系统；不久又出现了基于多道程序的分时操作系统，与此同时也诞生了用于工业控制和武器控制的实时操作系统。从 20 世纪 80 年代到现在，是微机、多处理机和计算机网络高度发展的年代，同时，也是微机操作系统、多处理机操作系统以及分布式操作系统形成和大发展的年代。操作系统从初始到现在大致可分为如表 4.1 所示的 5 个阶段。

表 4.1 操作系统发展的阶段

发展阶段	年代	操作系统类型	特点/代表类型
第一代操作系统	1945—1955 年	无操作系统、监控程序	真空管，机器语言，简单数字运算
第二代操作系统	1955—1965 年	单（多）道批处理操作系统	脱机，成批处理，多道程序/FMS 和 IBM SYS
第三代操作系统	1965—1970 年	分时操作系统	同时性、独立性、及时性和交互性/UNIX 操作系统
第四代操作系统	20 世纪 80 年代	实时、PC 操作系统	开放性、通用性/MS-DOS
第五代操作系统	20 世纪 90 年代至今	网络，分布各类操作系统	资源管理，进程通信/Windows NT/7/8/10、UNIX、Linux

下面以第四代中的 DOS 和第五代中的 Windows 操作系统为例，对相关知识进行详细的讲解。

1. DOS

DOS（disk operating system）即磁盘操作系统，它是从 1981 年直到 1995 年（其商业寿命可以算到 2000 年）的近 20 年间，配置在 PC 上的单用户命令行界面操作系统。因为当时这个操作系统主要是存放在磁盘上，其操作的文件也主要是存放在磁盘上，所以通常称为磁盘操作系统。它曾经最广泛地应用在 PC 上，对于计算机的应用普及可以说是功不可没的。其功能主要是进行文件管理和设备管理。

微视频4.3：DOS简介

DOS 家族包括 MS-DOS、PC-DOS、DR-DOS、Free-DOS、PTS-DOS、ROM-DOS、JM-OS 等，其中以 MS-DOS 最为著名，最自由开放的则是 Free-DOS。

DOS 是人与机器的一座桥梁，是罩在机器硬件外面的一层"外壳"，有了 DOS，我们就不必去深入了解机器的硬件结构，也不必去死记硬背那些枯燥的机器命令，只需通过一些接近于自然语言的 DOS 命令，就可以轻松地完成绝大多数的日常操作。另外，DOS 还能有效地管理各种软硬件资源，对它们进行合理的调度，所有的软件和硬件都在 DOS 的监控和管理之下，有条不紊地进行着自己的工作。

在使用 DOS 时，用户虽然不必死记机器命令，但要记住 DOS 命令及使用方法。常用的 DOS 命令如 dir（查看当前所在目录的文件和目录）、copy（文件复制）、del（文件删除）、md（建立目录）、type（显示文件的内容）、cd（进入特定的目录）等，这些命令对初学者来说，是比较难以掌握的。图 4.3 是 MS-DOS 的窗口，可以看到在命令提示符 ">" 后面输入 dir 命令后的结果。

图 4.3　MS-DOS 界面示意图

2. Windows 操作系统

从 1985 年到 1998 年,美国微软(Microsoft)公司陆续推出了 Windows 1.0、Windows 2.0、Windows 3.0、Windows3.1、Windows NT、Windows 95、Windows 98 等系列操作系统。Windows 98 以前版本的操作系统都由于存在某些缺点而很快被淘汰。而 Windows 98 提供了更强大的多媒体和网络通信功能以及更加安全可靠的系统保护措施和控制机制,从而使 Windows 98 系统的功能趋于完善。1998 年 8 月,微软公司推出了 Windows 98 中文版,这个版本当时应用非常广泛。

微视频4.4:Windows的发展历程

2000 年,微软公司推出了 Windows 2000 的英文版。Windows 2000 也就是改名后的 Windows NT5,Windows 2000 具有许多意义深远的新特性。同年,又发行了 Windows Me 操作系统。

2001 年,微软公司推出了 Windows XP。Windows XP 整合了 Windows 2000 的强大功能特性,并植入了新的网络单元和安全技术,具有界面时尚、使用便捷、集成度高、安全性好等优点。Windows XP 系统"战斗"了 12 年零 6 个月,2014 年 4 月 8 日,微软官方正式宣布停止对 Windows XP 的技术支持,宣告了 XP 时代的结束。由于这个系统对用户的影响颇深,到目前为止,还有一些用户在使用此系统。图 4.4 是 Windows XP 的经典桌面。

图 4.4 Windows XP 的经典桌面

2005 年,微软公司又在 Windows XP 的基础上推出了 Windows Vista。Windows Vista 仍然保留了 Windows XP 整体优良的特性,通过进一步完善,在安全性、可靠性及互动体验等方面更为突出和完善。

2009 年 10 月 22 日，微软公司于美国正式发布 Windows 7 作为新的操作系统。随着时代的发展，微软公司决定在 2020 年 1 月 14 日停止对 Windows 7 系统的任何技术支持。

Windows 7 第一次在操作系统中引入 Life Immersion 概念，即在系统中集成许多人性因素，一切以人为本，同时沿用了 Vista 的 Aero（authentic 真实，energetic 动感，reflective 反射性，open 开阔）界面，提供了高质量的视觉感受，使得桌面更加流畅、稳定。为了满足不同定位用户群体的需要，Windows 7 提供了 5 个不同版本。

2011 年 9 月 14 日，Windows 8 开发者预览版发布，宣布兼容移动终端。

2012 年 2 月，微软公司发布 Windows 8 消费者预览版。Windows 8 支持来自 Intel、AMD 和 ARM 的芯片架构。

2014 年 9 月 30 日，微软公司发布 Windows 10 技术预览版。该系统是新一代跨平台及设备应用的操作系统。

2015 年 7 月，Windows 10 正式发布，拥有崭新的触控界面，为用户呈现最新体验，实现全平台覆盖，可以运行在手机、平板电脑、台式机以及 Xbox 和服务器端等设备中，芯片类型涵盖 x86 和 ARM。

4.1.4 国产操作系统简介

国家发展战略营造了良好的国产操作系统生态体系建设的生长环境。近年来，通过"核高基"等国家科技重大专项的支持与引导，我国操作系统不断增强自主创新能力，充分参与市场竞争，国产操作系统市场占有率大幅提升。在全球产业从工业经济向数字经济升级的关键时期，中国明确了"数字中国"建设战略。中国 IT 产业在基础硬件、基础软件、行业应用软件方面快速发展。

计算机上的应用程序都是在操作系统的支持之下工作的。只要计算机联网，谁掌控了操作系统，谁就掌握了这台计算机上所有的操作信息。操作系统厂商很容易取得用户的各种敏感信息，并有可能把这些信息用于其他目的，这种担心并不是杞人忧天。由于操作系统关系到国家的信息安全，俄罗斯、德国等国家已经推行在政府部门的计算机中采用本国的操作系统软件。

中华人民共和国工业和信息化部对此表示，将继续加大力度，支持 Linux 的国产操作系统的研发和应用。国产操作系统多为以 Linux 为基础二次开发的操作系统。一些国产 Linux 操作系统和 Windows 无论是布局还是操作方式上都相差无几（但略逊于 Windows，其主要原因也是因为设备厂商没有对 Linux 操作系统提供很好的支持），在价格方面，近乎所有国产操作系统都是免费的。

对目前的国产操作系统的开发环境来说，虽然 Linux 也有一套完整的工具链（tool chain），能够实现从操作系统到应用软件各个级别的调试。但是，由于 Windows 常年的绝对市场占有率所造成的技术生态壁垒，导致其工具链在数量和质量上占有绝对的优势；Windows 用户界面和开发环境都是面向对象的，这种操作方式模拟了现实世界的行为，易于理解、学习和使用。

近年来，出现的国产操作系统也很多，如华为鸿蒙系统、深度操作系统（Deepin）、优麒麟（Ubuntu Kylin）、中标麒麟（NeoKylin）、威科乐恩 Linux（WiOS）、起点操作系统（StartOS）、凝思磐石安全操作系统、共创 Linux、思普操作系统、COS 操作系统等，并且有些已为大家所熟知。

4.2 操作系统的基本功能

操作系统作为系统软件，在计算机系统中有着举足轻重的作用，其主要功能是对系统所有的软硬件资源进行合理而有效的管理和调度，提高计算机系统的整体性能，具体来说有进程（处理器）管理、存储管理、文件管理、设备管理和作业管理五大基本功能，下面分别进行具体介绍。

微视频4.5：操作系统的基本功能

4.2.1 进程管理

现在我们在使用计算机时，可以同时运行多个程序，例如，在编辑办公文档的同时，可以听音乐，还可以进行 QQ 聊天。那么，操作系统是如何为这三个（甚至更多）程序进行服务？如何为其分配 CPU 资源来满足同时运行这些程序的需要？这些就是利用操作系统中进程管理的功能来实现的。

1. 进程管理的概念

进程（process）是计算机中的程序在某数据集合上的一次运行活动，是系统进行资源分配和调度的基本单位。它可以申请和拥有系统资源，是一个动态的概念，是一个活动的实体。它不只是程序的代码，还包括当前的活动。也就是说进程是一个动态的过程，是执行起来的程序。程序一旦运行完毕，进程也就不存在了。

微视频4.6：进程管理的概念

为了使参与并发执行的每个程序（含数据）都能独立运行，在操作系统中必须为之配置一个专门的数据结构，称之为进程控制块（process control block，PCB）。系统利用 PCB 来描述进程的基本情况和活动过程，进而控制和管理进程。这样，由程序段、相关的数据段和 PCB 三部分便构成了进程实体（又称进程映像）。一般情况下，我们把进程实体简称为进程，例如，所谓创建进程，实质上是创建进程实体中的 PCB；而撤销进程，实质上是撤销进程的 PCB。

对于进程的定义，从不同的角度可以有不同的定义，其中较典型的定义有以下几个。

① 进程是程序的一次执行。

② 进程是一个程序及其数据在处理机上顺序执行时所发生的活动。

③ 进程是具有独立功能的程序在一个数据集合上运行的过程，它是系统进行资源分配和调度的一个独立单位。

在引入了进程实体的概念后，可以把传统操作系统中的进程定义为："进程是进程实体的运行过程,是系统进行资源分配和调度的一个独立单位。"

从上面的定义可以看出,进程具有以下主要特征。

(1) 进程具有动态性

进程的实质是进程实体的执行过程,因此,动态性就是进程的最基本的特征。在程序的运行过程中,进程记录执行过程的信息,每次均不相同。同一个程序运行多次,会产生多个进程。其动态性还表现在:"它是由创建而产生,由调度而执行,由撤销而消亡。"可见,进程实体有一定的生命期,而程序则只是一组有序指令的集合,并存放于某种介质上,其本身并不具有活动的含义,因而是静态的。

(2) 进程包括程序和数据

进程和程序是两个截然不同的概念,进程是程序在一个数据集合上的一次执行过程,所以一个进程不但包括程序,还包括运行程序时所需要的相关数据,相关数据包括原始数据、运行环境和运行结果。

(3) 同一个程序在不同数据集合上运行会产生不同的进程

从进程的定义可以看出,进程是程序在一个数据集合上的一次运行。若一个程序同时在多个数据集合上运行,会产生多个进程。

(4) 进程具有并发性

进程的并发性是指多个进程实体共存于内存中,且能在一段时间内同时运行。引入进程的目的也正是为了使其进程实体能和其他进程实体并发执行。因此,并发性是进程的另一重要特征,同时也成为操作系统的重要特征。

2. 进程与程序的区别

把存放在磁盘上的程序看成是一个静止状态,当程序被选中后进入内存并运行起来时,它就成了进程。两者的区别有以下 4 点。

① 程序是"静止"的,它描述的是静态指令集合及相关的数据结构,所以程序是无生命的;进程是"活动"的,它描述的是程序执行起来的动态行为,所以进程是有生命周期的。

② 程序可以脱离机器长期保存,即使不执行的程序也是存在的,而进程是正在执行的程序,当程序执行完毕时,进程也就不存在了。进程的生命是暂时的。

③ 程序不具有并发特征,不占用 CPU、存储器及 I/O 设备等系统资源,因此不会受到其他程序的制约和影响。进程具有并发性,在并发执行时,由于需要使用 CPU、存储器及 I/O 设备等系统资源,因此受到其他进程的制约和影响。

④ 进程与程序不是一一对应的关系。一个程序执行在不同的数据集,就成为不同的进程,可以用 PCB 来唯一地标识每一个进程。而程序无法做到这点,由于程序没有和数据产生直接的联系,即使是执行不同的数据的程序,它们的指令的集合依然是一样的。所以,一个进程肯定有一个与之对应的程序,而且只有一个。而一个程序有可能没有与之对应的进程(没执行),也有可能有多个进程与之对应。

3. 进程管理的含义

进程管理也称为处理器(机)管理。现代操作系统支持多任务处理,也就是说,能够对多个进程进行管理。成为进程的程序已经被调入内存，但 CPU 在某一个时间段内只能执行一个进程，那么其他进程就必须处于等待状态。在一般情况下，CPU 给每个进程分配时间片并轮流去执行它们。在多数情况下，如果有两个（及以上）进程处于"就绪"状态，那么要决定哪一个进程被 CPU 执行，就需要进行选择。一种算法是给每个进程设定优先级，CPU 响应优先级高的进程，在同级别的情况下顺序执行；还有一种算法是使得处理器和外设处于同时"忙"的状态，尽可能使系统"并行"，以提高系统的效率；也有的算法使得每个进程都得到"公平"的响应。

4. 进程管理机制

在多道程序系统中，进程数往往多于处理器数，另外，其他资源也是有限的。这样，进程在其生存周期内，由于受资源制约，其执行过程是间断的，因此进程状态也是不断变化的。一般来说，进程有 3 种基本状态，如图 4.5 所示。

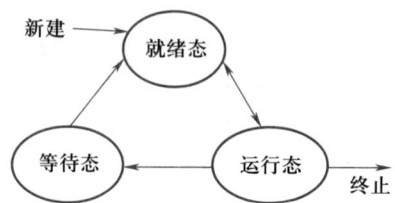

图 4.5　进程的三个状态及转换

① 就绪态。进程已经获取了除 CPU 之外所必需的一切资源，一旦分配到 CPU，就可以立即执行。

② 运行态。进程获得了 CPU 及其他一切所需的资源，正在运行，处于运行态。当其分配的 CPU 时间片用完后暂时停止运行时，就变为就绪态。

③ 等待态。由于某种资源得不到满足，进程运行受阻，处于暂停状态，等待分配到所需资源后，就进入就绪态。

5. 进程调度算法

当有多个进程都在等待使用 CPU 时，就需要一个策略从等待的队列中选择一个进程来执行，这个选择的方法就是进程调度算法。常见的调度算法有先来先服务、短进程优先、最高优先级、时间片轮转、多队列等调度算法。

微视频4.7：进程的调度算法

（1）先来先服务调度算法

先来先服务（first-come first-served，FCFS）调度算法也称为先进先出算法（FIFO），FCFS 是最简单的调度算法，系统将按照作业到达的先后次序来进行调度，或者说它优先考虑在系统中等待时间最长的作业，而不管该作业所需执行时间的长短，从后备作业队列中选择几个最先进入该队列的作业，将它们调入内存，为它们分配资源和创建进程，然后把它们放入就绪队列。

当在进程调度中采用 FCFS 算法时,每次调度是从就绪的进程队列中选择一个最先进入该队列的进程,为之分配处理机,使之投入运行。该进程一直运行到完成或发生某事件而阻塞后,进程调度程序才将处理机分配给其他进程。

顺便说明,FCFS 算法在单处理机系统中已很少作为主调度算法,但经常把它与其他调度算法相结合使用,形成一种更为有效的调度算法。例如,可以在系统中按进程的优先级设置多个队列,每个优先级一个队列,其中每一个队列的调度都基于 FCFS 算法。

(2) 短进程优先调度算法

由于在实际情况中,短进程占有很大比例,为了能使它们能比长进程优先执行,产生了短进程优先(short process first,SPF)调度算法。

短进程优先调度算法是以进程用时的长短来计算优先级,进程用时越短,其优先级越高。在用短进程优先调度算法调度时,将从后备队列中选择若干个估计运行时间最短的进程,优先将它们调入内存运行。

该算法能有效地降低进程的平均等待时间,提高系统吞吐量,但也存在以下缺点。

① 必须预知作业的运行时间。在采用这种算法时,要先知道每个作业的运行时间。即使是程序员也很难准确估计作业的运行时间,如果估计过低,那么系统就可能按估计的时间终止作业的运行,但此时作业并未完成,故一般都会偏长估计。

② 对长作业非常不利,长作业的周转时间会明显地增长。更严重的是,该算法完全忽视作业的等待时间,可能使作业等待时间过长,出现"饥饿"现象。

③ 在采用 SPF 算法时,人机无法实现交互。

④ 该调度算法完全未考虑作业的紧迫程度,故不能保证紧迫性作业能得到及时处理。

(3) 最高优先级调度算法

最高优先级调度算法(highest priority first,HPF)为了照顾紧迫型进程,给不同的进程设置不同的优先级,越紧迫的进程,其优先级越高,调度时,从后备进程队列中选择优先级最高的进程来处理。这样,使得紧迫的进程优先得到处理。

最高优先级进程调度算法是把处理机分配给就绪队列中优先级最高的进程。这时,又可进一步把该算法分成如下两种。

① 非抢占式优先级调度算法。该算法规定,一旦把处理机分配给就绪队列中优先级最高的进程,该进程就会一直执行下去直至完成,或者因该进程发生某事件而放弃处理机时,系统方可将处理机重新分配给另一优先级最高的进程。

② 抢占式优先级调度算法。把处理机分配给优先级最高的进程,使之执行。但在其执行期间,只要出现了另一个优先级更高的进程,调度程序就将处理机分配给新到的优先级最高的进程。因此,在采用这种调度算法时,每当系统中出现一个新的就绪进程 i 时,就将其优先级 P_i 与正在执行的进程 j 的优先级 P_j 进行比较,如果 $P_i \leqslant P_j$,那么原进程 P_j 便继续执行;但如果 $P_i > P_j$,则立即停止 P_j 的执行,进行进程切换,使 i 进程投入执行。抢占式的优先级调度算法常用在对实时性要求较高的系统中。

优先级调度算法的关键在于如何确定进程的优先级以及确定是使用静态优先级还是动态优先级。

① 静态优先级。静态优先级是在创建进程时确定的，在进程的整个运行期间保持不变。优先级是利用某一范围内的一个整数来表示的，例如 0~255 中的某一整数，又把该整数称为优先数。确定进程优先级大小的依据有如下三个。

a. 进程类型。通常系统进程（如接收进程、对换进程）的优先级高于一般用户进程的优先级。

b. 进程对资源的需求。对资源要求少的进程应赋予较高的优先级。

c. 用户要求。根据进程的紧迫程度及用户所付费用的多少确定优先级。

静态优先级法简单易行，系统开销小，但不够精确，可能会出现优先级低的进程长期没有被调度的情况。

② 动态优先级。动态优先级是指在创建进程之初，先赋予其一个优先级，然后其值随进程的推进或等待时间的增加而改变，以便获得更好的调度性能。例如，可以规定在就绪队列中的进程随其等待时间的增长，使其优先级相应提高。若所有的进程都具有相同优先级初值，则最先进入就绪队列的进程会因其优先级变得最高，而优先获得处理机，这相当于 FCFS 算法。若所有的就绪进程具有各不相同的优先级初值，那么对于优先级初值低的进程，在等待了足够的时间后，也可以获得处理机。当采用抢占式调度方式时，若再规定当前进程的优先级随运行时间的推移而下降，则可防止一个长作业长期地垄断处理机。

（4）时间片轮转调度算法

在分时系统中，最简单也较常用的是基于时间片的轮转（round robin，RR）调度算法。该算法采取了非常公平的处理机分配方式，即让就绪队列上的每个进程每次仅运行一个时间片。如果就绪队列上有 n 个进程，那么每个进程每次大约都可获得 $1/n$ 的处理机时间。

① 轮转法的基本原理。在轮转法中，系统根据 FCFS 策略，将所有的就绪进程排成一个就绪队列，并可设置每隔一定时间（如 30 ms）即产生一次中断，激活系统中的进程调度程序，完成一次调度，将 CPU 分配给队首进程，令其执行。当该进程的时间片耗尽或运行完毕时，系统再次将 CPU 分配给新的队首进程（或新到达的紧迫进程）。由此，可保证就绪队列中的所有进程在一个确定的时间段内都能够获得一次 CPU 执行。

② 进程切换时机。在 RR 调度算法中，应在何时进行进程的切换，可分为两种情况：一种是若一个时间片尚未用完，正在运行的进程便已经完成，就立即激活调度程序，将它从就绪队列中删除，再调度就绪队列中队首的进程运行，并启动一个新的时间片；另一种是在一个时间片用完时，计时器中断处理程序被激活。如果进程尚未运行完毕，那么调度程序将把它送往就绪队列的末尾。

③ 时间片大小的确定。在轮转算法中，时间片的大小对系统性能有很大的影响。若选择很小的时间片，将有利于短作业，因为它能在该时间片内完成。但时间片小，意味着会频繁地执行进程调度和进程上下文的切换，这无疑会增加系统的开销。反之，若时间片选择得太长，且为使每个进程都能在一个时间片内完成，RR 算法便退化为 FCFS 算法，无法满足短作业和交互式用户的需求。一个较为可取的时间片大小是略大于一次典

型的交互所需要的时间，使大多数交互式进程能在一个时间片内完成，从而可以获得很小的响应时间。

（5）多队列调度算法

如前所述的各种调度算法，尤其在应用于进程调度时，由于系统中仅设置一个进程的就绪队列，即低级调度算法是固定的、单一的，无法满足系统中不同用户对进程调度策略的不同要求，在多处理机系统中，这种单一调度策略实现机制的缺点更显突出，由此，多级队列调度算法能够在一定程度上弥补这一缺点。

该算法将系统中的进程就绪队列从一个拆分为若干个，将不同类型或性质的进程固定分配在不同的就绪队列，不同的就绪队列采用不同的调度算法，一个就绪队列中的进程可以设置不同的优先级，不同的就绪队列本身也可以设置不同的优先级。

多队列调度算法由于设置多个就绪队列，因此对每个就绪队列就可以实施不同的调度算法，因此，系统针对不同用户进程的需求，很容易提供多种调度策略。

进程管理的另一个主要问题是同步。如果某个进程占有另一个进程需要的资源而同时请求对方的资源，并且在得到所需资源前不释放其已占有的资源，那么就会导致发生死锁。现代操作系统尽管在设计上已经考虑防止死锁的发生，但并不能完全避免。发生死锁会导致系统处于无效的等待状态，因此必须终止其中的一个。例如在 Windows 中，用户可以使用任务管理器（如图 4.6 所示）终止没有响应（也就是无效）的进程。

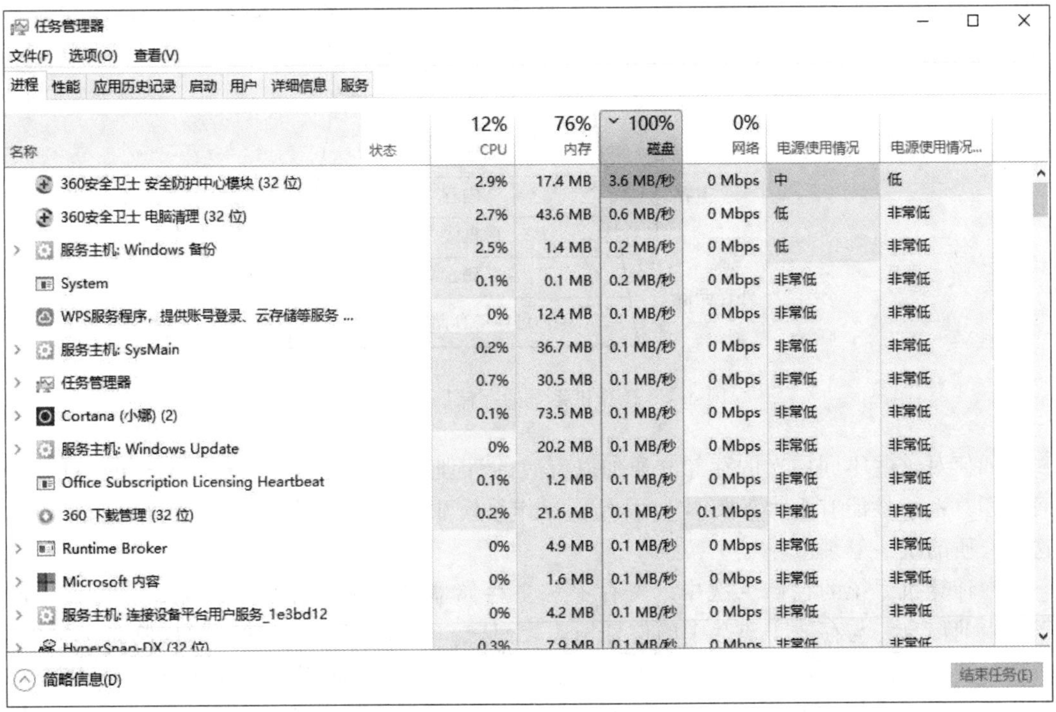

图 4.6　Windows 的任务管理器窗口

在任务管理器中,可以对进程、应用程序、服务等进行操作,具体请参阅配套的实验教程。

总之,操作系统对进程的管理主要体现在调度和管理进程从"创生"到"消亡"整个生存周期过程中的所有活动,包括创建进程、转变进程的状态、执行进程和撤销进程等操作。

4.2.2 存储管理

存储器历来都是计算机系统的重要组成部分。近年来,随着计算机技术的发展,系统软件和应用软件在种类、功能上都急剧地膨胀,存储器容量虽然一直在不断扩大,但仍不能满足现代软件发展的需要,因此,存储器仍然是一种宝贵而又稀缺的资源。为了兼顾存储器的速度、容量和价格,现在的计算机系统中,存储部件一般都采用层次结构来组织。

1. 存储器的多层次结构

对于通用计算机而言,存储层次至少应具有三级:CPU 寄存器、主存和外存诸器。在较高档次的计算机中,还可以根据具体的功能分工细分为如图 4.7 所示的 6 层,在存储层次中,层次越高(越靠近 CPU),存储介质的访问速度越快,价格也越高,相对所配置的存储容量也越小。其中,寄存器、高速缓存、内存和磁盘缓存均属于操作系统存储管理的管辖范畴,掉电后它们中存储的信息不再存在。而低层的磁盘和可移动存储介质则属于设备管理的管辖范畴,它们存储的信息将被长期保存。

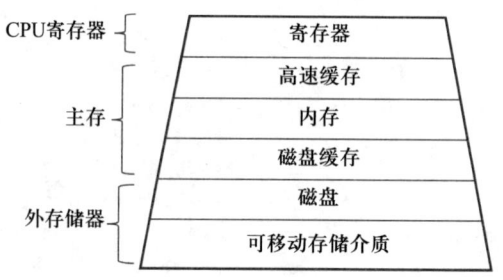

图 4.7 计算机系统的存储层次示意图

如何对这些不同层次的存储介质加以有效的管理,不仅直接影响到存储器的利用率,而且还对系统性能有重大的影响,因此,操作系统中专门有一个存储管理功能来实现对这些介质的统一管理。

在计算机系统的存储层次中,寄存器和主存储器又被称为可执行存储器。对于存放于其中的信息,与存放于辅存中的信息相比较而言,计算机所采用的访问机制是不同的,所需耗费的时间也是不同的。进程可以在很少的时钟周期内使用一条 load 或 store 指令对可执行存储器进行访问。但对辅存的访问则需要通过 I/O 设备实现,因此,在访问中将涉及中断、设备驱动程序以及物理设备的运行,所需耗费的时间远远高于访问可执行存储器的时间,一般相差 3 个数量级甚至更多。

对于不同层次的存储介质,由操作系统进行统一管理。操作系统的存储管理负责对可执行存储器的分配、回收以及提供在存储层次间数据移动的管理机制,例如主存与磁盘缓存、高速缓存与主存间的数据移动等。而设备和文件管理则根据用户的需求,提供对辅存的管理机制。

在本小节中讲的存储管理主要对象是内存。外存储器的管理与内存的管理类似,只是它们的用途不同,外存储器主要是用来存放文件的,所以把外存储器管理放在文件管理一节中介绍。

2. 存储管理的基本概念

存储管理是指管理存储资源,为用户使用存储设备提供有力的支撑,主要包括内存、外存以及内外存之间数据交换的管理。这是因为不处于运行状态的数据是存放在外存储器上,而处于运行状态的数据则存放在内存中,操作系统会根据需要对数据的存储位置进行移动。下面介绍与存储相关的几个概念。

微视频4.8:存储管理的基本概念

(1)物理地址

内存是由若干存储单元(每个存储单元称为一个字节,可以存放 8 个 0 或 1)组成的,每个存储单元都有一个唯一标识该单元的编号,该编号称为内存地址(物理地址)。内存地址从 0 开始编号,最大值取决于该计算机内存的大小和地址寄存器所能存储的最大值。这个最大值就是平时所说的内存容量,一般是 2^n-1。

(2)逻辑地址

程序中由符号名组成的程序空间称为符号名空间。源程序经过汇编或编译后形成目标程序,每个目标程序都是以 0 为基址顺序地为程序中的指令和数据进行编址,原来用符号名访问的单元就转换为新的地址编号表示,这个地址编号称为逻辑地址。

(3)地址映射

用户在逻辑地址空间中安排程序指令和数据,而这些程序要运行就必须装入内存,这就需要把程序的逻辑地址转换为内存的物理地址,这个转换称为地址重定位。

例如,在一个源程序中,变量 X 对应一个存储空间(此时只能通过变量名 X 表示),存放的值是 66,经过编译好的程序位于它自己的逻辑地址空间中,变量 X 也有逻辑地址(设为 100)。当把程序装入内存时,假如存放到了以 2 000 为起始物理地址的空间中,那么该程序中的所有逻辑地址都要加上 2 000 才能对应到内存中的物理地址,这个转换过程如图 4.8 所示。

3. 存储管理的基本功能

操作系统的存储管理主要是对内存的管理。除了为各个作业及进程分配互不发生冲突的内存空间,保护放在内存中的程序和数据不被破坏外,还要组织最大限度地共享内存空间,甚至将内存和外存结合起来,为用户提供虚拟存储空间。具体来说,存储管理的基本功能有以下几个。

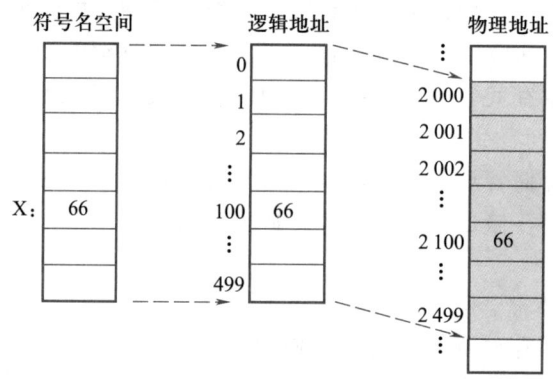

图 4.8 符号名空间、逻辑地址和物理地址的转换示意图

(1) 内存的分配与回收

存储管理根据用户程序的需要分配存储区资源,并适时进行回收,释放程序所占用的存储区,以便其他程序使用。

(2) 存储共享

存储管理可以让内存中的多个用户的多个程序实现存储资源的共享,多道程序能够动态地共享内存以提高内存的利用率。

(3) 内存保护

存储管理要保证进入内存的各道程序都在各自的存储空间内运行,互不干扰,从而保护用户程序存放在存储器中的信息不被破坏。

(4) 地址转换

从图 4.8 可以看出,程序中的逻辑地址与内存中的物理地址是不一致的,这就需要存储管理提供地址转换的功能,将程序的逻辑地址转换为内存的物理地址。

(5) 扩充内存

由于物理内存的容量有限,有时难以满足用户程序的需要,这就需要存储管理功能能够在逻辑上扩充内存容量,为用户提供一个容量比实际内存大得多的虚拟存储空间。

4. 存储管理策略

(1) 内存分配与回收

早期的计算机基本上都是单道程序。在单道程序中,除了操作系统空间外,内存大部分是被单个应用程序所使用。在这个配置下,要运行的程序被整体装入内存运行,运行结束后再由一个新的程序使用内存。如果内存不足以存放程序,那么程序将无法运行。

在多道操作系统中,当有作业调入内存时,存储管理应能根据当时的内存分配状况,按程序要求为它分配适当的内存空间。作业完成时应当收回该程序所占用的空间。

根据内存分配的时机,可把内存分配分为以下两种方式。

① 静态存储分配。指内存分配是各目标模块连接后,在作业运行之间,把整个作业一次性全部装入内存,并且在程序的整个运行过程中,不允许程序再申请其他存储空间

或者在内存中移动位置。内存分配的动作是在程序运行前一次性地完成。

② 动态存储分配。指程序要求的内存空间是在程序装入内存时分配的,在程序运行的过程中,允许程序申请额外的内存空间,也可在内存中移动位置。

动态存储分配具有较大的灵活性,它不要求把一个程序的全部信息装入内存才开始运行,而是在运行期间根据需要适时地把部分程序调入内存,而暂时不用的信息可放在辅存中,从而提高了内存的利用率。

当程序调入内存时,若有多个空闲区,如何选择空闲区?若内存中的空闲区不够用,要把哪些信息从内存中移走以腾出空间?

当程序运行完毕时,如何将其占用的内存空间进行回收?

为此,存储管理功能需要把内存中所有空闲区和已分配的区域进行合理组织,通常可使用分区说明表、空闲区块链表及存储分块表等组织形式。

(2) 地址重定位

地址重定位就是把用户程序的逻辑地址转换为内存的物理地址。按地址重定位的时机不同,地址重定位可分为静态地址重定位和动态地址重定位。

① 静态地址重定位。静态地址重定位是在程序执行之前,由操作系统的重定位程序完成的。它把要装入的内存的物理起始地址,如图 4.8 所示的 2 000,对应程序的逻辑地址 0,即把逻辑地址加上 2 000 变为物理地址,把对应的每个地址信息装入内存。

② 动态地址重定位。动态地址重定位是在程序执行期间进行的。一般来说,这种转换由专门的硬件机构来完成,通常采用一个重定位寄存器,在每次进行物理地址访问时,对取出的逻辑地址加上重定位寄存器的内容,计算出正确的物理地址。

(3) 对换

在多道程序环境下,一方面,在内存中的某些程序由于某事件尚未发生而被阻塞运行,但它却占用了大量的内存空间;另一方面,却又有许多程序在外存上等待,因无内存可用而不能进入内存运行的情况。为了解决这一问题,在系统中增设了对换技术,即把内存中暂时不能被运行的程序和数据调出内存到外存上,以便腾出足够的内存空间,再把已具备运行条件的程序调入内存。现在该技术已被广泛应用到操作系统中。

根据对换的单位,可分为整体对换和部分对换。整体对换是以整个进程为单位进行对换的,部分对换是以"页"或"段"为单位进行对换的。

(4) 虚拟存储器

当用户看到自己的程序能在系统中正常运行时,他会认为,该系统所具有的内存容量一定比自己的程序大,或者说,用户所感觉到的内存容量会比实际内存容量大得多。但用户所看到的大容量只是一种错觉,是虚的,故人们把这样的存储器称为虚拟存储器(virtual memory)。

综上所述,所谓虚拟存储器,是指具有请求调入功能和置换功能,能从逻辑上对内存容量加以扩充的一种存储器系统。其逻辑容量由内存容量和外存容量之和所决定,其运行速度接近内存速度,而每位的成本却又接近外存。可见,虚拟存储技术是一种性能非常优越的存储器管理技术,故被广泛地应用于大、中、小型机器和微型机中。

与传统的存储器管理方式比较,虚拟存储器具有以下三个重要特征。

① 多次性。多次性是相对于传统存储器管理方式的一次性而言的,是指一个作业中的程序和数据无须在作业运行时一次性地全部装入内存,而是允许被分成多次调入内存运行,即只需将当前要运行的那部分程序和数据装入内存即可开始运行。以后每当要运行到尚未调入的那部分程序时,再将它调入。正是由于虚拟存储器的多次性特征,才使它具有从逻辑上扩大内存的功能。我们也可以认为虚拟存储器是具有多次性特征的存储器管理系统。

② 对换性。由于程序运行时存在局部性现象(即在一较短的时间内,程序的执行仅局限于某个部分,相应地,它所访问的存储空间也局限于某个区域),那么一个作业中的程序和数据,无须在作业运行时一直常驻内存,而是允许在作业的运行过程中进行换进、换出。可见,虚拟存储器具有对换性特征,也正是由于这一特征,才使得虚拟存储器得以正常运行。

③ 虚拟性。虚拟性是指能够从逻辑上扩充内存容量,使用户所看到的内存容量远大于实际内存容量。这样,就可以在小的内存中运行大的作业,或者能提高多道程序度。它不仅能有效地改善内存的利用率,还可提高程序执行的并发程度,从而可以增加系统的吞吐量。这是虚拟存储器所表现出来的最重要的特征,也是实现虚拟存储器的最重要的目标。

虽然虚拟内存支持并发程序,但外存和内存的存取速度相差甚远,使用过多的虚拟内存,运行效率只会下降而不会提高。真正要提高程序的运行效率,只能通过扩充内存来实现。

在 Windows 中,提供了对内存、磁盘、虚拟内存等的查看、管理和设置操作功能,具体请参阅配套的实验教程。

4.2.3　文件管理

计算机中存放着成千上万的文件,这些文件保存在外存中,但其处理却是在内存中进行的。对文件的组织管理和操作都是由被称为文件系统的软件来完成的。文件系统由文件、管理文件的软件和相应的数据结构组成。文件管理支持文件的建立、存储、检索、调用和修改等操作,解决文件的共享、保密和保护等问题,并提供方便的用户使用界面,使用户能实现对文件的按名存取,而不必关心文件在磁盘上的存放细节。文件系统是基于操作系统来实现的。下面以 Windows 系统为例来介绍文件和文件系统。

1. 文件定义

文件是存储在外部存储器上的一组有序数据的集合,通过一个名字来标记。这个名字就叫文件名。文件是一种抽象机制,它提供了在外存上保存数据信息以方便用户读取的方法,通过本机制,用户不必关心数据信息的物理存储方法、存储位置和所使用的存储介质。

微视频4.9:文件的定义

文件名是用来标记一个文件的，由主名和扩展名两部分组成，其命名规则也随着操作系统的不同而不同。表 4.2 中列出了微软系统下不同操作系统对文件的命名规则。

表 4.2 微软不同版本操作系统文件名的命名

系统	文件的主名长度	文件的扩展名长度	是否可以含有空格	不允许使用的字符
DOS/Windows 3.1	1~8 个字符	0~3 个字符	否	/ [ ] = " \ : , | * ? > <
Windows 9x 及以后版本	1~255 个字符	0~255 个字符（但是在系统层面，仍然保留 3 个字母的命名方式，这对很多用户来说都是不可见的）	是	< > / \ | : " * ?

不允许使用的文件名有 AUX、COM1、COM2、COM3、COM4、LPT1、LPT2、LPT3、LPT4、PRN、NUL、CON。因为这些名字在微软系统中已有特定的含义，如 AUX 表示音频输入接口，COM 表示串行通信端口，LPT 表示打印机或其他设备，CON 表示键盘或屏幕。

文件的主名是用来标识文件的一串符号，而扩展名则是表示文件的类型，不同类型的文件其用途也是不同的。操作系统根据扩展名对文件建立和程序的关联。大多数程序在创建数据文件时，会自动给出数据文件的扩展名。例如，使用 Word 创建文档，在保存文件时，会自动提示加上 .doc（或 .docx）扩展名。常见的扩展名如表 4.3 所示。

表 4.3 常用文件的扩展名

扩展名	文件类型	扩展名	文件类型
.com	命令文件	.sys	系统文件
.bat	批处理文件	.dll	动态链接库文件
.exe	可执行文件	.pdf	便携式文档格式
.xls（.xlsx）	Excel 电子表格	.txt	纯文本文件
.doc（.docx）	Word 文档	.rar	WinRAR 压缩文件
.jpg	普通图片文件	.bak	备份文件
.c	C 语言的源程序文件	.db	数据库文件
.swf	Adobe Flash 影片	.png	图片文件
.ppt（pptx）	PowerPoint 演示文稿	.ini	初始化文件

文件的扩展名表示文件的类型，若用户不小心更改了文件的扩展名，可能导致文件不能正确打开，在 Windows 系统中，可以设置扩展名是否隐藏以进行保护。

为了方便在很多文件中查找其中的一个或者一部分特定的文件，操作系统提供了两个通配符"*"和"?"。其中"*"代表在其位置上连续且合法的零个到多个字符,"?"代表它所在位置上的任意一个合法字符。

例如:A*.txt   表示主名以 A 开头的 txt 文件。
　　　ab??.*   表示主名以 ab 开头、最多 4 个字符、扩展名不限的文件。
　　　???.exe 表示主名最多 3 个字符的 exe 文件。
　　　.   表示所有文件。

在大多数操作系统中都支持这两个通配符,但在不同的操作系统中,使用方法和含义可能会有不同。

2. 文件管理概述

(1) 文件系统

文件系统的功能是命名文件并把外存上的文件按照一个特定规则组织起来。从用户的角度来看,文件系统最重要的是它的展示形式以及如何给文件命名、如何读取文件、如何保存文件、能够对文件进行何种操作。具体来说,文件系统应具备以下功能。

① 对计算机的文件空间进行统一管理,以便合理组织和存放文件。文件系统要为新创建的文件分配空间。当文件删除后,要回收原文件所占用的空间。

② 建立用户能够看见的文件的逻辑结构。微软系统的文件夹结构就能使用户看到文件在磁盘上存放的情况,即将文件在磁盘上存放的物理结构以一种特定的形式展示给用户,这种展示形式就是文件的逻辑结构。建立文件逻辑结构的主要目的是实现文件的"按名存取"。图 4.9 是 DOS 操作系统的文件夹结构示意图。

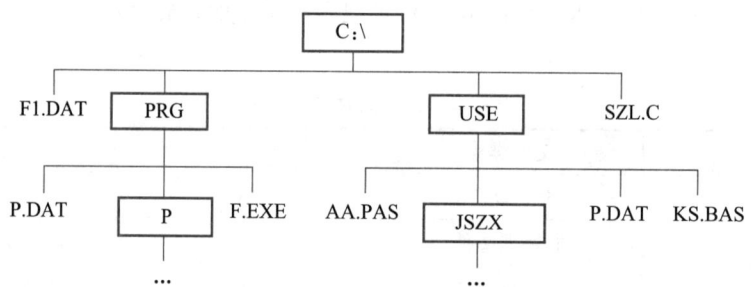

图 4.9　DOS 的树形结构示意图

在图 4.9 中,文件的逻辑结构看起来很像一个倒立的树,树根在上,树叶(表示文件)在下,中间是树枝(表示文件夹)。用户会把不同用途的文件互相区分,分别存放在不同的文件夹中,以方便管理和使用。

树的节点分为 3 类:根节点表示根目录;枝节点表示子目录;叶节点表示文件。在目录下可以存放文件,也可以创建不同名字的子目录,子目录下又可以建立子目录并存放一些文件。上级子目录和下级子目录之间的关系是父子关系,即父目录下可以有子目录,子目录下又可以有自己的子目录,呈现出明显的层次关系。

要指定 1 个文件,必须知道 3 条信息:文件所在的驱动器(即盘符)、文件所在的文件夹和文件名。路径即为文件所在的位置，包括盘符和目录名。格式如下：

盘符\ 文件夹\ 文件名

例如，C：\ Windows\ System32\ calc.exe 表示 Windows 自带的计算器程序。

③ 支持对存储设备上的文件进行检索、查找和提供文件的访问控制，如支持文件共享和文件保护。

总之，一个文件系统就是管理计算机中所存储的程序和数据，它负责为用户建立文件、删除文件、读/写文件、修改文件、复制文件、移动文件，负责完成对文件的按名存取并进行存取控制。

（2）文件的操作权限

文件的操作权限是防止文件的主人和其他用户有意或无意地非法操作而造成文件的不安全，常见的文件操作权限有只读、只写、执行、添加、删除。

Windows 系统除了可以对文件进行上述的操作外，还可以进行其他操作。例如，为了减少文件存储占用的空间、方便对多个文件进行传输等，可以对文件进行压缩，在需要时，可以进行解压。常见的压缩文件的扩展名有 .zip、.rar 等。

（3）文件的存取

对用户而言，文件操作就是打开、编辑、保存。但对于操作系统中的文件系统而言，文件存取首先要解决的问题是如何在众多文件系统中找到所需要的文件，即文件检索。文件系统的检索策略分为顺序检索和随机检索，因此文件存取也分为顺序存取和随机存取。

① 顺序存取。文件顺序存取是指只能按照一个接一个信息单位进行存取。图 4.10 是一个顺序文件的存取示意图，在存取文件时，必须从文件的第一个数据开始，然后存取第二个、第三个……直到最后一个，直到遇到 EOF（文件结束标志）。

图 4.10　顺序文件存取示意图

顺序文件适合需要从头到尾存储数据信息的应用。若要存取的数据在最后一个，那么系统需要从头到尾把整个数据都检索一遍。同样，若需要在顺序文件中插入一个数据，也需要把整个文件重新组织一遍。

② 随机存取。在存取随机文件时，需要先确定数据的地址信息，然后直接到文件的相应地址存取数据。本节前面讲的按文件名存取文件的方式就是随机方式。随机查找有许多方法，也就是有多种方法将关键字和数据记录关联，主要有索引法、二分法、哈希法等。图 4.11 是采用索引文件实现随机存取的逻辑示意图，把文件的关键信息（如文件名和该文件存放的地址）组织在一起，组成一个索引文件，以后在存取文件时，通过索

引文件中的关键信息及对应的地址可以随机地找到该文件。

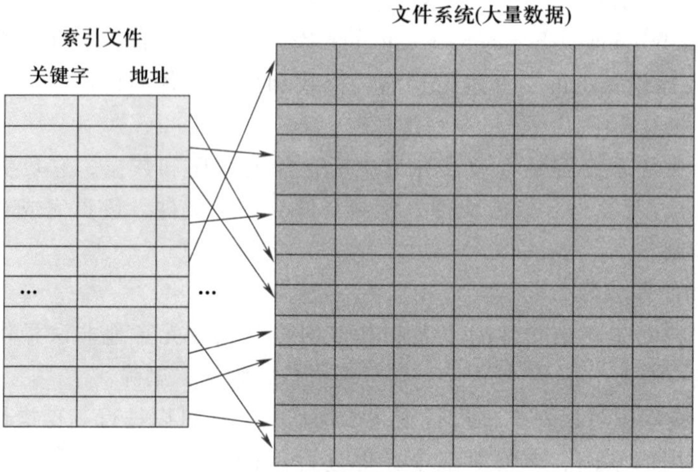

图 4.11 索引文件的逻辑示意图

(4) 文件分配表

文件系统使用文件分配表（file allocation table，FAT）来记录文件所在位置，它对于硬盘的使用是非常重要的，假如操作系统丢失了文件分配表，那么硬盘上虽然有数据也会因为无法定位而不能使用。

计算机中的文件内容是按照字节保存在物理磁盘的扇区上，实际上文件占用磁盘的空间的基本单位不是字节而是簇。一般情况下，每簇是一个扇区，硬盘每簇的扇区数与总容量有关。同一个文件的数据并不一定完整地存放在磁盘的一个连续区域内，而往往会分成若干段，像一条链子一样存放，这样的存储方式称为链式存储。由于硬盘上保存着段与段之间的连接信息（即文件分配表），操作系统在读取文件时，能够准确地找到各段的位置并正确读出内容。

为了实现文件的链式存储，硬盘上必须准确地记录哪些簇已经被占用，并且还必须为每个已占用的簇指明存储后继内容的下一个簇的簇号。对于文件的最后一个簇，则需要指明无后继簇，这些信息都是由 FAT 这个表来保存的，表中有很多表项，每项记录一个簇的信息。初始化形式的 FAT 中的所有项都标明为"未占用"，若某簇检测出损坏，系统会在相应的项中标明"坏簇"，表示不能再使用该簇了。FAT 的项数与硬盘上的总簇数相当。

(5) 文件系统的安全

文件系统安全是所有用户关心而又容易被忽视的问题。与计算机硬件相比，文件和数据受到损坏造成的后果更严重。无论什么原因导致文件系统损坏，要恢复全部信息不但困难而且费时，且在大多数情况下是不可能的。

有许多有关文件系统安全的建议和方法，包括各种文件系统的推介，如"一键恢复"或还原，实际上，这些操作没有多大意义。首先，作为保存文件的介质，无论是硬盘或

CD，它们的可靠性是需要考虑的。硬盘通常一开始就有坏道，几乎无法使得它们完美无缺，而在使用的过程中也会不断产生坏道，而且是物理性的，也就是说，这些根本是无法修复的。其次，文件系统本身也存在不安全因素，号称最好的操作系统 UNIX 也发生过安全问题。

为了更好地保护文件系统，采用的技术多是使用密码、设置存取权限以及建立更复杂的保护模型等。但出于更高安全的考虑，备份（特别是异机备份）是最佳方法，也是目前最经常用的方法。最简单的备份方法是复制，也就是把重要的文件复制到另外的存储介质中。使用操作系统提供的备份功能可以备份整个系统。使用多硬盘结构的备份系统可以大大提高系统的安全性和可靠性，例如，采用独立磁盘冗余阵列（RAID）技术。

在 Windows 中，对文件管理的大部分操作都可以通过双击桌面上的"此电脑"图标，打开文件管理窗口（如图 4.12 所示）进行操作。

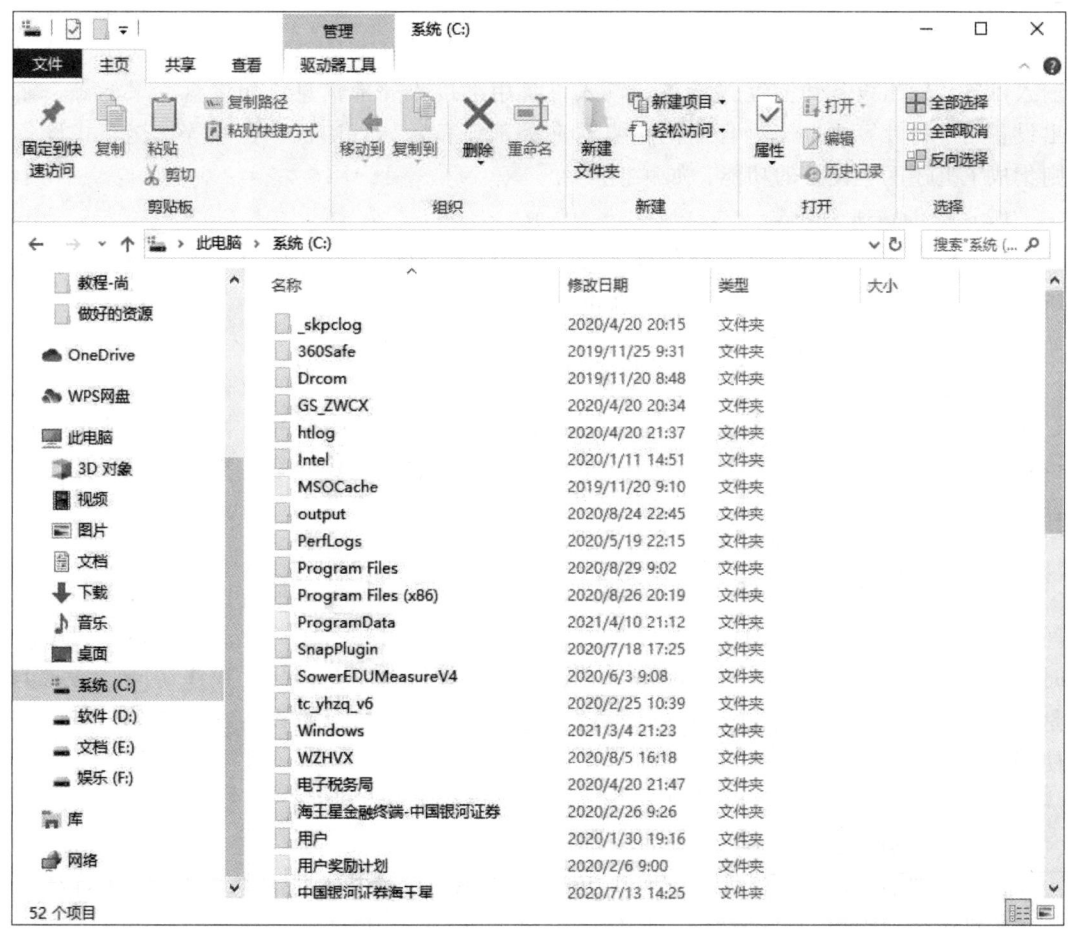

图 4.12　Windows 的文件管理操作窗口

4.2.4 设备管理

设备管理的基本任务是管理各类外部设备，提供每种设备的驱动程序和中断处理程序，屏蔽硬件细节，使各种设备能高效快速地完成用户提出的 I/O 请求，提高 I/O 速率以及 I/O 设备的利用率。设备管理的主要功能有缓冲区管理、设备分配、设备处理、虚拟设备及实现设备的独立性等。

1. 外部设备的分类

外部设备类型繁多，从操作系统观点看，其重要的性能指标有设备使用特性、数据传输速率、数据传输单位、设备共享属性等。因而可以从不同角度对它们进行分类。

（1）按设备的使用特性分类

按设备的使用特性，可将设备分为两类。第一类是存储设备，也称外存或后备存储器、辅助存储器，是计算机系统用以存储信息的主要设备。该类设备与内存相比，其存取速度慢，但容量比内存大得多，价格也便宜；第二类设备是 I/O 设备，又具体可分为输入设备、输出设备和交互式设备。输入设备用来接收外部信息，如键盘、鼠标等。输出设备用于将计算机加工处理后的信息送向外部设备，如打印机、音响等。交互式设备则集成了上述两类设备的功能，如触摸屏。

（2）按传输速率分类

按传输速率的高低，可将外部设备分为三类：低速设备，如键盘、鼠标等；中速设备，如打印机等；高速设备，如磁盘机和光盘机等。

（3）按信息交换的单位分类

按信息交换的单位分类，可将外部设备分成两类。第一类是块设备，这类设备用于存储信息，存取时总是以数据块为单位，如磁盘，其传输速率较高。第二类设备是字符设备，用于数据的输入和输出，其基本单位是字符。如交互式终端、打印机等，其传输速率较低。

（4）按设备的共享属性分类

按设备的共享属性分类，可将外部设备分为三类。第一类是独占设备，指在一段时间内只允许一个程序访问的设备。第二类是共享设备，指在一段时间内允许多个程序同时访问的设备。当然，对于每一时刻而言，该类设备仍然只允许一个程序访问。第三类是虚拟设备，指通过虚拟技术将一台独占设备变换为若干台逻辑设备，供若干程序同时使用。

2. 设备管理概述

（1）设备管理的体系结构

设备管理的结构分为输入输出控制系统（I/O 软件）和设备驱动程序两层。I/O 软件实现逻辑设备向物理设备的转换，提供统一的用户接口；设备驱动程序控制设备，完成具体的 I/O 操作，如图 4.13 所示。

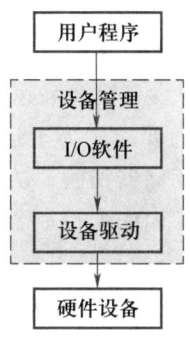

图 4.13　设备管理体系结构图

I/O 软件实现设备的分配、调度功能，并向用户提供一个统一的调用界面，使用户无须了解设备的硬件属性。例如在 Windows 中，可使用统一的文件管理界面将文件存储到硬盘、U 盘上。设备驱动是一种系统程序，在系统启动时被自动加载，是操作系统的一部分，它直接控制硬件设备的打开、关闭以及读写操作。

(2) I/O 控制方式

I/O 控制是指对外部设备与主机之间的 I/O 操作的控制，常用的控制方式有程序直接控制、中断控制、DMA 控制和通道控制。

① 程序直接控制。程序直接控制方式是由用户程序直接控制内存或 CPU 与外部设备之间的信息传递。这种方式的控制者是用户程序，其工作过程是，当用户程序需要传送数据时，通过 CPU 发出启动设备准备的命令，然后用户程序进入测试等待状态。在等待时间内，CPU 不断地用测试指令检查外部设备的状态。当外部设备将数据传送的准备工作完成后，将控制状态设备为准备好的信号值。当 CPU 检测到这个状态后，启动设备开始传送数据。

微视频4.10：I/O控制方式

② 中断控制。在现代计算机系统中，都毫无例外地引入了中断机构。中断控制方式是一种软硬件相结合的技术，用来控制外部设备和内存与 CPU 之间的数据传送，减少程序直接控制方式中 CPU 的等待时间，能够提高系统的并行工作效率。

其工作过程是，当某个进程需要启动某个 I/O 设备工作时，便由 CPU 向相应的设备控制器发出一条的 I/O 命令，然后立即返回继续执行原来的任务。设备控制器于是按照该命令的要求去控制指定的 I/O 设备。此时 CPU 与 I/O 设备并行操作。例如，在输入时，当设备控制器收到 CPU 发来的读命令后，便去控制相应的输入设备读数据。一旦数据进入数据寄存器，控制器就会通过控制线向 CPU 发送一个中断信号，由 CPU 检查输入过程是否出错，若无错，便向控制器发送取走数据的信号，然后再通过控制器及数据线将数据写入内存指定单元中。

其特点是在外设工作期间，CPU 无须等待，可以处理其他任务，与外设并行工作，成百倍地提高 CPU 的利用率。

③ DMA 方式。虽然中断方式可以提高 CPU 的利用率，但要注意的是，它仍是以字（节）为单位进行 I/O 的，但有些 I/O 设备需要高速而又频繁地与存储器进行批量的数据交换，此时中断方式不能满足速度上的要求。为了进一步减少 CPU 对 I/O 的干预而引入了 DMA（direct memory access，直接存储器访问）方式。采用 DMA 控制，要求 CPU 让出总线的控制权，然后由专用硬件设备（DMA 控制器）来控制外设与存储器之间的数据传送。

其特点是数据传输的基本单位是数据块，即在 CPU 与 I/O 设备之间，每次传送至少一个数据块；所传送的数据是从设备直接送入内存，或者相反；仅在传送一个或多个数据块的开始和结束时，才需要 CPU 干预，整块数据的传送是在控制器的控制下完成的。

④ 通道控制。在 DMA 方式中，数据的传送方向、存放地址以及数据块的长度都是由 CPU 控制的，而通道方式是由专管 I/O 的通道控制器来进行控制的。

通道是独立于 CPU 的专门负责 I/O 控制的处理机，它通过通道程序和设备控制器共同实现对 I/O 设备的控制。通道程序由一系列的通道指令构成，这些指令由 CPU 启动，并在操作结束时向 CPU 发出中断信号。在通道方式下，CPU 只需要发出启动命令，指出通道的操作和设备，通道命令就可启动通道并使通道从内存中调出相应的通道指令执行。

（3）缓冲技术

为了缓和 CPU 与 I/O 设备速度不匹配的矛盾，虽然采用了中断机制、DMA 和通道技术，但 CPU、内存、外设之间的处理速度不匹配仍然是存在的。处理速度很慢的外设频繁中断 CPU 的运行，会大大降低 CPU 的效率，为此，引入了缓冲技术。

引入缓冲技术的目的：第一，缓和了 CPU 与 I/O 设备速度不匹配问题；第二，可以利用局部寄存器暂存 I/O 信息，以减少 CPU 中断的频率，放宽对中断响应时间的限制；第三，提高了 CPU 与外设的并行性。

根据缓冲实现方式的不同，可分为硬件缓冲和软件缓冲。硬件缓冲是指利用专门的寄存器作为缓冲器，如利用主板上的 Cache；软件缓冲是指在操作系统的管理下，在内存中划出部分存储空间作为缓冲区。

3. 设备的分配原则与算法

在计算机系统中，设备、控制器和通道等资源是有限制的，并不是每个进程随时都可以得到这些资源。在需要使用设备时，进程首先要向设备管理程序提出申请，然后由设备管理程序按照一定的分配算法给进程分配必要的资源。如果申请没有成功，那么就要在资源的等待队列中等待，直到获得所需要的资源。

设备分配的总原则是，一方面要充分发挥设备的使用效率，同时又要避免不合理的分配方式造成死锁、系统工作紊乱等现象，使用户在逻辑层面上能够合理方便地使用设备。另一方面，要考虑设备的固有属性和分配时的安全性。设备的固有属性可分独占性、共享性和虚拟设备，对不同属性设备的分配方法是不同的。从进程运行的安全性考虑，设备分配可分为安全分配方式和不安全分配方式两种。

对设备进行分配的算法，与进程调度的算法有些相似之处，但前者相对简单，通常只采用以下两种分配算法。

（1）先来先服务

当有多个进程对同一设备提出 I/O 请求时，该算法是根据各个进程对设备提出请求的先后次序，将这些进程排成一个设备请求队列，设备分配程序总是把设备首先分配给队首的进程。

（2）优先级高者优先

将优先级高的进程排列在设备队列前面，而对于优先级相同的 I/O 请求，则按先来先服务原则排队。

4. 独占设备的分配与 SPOOLing 系统

系统中的独占设备是有限的，往往不能满足诸多进程的要求，会引起大量进程由于等待某些独占设备而阻塞，成为系统中的"瓶颈"。另一方面，申请到独占设备的进程在其整个运行期间虽然占有设备，利用率却常常很低，设备经常处于空闲状态。为了解决这种矛盾，最常用的方法就是用共享设备来模拟独占设备，从而提高系统效率和设备利用率，这种技术称为虚拟设备技术，实现这一技术的软、硬件系统称为假脱机（simultaneous peripheral operation online，SPOOL）系统，又叫 SPOOLing 系统。其组成如图 4.14 所示。

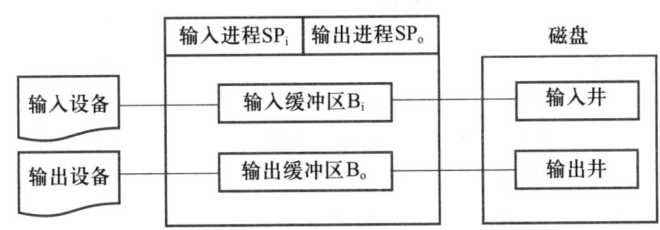

图 4.14 SPOOLing 系统的组成示意图

下面以共享打印机为例，说明输出 SPOOLing 的基本原理。打印机属于独占设备，利用 SPOOLing 技术，可将其改造为一台可供多个用户共享的设备。当用户进程请求打印输出时，SPOOLing 系统同意为它打印输出，但并不真正立即把打印机分配给该用户进程，而是只为它做两件事：一是由输出进程在输出井中为其申请一个空闲磁盘块区，并将要打印的数据送入其中；二是输出进程再为用户进程申请一张空白的用户请求打印表，并将用户的打印要求填入其中，再将该表挂到请求打印队列上。如果还有进程要求打印，系统仍可接受请求，那么也同样为该进程做上述两件事。

如果打印机空闲，那么输出进程将从请求打印队列的队首取出一张请求打印表，根据表中的要求将要打印的数据从输出井传送到内存缓冲区，再由打印机进行打印。打印完后，输出进程再查看请求队列中是否还有等待打印的请求表，如此下去，直到请求队列为空，输出进程才将自己阻塞起来。仅当下次再有打印请求时，输出进程才被唤醒。

采用 SPOOLing 系统，可提高 I/O 的速度，缓和了 CPU 与低速 I/O 设备之间速度不匹配的矛盾，同时将独占设备改造为共享设备，实现了虚拟设备功能。

5. 共享设备的分配和磁盘调度算法

磁盘是典型的共享设备。在用户处理的信息量越来越大的情况下，对磁盘等共享设备的访问越来越频繁，因而访问调度是否合适直接影响到系统的效率。下面以磁盘为例来说明共享设备的调度算法。

磁盘调度算法主要有先来先服务、最短寻道时间优先、扫描和循环扫描几种。

（1）先来先服务调度算法

该算法与进程的先来先服务调度算法类似，在此不再详述。

（2）最短寻道时间优先调度算法

该算法每次都选择要求访问的磁道与磁头当前所在的磁道距离最近的请求优先予以响应。采用这种算法，可以保证每次寻道时间最短，对提高设备吞吐量有一定的好处，缺点是对用户来说，请求被响应的机会不均等，越偏离中心的磁道访问响应越差。

（3）扫描算法

扫描算法克服最短寻道优先调度算法的缺点，在考虑访问磁道距离时更优先考虑磁头当前移动的方面。例如，当磁头正在从里向外移动时，扫描算法响应的下一个请求是要访问的磁道在当前磁道以外且距离最近，这样，一直到再没有向外方向上的请求时，磁头移动的方向才会变为从外向里；反之亦然。由于这种调度算法的规律与电梯运行的规律极为相似，因此，也经常称为电梯调度算法。

（4）循环扫描算法

循环扫描算法是对扫描算法的一种改进，不同之处在于磁头不是往返扫描的，而是只沿一个方向反复扫描。例如，只从里向外，当磁头移动到最外面时，不反向扫描，而是直接移动到最里面的一个需要访问的磁道上，仍旧从里向外扫描。

Windows 操作系统有多种查看和安装设备的渠道，传统的方法是右击桌面的"此电脑"图标，然后在弹出的快捷菜单中选择"管理"命令，即可进入"计算机管理"窗口，如图 4.15 所示。

4.2.5 作业管理

将一次算题过程中或一个事务处理过程中要求计算机系统所完成的工作的集合，包括要执行的全部程序模块和需要处理的全部数据，称为一个作业（job）。作业管理是为处理器管理做准备的，包括对作业的组织、调度和运行控制。

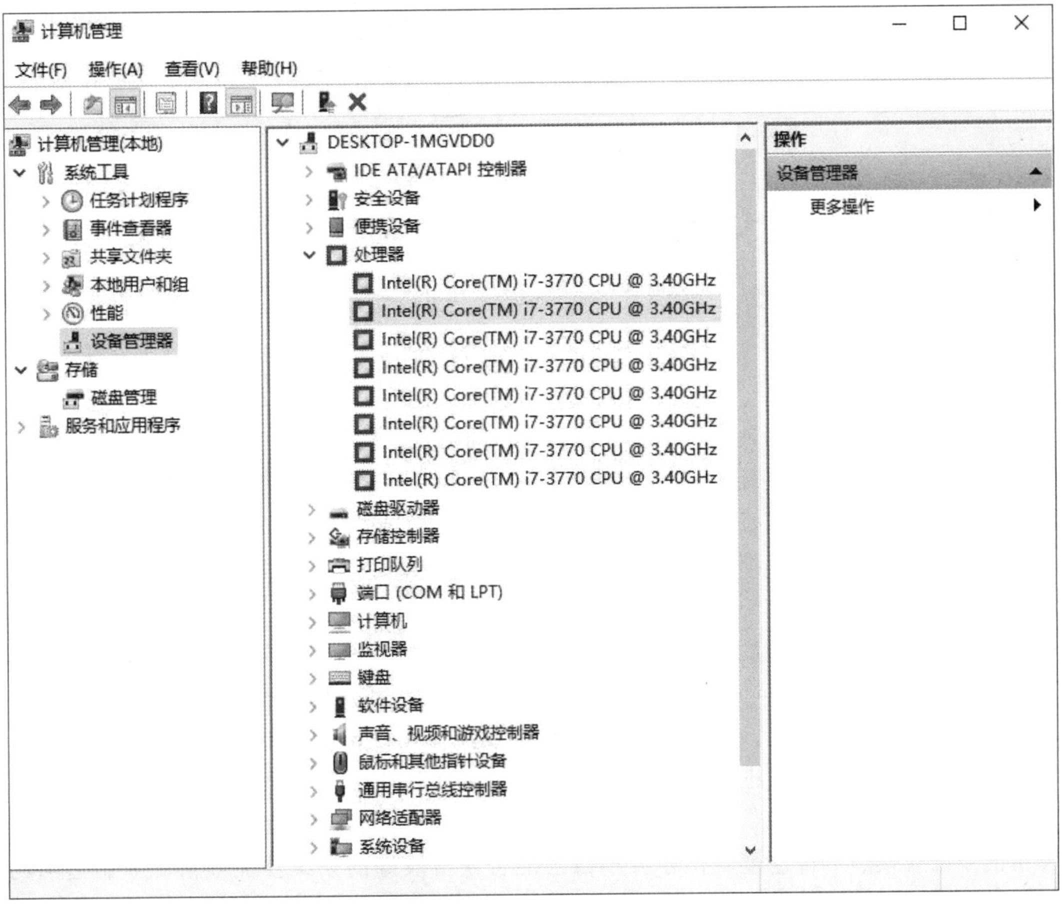

图 4.15 "计算机管理"窗口

1. 作业管理的基本概念

作业提交给系统之后,有 3 个状态:当作业被调入到系统的后备存储器中,并建立了作业控制模块(job control block,JCB)时,称其处于后备态;作业被作业调度程序选中并为它分配了必要的资源,建立了一组相应的进程时,则称其处于运行态;作业正常完成或因程序出错等而被终止运行时,则称其进入完成态。作业在系统中的状态转换如图 4.16 所示,其中的运行态(图 4.16 中大圆圈部分)又可细分为就绪态、运行态和阻塞态。

微视频4.11:作业管理的基本概念

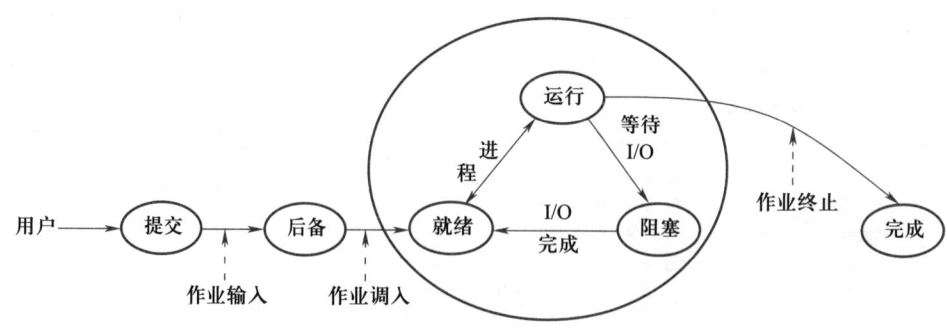

图 4.16 作业状态转换示意图

作业调度的主要任务是，根据作业控制块中的信息，检查系统中的资源能否满足作业对资源的需求以及按照一定的调度算法，以外存的后备队列中选取某些作业调入内存，并为它们创建进程、分配必要的资源。然后再将新创建的进程排在就绪队列上等待调度。在每次执行作业调度时，都需要做出以下两个决定。

（1）接纳多少个作业

在每一次进行作业调度时，应当从后备队列中选出多少作业调入内存，取决于多道程序度（degree of multiprogramming），即允许多少个作业同时在内存中运行。对系统来说，希望装入较多的作业，有利于提高 CPU 的利用率和系统的吞吐量。但如果内存中同时运行的作业太多，那么进程在运行时因内存不足所发生的中断就会急剧增加。这将会使平均周转时间显著延长，影响到系统的服务质量。因此，多道程序度的确定是根据计算机的系统规模、运行速度、作业大小以及能否获得较好的系统性能等情况做出适当的抉择的。

（2）接纳哪些作业

应选择后备队列中的哪些作业调入内存，取决于所采用的调度算法。最简单的是先来先服务调度算法，它是将最早进入外存的作业优先调入内存。较常用的一种算法是短作业优先调度算法，是将外存上所需执行时间最短的作业优先调入内存。另一种较常用的是基于作业优先级的调度算法，该算法是将外存上作业优先级最高的作业优先调入内存。比较好的一种算法是"响应比高者优先"的调度算法。

2. 作业调度的原则

CPU 是整个计算机系统中最昂贵的资源，它的速度要比其他硬件快得多，所以操作系统要采用各种方式充分利用它的处理能力，组织多个作业同时运行，主要解决对处理器的调度、冲突处理和资源回收等问题。

作业调度算法的选择原则有以下 3 个。

① 作业吞吐量。这是指让系统运行尽可能多的作业。

② 充分利用资源。这是为了让 CPU、I/O 设备都忙起来，不出现闲置。

③ 对各作业公平、合理，使用户满意。为了做到这一点，要均衡考虑作业的执行时

间和等待时间等因素。

4.3 Windows 和云服务

4.3.1 Windows

Windows 从最初的 1.0 版本到现在的 11 版本,其性能、功能、操作界面等都得到了极大的提高和改善,目前大部分用户在使用 Windows 10,还有少部分用户在使用 Windows 7。下面以 Windows 10 版本为例对 Windows 进行介绍。

1. Windows 10 简介

Windows 10 是美国微软公司 2015 年 7 月发布的新一代跨平台及设备应用的操作系统,分别面向不同用户和设备。该版本在易用性、安全性等方面更加优秀,是目前使用最为广泛的操作系统之一。

Windows 10 操作系统计算机端和移动端共有 7 个版本,分别是家庭版、专业版、企业版、教育版、移动版、移动企业版、物联网核心板。

2. Windows 10 特色

(1)"开始"菜单

Windows 10 中的"开始"菜单将改进的传统风格与新的现代风格有机地结合在一起,不仅照顾了 Windows 7 等老用户的使用习惯,又同时考虑到了 Windows 8/Windows 8.1 用户的习惯,依然提供主打触摸操作的开始屏幕,两代系统用户切换到 Windows 10 后不会有太多的违和感。

(2)虚拟桌面

Windows 10 可以让用户在同一个操作系统下使用多个桌面环境,即用户可以根据自己的需要,在不同桌面间进行切换。微软还在"任务视图"模式中增加了应用排列建议选择——即不同的窗口会以某种推荐的排版显示在桌面环境中,单击右侧的加号即可添加一个新的虚拟桌面。

(3)应用商店

来自 Windows 应用商店中的应用可以和桌面程序一样以窗口化方式运行,可以随意拖动位置、拉伸大小,也可以通过顶栏按钮实现最小化、最大化和关闭应用的操作。

(4)通知中心

在 Windows Technical Preview Build 9860 版本之后,增加了行动中心(通知中心)功能,可以显示信息、更新内容、电子邮件和日历等消息,还可以收集来自 Windows 8 应用的信息,但用户尚不能对收到的信息进行回应。

(5)设备平台

Windows 10 为所有硬件提供一个统一的平台,支持广泛的设备类型,从互联网设备到全球企业数据中心服务器。设备的操作方法各不相同,手触控、笔触控、鼠标键盘控制以及动作控制,微软全部都支持,微软正在从小功能到云端整体构建这一统一平台。

用户可以跨平台地在 Windows 设备（手机、平板电脑、个人计算机及 Xbox）上运行相同应用。

（6）Microsoft Edge 浏览器

Microsoft Edge 浏览器已在 Windows 10 Technical Preview Build 10049 及以后版本开放使用，项目代号为 Spartan（斯巴达）。同时，Windows 10 中 Internet Explorer 与 Microsoft Edge 共存，前者使用传统排版引擎，以提供旧版本兼容支持；后者采用全新排版引擎，带来不一样的浏览体验。

（7）Cortana For Windows 10

Windows 10 中的 Cortana（小娜）位于底部任务栏"开始"按钮右侧，支持语音唤醒，可以要求小娜打开相应的文件，也可以搜索本地文件，或直接展示在某段时间内所拍摄的照片。也可以在底部搜索栏中输入应用名称（如 Skype），她还会直接把你带到应用商店中。

（8）其他功能

如针对账号安全问题添加了 Windows Hello 生物特征授权方式，只要有指纹识别器和计算机 PIN 码，用户只需要动动手指、露个脸即可登录到 Windows，相对于传统的密码，这种登录方法既方便又安全。

4.3.2 云服务

云服务是基于互联网的相关服务的增加、使用和交付模式，通常涉及通过互联网来提供动态易扩展且经常是虚拟化的资源。云是网络、互联网的一种比喻说法，后来也用于抽象表示互联网和底层基础设施。云服务可通过网络以按需、易扩展的方式获得所需服务。这种服务可以是 IT 和软件，也可以是其他服务，它意味着计算能力也可作为一种商品通过互联网进行流通。

云计算（cloud computing）是分布式计算、并行计算、效用计算、网络存储、虚拟化、负载均衡、内容分发网络等传统计算机技术和网络技术发展融合的产物。

1. 云服务应用

（1）云物联

随着物联网业务量的增加，对数据存储和计算量的需求将带来对"云计算"能力的要求。在物联网的初级阶段，"云计算"是从计算中心到数据中心，在物联网高级阶段，需要虚拟化云计算技术、面向服务的架构等技术的结合实现互联网的泛在服务。

（2）云安全

云安全（cloud security）是一个从云计算演变而来的新名词。云安全的策略构想是，使用者越多，每个使用者就越安全，因为如此庞大的用户群，足以覆盖互联网的每个角落，只要某个网站出现木马或某个新木马病毒，就会立刻被截获。

云安全通过网状的大量客户端对网络中软件行为的异常监测，获取互联网中木马、恶意程序的最新信息，推送到服务器端进行自动分析和处理，再把病毒和木马的解决方案分发到每一个客户端。

（3）云存储

云存储是云计算概念上延伸和发展出来的一个新的概念，是指通过集群应用、网络技术或分布式文件系统等功能，将网络中大量各种不同类型的存储设备通过应用软件集合起来协同工作，共同对外提供数据存储和业务访问功能的一个系统。当云计算系统运算和处理的核心是大量数据的存储和管理时，云计算系统中就需要配置大量的存储设备，那么云计算系统就转变为一个云存储系统，所以云存储是一个以数据存储和管理为核心的云计算系统。

2. 云服务优缺点

（1）云服务的优势

① 规模经济。利用云计算供应商提供的基础设施，与在单一的企业内开发相比，开发者能够提供更好、更便宜和更可靠的应用。在成本方面，由于云服务遵循一对多的模型，与单独的桌面程序部署相比，成本极大地降低。

② 能够通过 Web 来远程访问应用，因为所有的管理活动都经由一个中央位置而不是从单独的站点或工作站来管理。另外，对开发者而言，升级一个云应用比传统的桌面软件更容易，只需要升级集中的应用程序，应用特征就能快速顺利地得到更新，而不必手动升级组织内每台台式机上的单独应用。

（2）云服务的不足

也许人们所意识到的云服务最大的不足就是给所有基于 Web 的应用带来麻烦的问题：它安全吗？由于这一原因，许多公司宁愿将应用、数据和 IT 操作保持在自己的掌控之下。

另外一个潜在的不足就是云计算宿主离线所导致的事件。如亚马逊的 EC2 业务在 2008 年 2 月 15 日经受了一次大规模的服务中止，并抹去了一些客户应用数据。更进一步讲，如果一个公司依赖于第三方的云平台来存放数据而没有其他的物理备份，那么该数据可能处于危险之中。

3. 国内主流云服务平台

（1）阿里云

阿里云创立于 2009 年，是亚洲最大的云计算平台和云计算服务提供商，和亚马逊 AWS、微软 Azure 共同构成了全球云计算市场第一阵营。在国内，阿里云的市场占有率高居第一，甚至超过了第二名到第九名之和，是国内云计算市场公认的领头羊和行业巨头。

阿里云的服务群体中，活跃着淘宝、支付宝、12306、中国石化集团、中国银行、中国科学院、中国联通、微博、知乎等一大批明星产品和公司。它的目标客户最为全面，基本上包含了所有行业，其中个人开发者、互联网用户及中小企业用户占据了将近 90%。阿里云有着规模大、稳定、服务品种多样、生态完善等特点。

（2）腾讯云

腾讯云是腾讯公司旗下的产品，为开发者及企业提供云服务、云数据、云运营等整体一站式服务方案。多年来，腾讯云基于 QQ、QQ 空间、微信、腾讯游戏等真正业务的技术锤炼，从基础架构到精细化运营，从平台实力到生态能力建设，腾讯云将之整合并面向市场，使之能够为企业和创业者提供集云计算、云数据、云运营于一体的云端服务体验。

腾讯云目标客户聚焦于社交和游戏两大领域。腾讯云业务主要包括云计算基础服务、存储与网络、安全、数据库服务、人工智能、行业解决方案等。腾讯云依据在社交与游戏领域的强大，依托 QQ、微信开放平台吸引了大量个人用户和中小企业开发者，有更好的兼容性。

（3）华为云

华为云成立于 2005 年，专注于云计算中"公有云"领域的技术研究与生态拓展，致力于为用户提供一站式的云计算基础设施服务，是目前国内大型的公有云服务与解决方案提供商之一。

华为云立足于互联网领域，提供包括云主机、云托管、云存储等基础云服务、超算、内容分发与加速、视频托管与发布、企业 IT、云电脑、云会议、游戏托管、应用托管等服务和解决方案。

华为云提供全栈全场景 AI 解决方案，是业界仅有的两家全栈 AI 云服务商之一。凭借多年深耕企业市场和华为自身数字化转型的实践经验，财富 500 强企业中已有 221 家选择华为云，华为云已在全球 23 个地理区域运营了 40 个可用区，帮助用户一点接入，全球通达，是国内首个可以为企业提供安全合规的跨境联网服务的公有云。

拓展阅读4.3：比尔·盖茨简介

拓展阅读4.4：UCDOS简介

拓展阅读4.5：史蒂夫·乔布斯简介

习题答案：习题4答案

习 题 4

一、单项选择题

1. 计算机操作系统的功能是（　　）。
   A. 把源程序代码转换成目标代码
   B. 实现计算机与用户之间的交流
   C. 完成计算机硬件与软件之间的转换
   D. 控制、管理计算机资源和提供人机接口

2. DOS 是为 PC 系列微型计算机及其兼容机所配置的（　　）磁盘操作系统。
   A. 多用户多任务　　B. 单用户单任务　　C. 分时　　D. 分布式

3. 网络操作系统种类较多，不属于网络操作系统的是（　　）。
   A. DOS　　B. Windows NT　　C. NetWare　　D. UNIX

4. 在下列带有通配符的文件名中，能代表文件 ABCDEF.DAT 的是（　　）。
   A. A*.??　　B. F.*　　C. A*?.?　　D. AB*.*

5. 下面不是作业的状态的是（　　）。
   A. 就绪状态　　B. 后备状态　　C. 运行状态　　D. 完成状态

6. 操作系统的主要功能有（　　）。
   A. 进程管理、存储器管理、设备管理、处理机管理
   B. 虚拟存储管理、处理机管理、进程调度、文件系统
   C. 处理机管理、存储器管理、设备管理、文件系统
   D. 进程管理、中断管理、设备管理、文件系统

7. 下面不是可移动设备的操作系统的是（　　）。
   A. Android　　B. iOS　　C. Windows Mobile　　D. UNIX

8. 下面不是网络操作系统控制模式的是（　　）。
   A. 集中模式　　B. 客户机-服务器模式　　C. 浏览器-服务器模式　　D. 对等模式

9. 下面操作系统不是按操作系统的使用环境分类的是（　　）。
   A. 批处理操作系统　　B. 多用户操作系统
   C. 分时操作系统　　D. 实时操作系统

10. 下面不是进程的状态的是（　　）。
    A. 就绪状态　　B. 等待状态　　C. 运行状态　　D. 完成状态

二、判断题

1. 计算机能够运行的程序的大小不能超过内存的大小。（　　）
2. 操作系统类似于计算机硬件和人类用户之间的接口。（　　）

3. 分布式处理技术可被定义为管理多台分布式计算机系统中多个进程的执行。
( )
4. 分时系统中，时间片越长越好。 ( )
5. 当条件满足时，进程可以由等待状态直接转换为运行状态。 ( )
6. 一个程序可产生多个进程。 ( )
7. 文件名由主名和扩展名两部分组成，主名用来标识文件，扩展名则表示文件的类型。
( )
8. 按文件存取的策略，文件可分为顺序存取文件和随机存取文件。 ( )

三、简答题

1. 什么是操作系统？它的基本功能有哪些？
2. 什么是程序？什么是进程？两者有何区别。
3. 进程调度的算法都有哪些？
4. 计算机中的存储层次结构是什么？
5. 什么是物理地址，什么是逻辑地址？两者之间的关系是什么？
6. 虚拟内存技术的含义是什么？
7. 文件的存取方式有哪两种？它们有什么区别？
8. 简述文件分配表的作用。
9. 常用的控制外部设备的技术有哪些？
10. 简述 SPOOLing 技术。
11. 外部设备调度的算法有哪些？
12. 作业调度算法的选择原则有哪些？
13. 谈谈你对华为操作系统的认识。

第 5 章 多媒体技术基础

本章从多媒体技术的基本概念入手,详细讲述多媒体计算机的组成和多媒体信息在计算机中的表示。通过本章的学习,可以使学生掌握多媒体技术的基本概念和基本知识。

【知识要点】
1. 多媒体技术的基本概念
2. 多媒体系统组成
3. 多媒体信息的数字化

电子教案:多媒体技术基础

微视频:第5章章首导读

5.1 多媒体技术概述

5.1.1 多媒体技术的基本概念

多媒体起源于 20 世纪 80 年代初期。美国 Apple 公司在研制 Macintosh 计算机时,创造性地使用了图形窗口界面,Macintosh 机成为计算机多媒体时代到来的标志。从起源到现在,多媒体计算机软硬件技术发展非常迅速,改变了人民的生活方式,并对社会多个领域产生了巨大的影响。特别是近年来,数字高新技术不断取得新的突破,伴随着计算机、数码产品(如手机、数字电视等)和网络的普及,多媒体已然成为当今世界最热门的话题之一。

1. 媒体

媒体(medium),是承载和传播信息的载体。从传统意义上讲,日常生活中人们熟知的报纸、图书、广播、电影、电视等都是媒体。计算机领域中的媒体概念有两层含义:第一层含义是指传递信息的载体,如文本、声音、图形、图像、动画、影视等,它们借助于显示屏、音频卡、视频卡等设备以各自不同的方式向人们传递着信息,但都以二进制数据的形式存储在计算机存储器中;第二层含义是指用以存储上述信息的实体,例如磁带、磁盘、光盘、各种移动存储卡等。本章所探讨的媒体指的是前者。

媒体作为信息表示和传播的形式载体,根据信息被人们感知、表示、表现、存储或传输的载体不同,国际电信联盟标准化部门(ITU-T)建议将媒体分为以下 5 大类。

(1)感觉媒体

感觉媒体指的是能直接作用于人们的感觉器官,从而能使人产生直接感觉的媒体。如各种语言、音乐、声音、图形、图像等。

在多媒体计算机技术中，我们所说的媒体一般指的是感觉媒体。

(2) 表示媒体

表示媒体指的是为了传输感觉媒体而人为研究出来的媒体，借助于此种媒体，能有效地存储感觉媒体或将感觉媒体从一个地方传送到另一个地方，如语言编码、电报码、条形码等。

(3) 表现媒体

表现媒体指的是用于通信中使电信号和感觉媒体之间产生转换用的媒体，如键盘、鼠标器、显示器、打印机、扬声器、摄像机和话筒等。

(4) 存储媒体

存储媒体指的是用于存放表示媒体的媒体，如纸张、磁带、磁盘、光盘等。

(5) 传输媒体

传输媒体指的是用于传输某种媒体的物理媒体。如双绞线、电缆、光纤等。

2. 多媒体

"多媒体"一词译自英文"multimedia"，而该词又是由 multiple 和 media 复合而成的。与多媒体对应的是单媒体（monomedia），从字面上看，多媒体就是由单媒体复合而成的。

多媒体是传统媒体在数字化技术的支持下产生的，不仅具有传统媒体（报纸、图书、广播、电影、电视等）的信息传播功能，还能够在数字存储设备中保存、复制、修改完善，不仅处理起来非常方便，而且更加环保和节省能源。因此，多媒体比传统媒体具有更多优点和发展前景。

在信息技术领域，多媒体是指文本、声音、图形、图形、动画、视频等多种媒体信息的组合使用。图 5.1 所示是由 Flash 合成的多媒体作品截图。

图 5.1　多媒体作品截图

3. 多媒体技术

多媒体技术是指利用计算机技术对多种媒体信息（文本、声音、图形、图像、动画、视频等）进行加工处理，并在各媒体之间建立一定逻辑连接，形成一个具有集成性、实时性和交互性的系统综合技术，并能对多媒体信息进行获取、压缩编码、编辑、加工处理、存储和展示。简单地说，多媒体技术就是把声、文、图、像和计算机结合在一起的技术。实际上，多媒体技术是计算机技术、通信技术、音频技术、视频技术、图像压缩技术和文字处理技术等多种技术的一种综合技术。多媒体技术能提供多种文字信息（文字、数字和数据库等）和多种图像信息（图形、图像、视频和动画等）的输入、输出、传输、存储和处理，使表现的信息图、文、声并茂，更加直观和自然。多媒体技术具有以下几个特点。

（1）多样性

多媒体技术的多样化是指信息媒体的多样化和媒体处理方式的多样化。多媒体技术同时复合图、文、声、像等多种媒体进行信息表达；计算机中相应的各种工具软件和硬件设备处理这些媒体的方式也是多种多样的。

（2）集成性

多媒体技术的集成性是指以计算机为中心综合处理多种信息载体，主要表现在两个方面：一是指媒体信息的集成，即声音、文字、图像和视频等集成，在众多信息中，每一种信息都有自己的特殊性，同时又具有共性，多媒体信息的集成处理把信息看成一个有机的整体，采用多种途径获取信息、统一格式存储信息、组织与合成信息，对信息进行集成化处理；二是指处理这些媒体的设备和设施的集成，即多媒体系统不仅包括计算机本身，还包括电视、音响、摄像机和播放机等设备，把不同功能、不同种类的设备集成在一起使其共同完成信息处理工作。

（3）交互性

多媒体技术的交互性是指可以通过多媒体计算机系统对多媒体信息进行加工、处理并控制多媒体信息的输入、输出和播放。简单的交互对象是数据流，较复杂的交互对象是多样化的信息，如文字、声音、图像、动画和视频等。

（4）实时性

多媒体技术的实时性是指把计算机的交互性、通信系统的分布性和电视系统的真实性有机地结合在一起，在人感官系统允许的情况下进行多媒体实时交互，就好像面对面实时交流一样，图像和声音都是连续的。在多媒体系统中，像文本和图片一类的媒体是静态的，与时间无关；而声音及活动的视频图像完全是实时的，多媒体系统提供了对这些对象的实时处理能力。

5.1.2 多媒体的关键技术

计算机多媒体的产生和发展对传统的媒体产生了巨大的冲击力，在很大程度上改变了人们的生产和生活方式，促进了社会生产力的迅速发展。当前，促进多媒体发展的关键技术主要有数据压缩技术、多媒体的采集和存储技术、多媒体信息检索技术、流媒体技术和虚拟现实技术等。

1. 数据压缩技术

在多媒体计算系统中，信息从单一媒体转到多种媒体；若要表示，传输和处理大量数字化了的声音、图片、影像视频信息等，数据量是非常大的。例如，1分钟未经压缩的1 024×768像素的真彩色视频的数据量为3 GB，由此可见音频、视频的数据量之大。如果不进行处理，计算机系统几乎无法对它进行存取和交换。因此，在多媒体计算机系统中，为了达到令人满意的图像、视频画面质量和听觉效果，必须解决视频、图像、音频信号数据的大容量存储和实时传输问题。解决的方法，除了提高计算机本身的性能及通信信道的带宽外，更重要的是对多媒体进行有效的压缩。通常压缩方法有如下两类。

（1）无损压缩

压缩前和解压缩后的数据完全一样的压缩方法称为无损压缩。例如，霍夫曼编码就是一种典型的无损压缩方法，它对数据流中出现的各种数据进行概率统计，对概率大的数据采用短编码，对概率小的数据采用长编码，这样就使得数据流压缩后形成的编码位数大大减少。无损压缩的特点是可以百分之百地恢复原始数据，但压缩率较低。

（2）有损压缩

无法将数据还原到与压缩前完全一样的状态的压缩方法称为有损压缩。有损压缩的过程中会丢失一些人眼或人耳不敏感的图像或音频信息。虽然丢失的信息不可恢复，但人的视觉和听觉主观评价是可以接受的。有损压缩的压缩比高，常见的有损压缩方法有预测编码、变换编码等。

2. 采集与存储技术

近年来，随着计算机软硬件技术的发展，多媒体信息的采集和存储技术也有了很大的发展。

图像的采集包括扫描仪扫描、数码相机拍摄等多种方式。音频素材可通过声卡、音频编辑软件、MIDI输入设备等方式采集。视频素材可通过录像机、电视机等模拟设备采集，再通过视频采集卡转换为数字信号；也可以通过数字摄像机等数字设备采集。

多媒体数据的存储从早期的光盘存储器（CD、VCD和DVD光盘等）发展到当前主流的各种存储卡，如CF卡、SD卡、MMC卡等以及目前正逐渐流行的云存储。云存储是指通过集群应用、网格技术或分布式文件系统等功能，将网络中大量各种不同类型的存储设备通过应用软件集合起来协同工作，共同对外提供数据存储和业务访问功能的一个系统，保证数据的安全性，并节约存储空间。任何地方的任何一个经过授权的使用者都可以通过一根接入线缆与云存储连接，对云存储进行数据访问，享受云存储服务。国内云存储服务较为著名的有百度云盘、搜狐企业网盘、坚果云、酷盘、115网盘等。

3. 多媒体信息检索技术

随着网络技术及多媒体技术的飞速发展，网络中出现了大量的多媒体信息，其中，图像信息占有最大比例。传统的图像检索都是基于关键词的文本检索，实际检索的对象是文本，不能充分利用图像本身的特征信息。基于图像内容的检索是根据图像的特征，如颜色、纹理、形状、位置等，从图像库中查找到内容相似的图像，利用图像的可视特征索引，大大地提高了图像系统的检索能力。

传统的Google、百度推出的图片搜索功能主要是基于图片的文件名来实现检索的，并不是真正的基于内容的图像检索。目前，已有一些真正基于内容的图像检索系统产生，如 IBM 的 QBIC（query by image content）系统、通过构造"不变特征"的 SIMBA（search image by appearance）系统等。

4. 流媒体技术

流媒体是指以流的方式在网络中传输音频、视频和多媒体文件的形式。流媒体文件格式是支持采用流式传输及播放的媒体格式。流式传输方式是将视频和音频等多媒体文件经过特殊的压缩方式分成一个个压缩包，由服务器向用户计算机连续、实时传送。在采用流式传输方式的系统中，用户不必像非流式播放那样等到整个文件全部下载完毕后才能看到当中的内容，而是只需要经过几秒或几十秒的启动延时即可在用户计算机上利用相应的播放器对压缩的视频或音频等流式媒体文件进行播放，剩余的部分将继续进行下载，直至播放完毕。

这个过程的一系列相关的包称为"流"。流媒体实际指的是一种新的媒体传送方式，而非一种新的媒体。流媒体技术全面应用后，人们在网上聊天可直接语音输入；如果想彼此看见对方的容貌、表情，只要双方各有一个摄像头就可以了；在网上看到感兴趣的商品，点击以后，讲解员和商品的影像就会跳出来；更有真实感的影像新闻也会出现。

互联网的迅猛发展和普及为流媒体业务发展提供了强大市场动力，流媒体业务正变得日益流行。流媒体技术广泛用于多媒体新闻发布、在线直播、网络广告、电子商务、视频点播、远程教育、远程医疗、网络电台、实时视频会议等互联网信息服务的方方面面。流媒体技术的应用将为网络信息交流带来革命性的变化，对人们的工作和生活将产生深远的影响。目前主流的流媒体技术有三种，分别是 RealNetworks 公司的 RealMedia、Microsoft 公司的 Windows Media Technology 和 Apple 公司的 QuickTime。

5. 虚拟现实技术

虚拟现实（virtual reality，VR）技术是一种新型的多媒体技术，能够利用三维图像生成技术、多传感交互技术及高分辨率显示技术，生成逼真的三维虚拟环境，用户可以通过特殊的交互设备，感受到实时的、三维的虚拟环境。虚拟现实技术又称为幻境或灵境技术。

虚拟现实技术融合了数字图像处理、计算机图形学、多媒体技术、传感器技术、人工智能等多个信息技术分支，其实质是提供了一种高级的人与计算机交互的接口，是多媒体技术发展的更高境界。

虚拟现实技术始于军事和航空、航天领域的需求，近年来已广泛应用于各个行业。例如，在科研开发上，可用来设计新材料，模拟各种成分的改变材料性能的影响；在医疗上，虚拟人体使医生更容易了解人体的构造和功能；还可虚拟手术系统，用于指导手术的进行；在娱乐上的应用也有很好的前景，例如，穿上一种滑雪模拟器，只要在室内做出各种各样的滑雪动作，就可通过头盔显示器看到皑皑白雪的高山和峡谷等从身边掠过，其情景就像在真的滑雪场一样。虚拟现实技术的发展前景非常广阔。

5.1.3 多媒体技术的应用

在多媒体技术应用的诸多领域，往往集文字、图形、图像、声音、视频及网络、通信等多项技术于一体,通过计算机和通信设备的数字记录与传送,对上述各种媒体进行处理。

1. 教育和培训

教育和培训可以说是需要多媒体的场合。带有声音、音乐和动画的多媒体软件,不仅更能吸引学生的注意力,也使他们如同身临其境。它可以将过去的知识、别人的感受,变成像自己的亲身经历一样来学习,还可以将抽象和不好理解的基本概念转变为具体和生动的图片来解释。

拓展阅读:浅谈多媒体在课堂教学中的应用

当多媒体技术与网络技术相结合时,可将传统的以校园教育为主的教育模式变成以家庭为主的教育模式,也更体现和适应现代社会发展的教育新方式,使得教育和培训在完全意义上走向家庭。这种新的教育模式使被教育者不仅能学到图、文、声并茂的新知识、新信息,而且可以在家跨越时间和国界,学到国际上的各种最新知识。

2. 商业和出版业

在商业上,多媒体可用于商品展示和展览会。比如,百货公司利用多媒体可以让消费者通过触摸屏了解商场中商品的具体形体,从而起到商品广告、导购、指导消费的作用。

利用多媒体,出版商将一些历史人物、文学传记、剧情评论以及采访录像等信息存入电子出版物中,从而使用户能够方便地阅读和剪贴其中的内容,将它们排版到报纸、杂志或文章中。利用这种方法在网上进行宣传,可使某个人物或某著作更引人瞩目。

3. 服务业

以多媒体为主题的医疗信息系统已经使医生在千里之外就可为患者看病,患者不仅可身临其境地接受医生的询问和诊断,还可从计算机中及时地得到处方。因此,不管医生身处何方,只要家中的多媒体机已与网络相连,人们在家就可从医生那里得到健康教育和医疗等指导。

在医院,专家们使用终端和医疗信息中心相连,得到患者的各种资料,以此作为医疗和手术方案的实施依据,这不仅为危重患者赢得了宝贵的时间,同时也使专家们节约了大量的时间和精力,对于实习或年轻的医生还可使用多媒体软件学习人体组织、结构和临床经验。

在家居设计与装潢业,房地产公司使用多媒体,不仅可以展现整个居室的平面结构,还可把购房人带到"现场",让他们"身临其境"地看到整幢房屋的室外和室内情况。

4. 家庭娱乐

在家里,人们可以自行地制作出工作和家庭生活的多媒体记事簿,将工作经历、值得留念的事件等记录下来,以供他人和子女欣赏和借鉴。而对于人人熟知的多媒体游戏,更是以其动听悦耳的声音、别开生面的场面,受到了成年人和儿童的欢迎。到目前为止,特别是针对家庭用户还出版了许多电子版本的多媒体电子地图。电子地图与普通地图相比的优点是,可以精确到每一个城镇中的每一街道,这不仅为在当地旅游的游客提供了具体的方便,而且还使坐在计算机旁的"游客"做到足不出户就可同样领略到不同地方的民俗与风貌。

5. 多媒体通信

采用多媒体视听会议，同时进行数据、话音、有线电视等信号的传输，不仅使与会者共享图像和声音信息，也共享存储在计算机内的有用数据，这对于相互合作尤为实用。特别是对于已在网络上的每个与会者，他们都可通过计算机的窗口来建立共享会议的工作空间，互相通报和传递各种多媒体信息。

多媒体技术的产生赋予计算机新的含义，它标志着计算机将不仅仅应用于办公室和实验室，还会进入家庭、商业、旅游、娱乐、教育乃至艺术等几乎所有的社会和生活领域。

6. 人工智能模拟领域

人工智能主要研究如何使用计算机多媒体技术去完成以前需要人的智力才能完成的工作，或者说研究如何借助于多媒体计算机的软硬件系统模拟人类智能行为的基本理论、方法、技术和应用系统的一门新的技术科学。如进行军事领域的作战指挥与作战模拟、飞行模拟、利用机器人协助人类工作（生产业、建筑业或其他危险工作）等。

5.2 多媒体系统组成

早期的微机能够处理的信息仅限于文字和数字，同时人机之间的交互只能通过键盘、鼠标和显示器等少数设备实现，交流的方式非常单一。为了改变这种现状，人们发明了多媒体计算机。

多媒体计算机是指能够对文本、声音、图形、图像、动画、视频等多媒体进行获取、编辑、处理、存储、输出和表现的一种计算机系统，主要是由多媒体硬件系统和多媒体软件系统组成。

5.2.1 多媒体计算机硬件系统

多媒体计算机硬件系统是构成多媒体系统的物质基础，是指系统中所有的物理设备，主要包括主机、多媒体外部设备接口卡和多媒体外部设备。

多媒体外部设备十分丰富，按照功能分为以下四类。

1. 视频/音频输入设备：数码摄像机、照相机、影碟机、扫描仪、录音机、话筒等。
2. 视频/音频输出设备：显示器、投影仪、扬声器、电视机、立体耳机、音频卡、显卡、视频卡等。
3. 人机交互设备：键盘、鼠标、触摸屏和光笔等。
4. 数据存储设备：磁盘、光存储系统、U盘和移动硬盘等。

接下来介绍一些主要的多媒体计算机外部设备硬件。

1. 音频卡

音频卡又称为声卡，是最基本的多媒体声音处理设备，是实现声波/数字信号相互转换的一种硬件。声卡的基本功能是把来自话筒、磁带、光盘的原始声音信号加以转换，输出到耳机、扬声器、扩音机、录音机等声响设备，或通过乐器数字接口（MIDI）使乐器发出美妙的声音。

2. 显卡

显卡是计算机主机与显示器之间的接口，用于将主机中的数字信号转换成图像信号并在显示器上显示出来，它决定屏幕的分辨率和显示器可以显示的颜色。目前计算机上的大部分显卡都支持 800×600 像素、1 024×768 像素、1 280×1 024 像素或更高像素的分辨率。为支持高分辨率，显卡必须有足够容量的显存（显示缓冲存储器）。显存大小直接影响屏幕分辨率、可显示颜色数与画面的垂直更新频率，也同时协助处理 3D 画面的运算。大容量的显存有助于提升 3D 数据处理速度。

3. 视频卡

视频卡是一种专门用于对视频信号进行实时处理的设备，它可以汇集视频源和音频源的信号，通过捕获、压缩、存储、编辑和特技制作等处理产生视频图像画面。视频卡插在主机板的扩展槽内，通过配套的驱动软件和视频处理应用软件进行工作。视频卡可以对视频信号进行数字化转换、编辑和处理以及保存数字化文件。视频卡按照功能可以分为视频采集卡、视频转换卡和视频播放卡。

4. 光存储系统

光存储系统由光盘驱动器和光盘片组成。光盘驱动器是用于读写信息的设备，光盘是用于存储信息的介质。

5. 触摸屏

触摸屏（touch screen）又称为"触控屏"或"触控面板"，是一种可接收触头等输入信号的感应式液晶显示装置，当接触了屏幕上的图形按钮时，屏幕上的触觉反馈系统可根据预先编程的程序驱动各种联结装置，可用以取代机械式的按钮面板，并借由液晶显示画面制造出生动的影音效果。触摸屏作为一种最新的计算机输入设备，它是目前最简单、方便、自然的一种人机交互方式。它赋予了多媒体以崭新的面貌，是极富吸引力的全新多媒体交互设备。主要应用于公共信息的查询、领导办公、工业控制、军事指挥、电子游戏、点歌点菜、多媒体教学、房地产预售等。随着平板电脑和智能手机的普及，触摸屏从公共场合走向家庭和个人用户。

6. 扫描仪

扫描仪（scanner），是利用光电技术和数字处理技术，以扫描方式将图形或图像信息转换为数字信号的装置。扫描仪捕获图像并将之转换成计算机可以显示、编辑、存储和输出的数字化输入设备。照片、文本页面、图纸、美术图画、照相底片、电影胶卷，甚至纺织品、标牌面板、印制板样品等三维对象都可作为扫描对象，扫描仪提取原始的线条、图形、文字、照片、平面实物，并将其转换成可以编辑及加入文件中的内容。

7. 数码摄像机

数码摄像机简称 DV（digital video），是一种使用数字视频格式记录音频、视频数据的摄像机。数码摄像机在记录视频时采用数字信号处理方式，它的核心部分就是将视频信号处理后转变为数字信息，并通过磁鼓螺旋扫描记录在数据存储介质上，视频信号的转换和记录都是以数码形式进行的。数码摄像机可以获得图像分辨率很高的图像，色彩的亮度和频宽也远比普通的摄像机高，音视频信息以数字方式存储，便于加工处理，可以直接在数码摄像机上完成视频的编辑处理。

5.2.2 多媒体计算机软件系统

多媒体计算机软件系统是多媒体技术的核心，把各种各样的多媒体硬件组合在一起，使用户可以方便地使用或编辑各种多媒体资源。多媒体计算机软件系统包括多媒体操作系统、多媒体信息处理工具和多媒体应用软件3类。

1. 多媒体操作系统

多媒体操作系统是多媒体系统运行的基本环境，主要用于支持多媒体的输入输出及相应的软件接口，具有实时任务调度、多媒体数据转换和同步控制、对仪器设备的驱动和控制以及图形用户界面管理功能。多媒体操作系统主要有 Microsoft 公司的 Windows 操作系统、Apple 公司 System 7.0 中提供的 QuickTime 操作平台等。

2. 多媒体信息处理工具

多媒体信息处理工具按照用途进行划分，一般可分为多媒体信息加工工具、多媒体信息集成工具和多媒体播放工具。

（1）多媒体信息加工工具

① 图形图像处理：Photoshop、CorelDraw、Illustrator 等。

② 声音处理：Ulead Audio Editor、Adobe Audition、CakeWalk 等。

③ 动画制作：Gilf Animation、Flash、3ds Max、Maya、Animate CC 等。

④ 视频处理：Ulead Video Edidor、Ulead Video Studio（会声会影）、Adobe Premiere 等。

（2）多媒体信息集成工具

① 基于幻灯片的多媒体创作工具 PowerPoint。

② 基于时间顺序的多媒体创作工具 Director、Flash。

③ 基于图符的多媒体创作工具 Authorware 等。

④ 网页形式的多媒体创作工具 FrontPage、Dreamweaver 等。

（3）多媒体播放工具

常用的多媒体播放工具有 Windows Media Player、RealPlayer、QuickTime 等。不同格式的多媒体文件要求对应的播放软件。Internet 上有多种格式的多媒体文件，浏览器上往往无法识别所有，此时可以下载对应的插件嵌入浏览器内部。通常，这些插件安装程序除了安装供浏览器使用的应用插件外，还同时安装可独立运行的播放软件。

一般来说，多媒体信息加工工具和多媒体信息集成工具的关系是，首先通过前者加工处理得到所需要的各类多媒体素材（图形、图像、声音、动画、视频等），再由后者将上类素材进行集成，创作出丰富多彩的多媒体作品和多媒体应用软件。

3. 多媒体应用软件

多媒体应用软件是利用多媒体信息处理开发工具，运行于多媒体计算机上，能够为用户提供某种用途的软件，例如，辅助教学软件、游戏软件、电子工具书、电子百科全书等。多媒体应用软件一般具有以下特点：由多媒体集成，具有超媒体结构，比较注重交互性。

5.3 多媒体信息的数字化

多媒体数字化技术是指以数字化为基础，能对多种媒体信息进行采集、加工处理、存储和传递，并能使各种媒体信息之间建立起有机的逻辑联系，集成为一个具有良好交互性的系统的技术。

数字化是多媒体的基本特征，数字化的图像以 RGB 或者 CMYK 等数字化形式存储；声音通过高频率的采样来实现数字化的记录并存储，如日常听歌的 MP3；视频也是通过将色彩及声音信息量化为数字信息来记录的。

5.3.1 音频数字化

1. 声音信号数字化

声音是空气振动而发出的，通常用模拟波的形式来表示。它有两个基本参数：振幅和频率，振幅反映声音的音量，频率反映声音的音调。频率在 20 Hz～20 kHz 的波称为音频波（人耳能听到），音频小于 20 Hz 的波称为次音波（人耳听不到），频率大于 20 kHz 的波称为超音波（人耳听不到，有很强的方向性，可以形成波束）。

音频是连续变化的模拟信号，而计算机只能处理数字信号，要使计算机能处理音频信号，必须把模拟音频信号转换成用"0"和"1"表示的数字信号，这就是音频的数字化。音频的数字化涉及采样、量化、编码等多种技术。

（1）采样

对连续信号按一定的时间间隔采样。奈奎斯特采样定理认为，只要采样频率大于或等于信号中所包含的最高频率的两倍，就可以根据其采样完全恢复出原始信号，这相当于当信号是最高频率时，每一周期至少要采取两个点。但这只是理论上的定理，在实际操作中，人们用混叠波形，从而使取得的信号更接近原始信号。

采样频率越高，在单位时间内计算机取得的声音数据就越多，声波波形表达得就越精确，而需要的存储空间就越大。

（2）量化

采样的离散音频要转化为计算机能够表示的数据范围，这个过程称为量化。量化的等级取决于量化精度，也就是用多少位二进制数来表示一个音频数据。一般有 8 位、12 位或 16 位。量化精度越高，声音的保真度越高。市场上销售的 16 位声卡（量化值的范围为 0～65 536）比 8 位声卡（量化值的范围为 0～256）的质量高。

（3）编码

对音频信号采样并量化成二进制，实际上就是对音频信号进行编码，但用不同的采样频率和不同的量化位数记录声音，在单位时间中，所需存储空间是不一样的。波形声音的主要参数包括采样频率、量化位数、声道数、压缩编码方案和数码率等。未压缩前，波形声音的码率计算公式为，波形声音的码率＝采样频率×量化位数×声道数/8。波形声音的码率一般比较大，所以必须对转换后的数据进行压缩。

2. 声音文件的格式

常见的声音文件格式有 WAV、MIDI、MP3、MP4、AU、AIFF 等。

（1）WAV

WAV 格式是微软公司开发的一种声音文件格式，也叫波形声音文件，是最早的数字音频格式，被 Windows 平台及其应用程序广泛支持。WAV 格式支持许多压缩算法，支持多种音频位数、采样频率和声道，采用 44.1 kHz 的采样频率，16 位量化位数，跟 CD 一样，对存储空间需求太大，不便于交流和传播。

（2）MIDI

MIDI 是 musical instrument digital interface 的缩写，又称为乐器数字接口，是数字音乐/电子合成乐器的统一国际标准。它定义了计算机音乐程序、数字合成器及其他电子设备交换音乐信号的方式，规定了不同厂家的电子乐器与计算机连接的电缆和硬件及设备间数据传输的协议，可以模拟多种乐器的声音。

（3）MP3

MP3 全称是 MPEG-1 audio layer 3，它在 1992 年被合并至 MPEG 规范中。MP3 能够以高音质、低采样频率对数字音频文件进行压缩。

（4）MP4

MP4 采用的是美国电话电报公司（AT&T）研发的以"知觉编码"为关键技术的 a2b 音乐压缩技术，是由美国网络技术公司（GMO）及 RIAA 联合公布的一种新的音乐格式。MP4 在文件中采用了保护版权的编码技术，只有特定的用户才可以播放，有效地保证了音乐版权的合法性。另外 MP4 的压缩比达到了 1∶15，较 MP3 更小，但音质却没有下降。不过因为只有特定的用户才能播放这种文件，因此其流传与 MP3 相比差距甚远。

（5）AU

AU 文件是在 Internet 上的多媒体声音主要使用的文件格式。AU 文件是 UNIX 操作系统下的数字声音文件，由于早期 Internet 上的 Web 服务器主要是基于 UNIX 的，所以这种文件成为 WWW 上唯一使用的标准声音文件。

（6）AIFF

AIFF 是苹果公司开发的声音文件格式，被 Macintosh 平台和应用程序所支持。

3. 常用音频编辑工具

音频编辑工具是用来录放、编辑、加工和分析声音文件的。声音工具使用得相当普遍，但它们的功能相差很大，下列列出比较常见的几种工具。

（1）Nuendo

Nuendo 是德国 Steinberg 公司推出的一款专业多轨录音混音工具，功能上也是大同小异，因此它同样拥有优秀的 MIDI 制作功能，支持视频 5.1 环绕立体声的制作，功能强大、品质超群。目前，国内正有越来越多的人开始使用这款软件。

（2）Cool Edit Pro

Cool Edit Pro 是美国 Syntrillium Software Corporation 公司开发的一款功能强大、效果出色的多轨录音和音频处理软件。它可以在普通声卡上同时处理多达 64 轨的音频信号，具有极其丰富的音频处理效果，并能实现预览和多轨音频的混缩合成。

（3）Sound Forge

Sound Forge 是一款音频录制、处理软件，是 Sonic Foundry 公司的产品，它几乎成了 PC 上单轨音频处理的代名词，功能强大。与 Cool Edit Pro 不同的是，Sound Forge 只能针对单音频文件进行操作、处理，无法实现多轨音频的混缩。

（4）Adobe Audition

Adobe Audition 是一款运行于 Windows 系统上的多声道音频工具，它具备了常用的编辑、控制和特效处理的功能，它对硬件的要求非常低，板载声卡也可以用它来制作一些简单的东西，搭载上专业音频接口表现将会更加优良。

音乐制作、音频处理类软件还有很多，如自动伴奏（编曲）软件、音色采样软件、转换软件等，就不一一列举了。

5.3.2 图像数字化

1. 图像数字化

要在计算机中处理图像，必须先把真实的图像（照片、画报、图书、图纸等）通过数字化转变成计算机能够接受的显示和存储格式，然后再用计算机进行分析处理。图像的数字化过程主要分采样、量化与编码三个步骤。

（1）采样

采样的实质就是要用多少点来描述一幅图像，采样结果质量的高低就是用前面所说的图像分辨率来衡量。简单来讲，对二维空间上连续的图像在水平和垂直方向上等间距地分割成矩形网状结构，所形成的微小方格称为像素点。一幅图像就被采样成有限个像素点构成的集合。例如，一幅 640×480 分辨率的图像，表示这幅图像是由 640×480 = 307 200 个像素点组成。

采样频率是指一秒内采样的次数，它反映了采样点之间的间隔大小。采样频率越高，得到的图像样本越逼真，图像的质量越高，但要求的存储量也越大。

在进行采样时，采样点间隔大小的选取很重要，它决定了采样后的图像能真实地反映原图像的程度。一般来说，原图像中的画面越复杂，色彩越丰富，则采样间隔应越小。由于二维图像的采样是一维的推广，根据信号的采样定理，要从采样样本中精确地复原图像，可得到图像采样的奈奎斯特（Nyquist）定理：图像采样的频率必须大于或等于源图像最高频率分量的两倍。

（2）量化

量化是指要使用多大范围的数值来表示图像采样之后的每一个点。量化的结果是图像能够容纳的颜色总数，它反映了采样的质量。

例如，如果用 4 位存储一个点，那么就表示图像只能有 16 种颜色；若采用 16 位存储一个点，则有 $2^{16}=65\,536$ 种颜色。所以，量化位数越大，表示图像可以拥有更多的颜色，自然可以产生更为细致的图像效果。但是，也会占用更大的存储空间。两者的基本问题都是视觉效果和存储空间的取舍。

假设有一幅黑白灰度的照片，因为它在水平于垂直方向上的灰度变化都是连续的，都可认为有无数个像素，而且任一点上灰度的取值都是从黑到白可以有无限个可能值。通过沿水平和垂直方向的等间隔采样可将这幅模拟图像分解为近似的有限个像素，每个像素的取值代表该像素的灰度（亮度）。对灰度进行量化，使其取值变为有限个可能值。

经过这样采样和量化得到的一幅空间上表现为离散分布的有限个像素，灰度取值上表现为有限个离散的可能值的图像称为数字图像。只要水平和垂直方向采样点数足够多，量化比特数足够大，数字图像的质量就比原始模拟图像毫不逊色。

在量化时所确定的离散取值个数称为量化级数。为表示量化的色彩值（或亮度值）所需的二进制位数称为量化字长，一般可用 8 位、16 位、24 位或更高的量化字长来表示图像的颜色；量化字长越大，则越能真实地反映原有的图像的颜色，但得到的数字图像的容量也越大。

（3）压缩编码

数字化后得到的图像数据量巨大，必须采用编码技术来压缩其信息量。在一定意义上讲，编码压缩技术是实现图像传输与存储的关键。

目前已有许多成熟的编码算法应用于图像压缩。常见的有图像的预测编码、变换编码、分形编码、小波变换图像压缩编码等。

当需要对所传输或存储的图像信息进行高比率压缩时，必须采取复杂的图像编码技术。但是，如果没有一个共同的标准做基础，那么不同系统间不能兼容，除非每一编码方法的各个细节完全相同，否则各系统间的连接十分困难。

为了使图像压缩标准化，20 世纪 90 年代后，国际电信联盟（ITU）、国际标准化组织 ISO 和国际电工委员会 IEC 近年来已经制定并继续制定一系列静止和活动图像编码的国际标准，现已批准的标准主要有 JPEG 标准、MPEG 标准、H.261 等。

2. 图像的存储格式

计算机图像是以多种不同的格式存储在计算机里的，每种格式都有自己相应的用途和特点，通过了解多种图像格式的特点，在设计输出时就能根据自己的需要有针对性地选择输出格式。

（1）BMP 格式

BMP（位图格式）是 DOS 和 Windows 兼容计算机系统的标准 Windows 图像格式，最大的优点就是在 PC 上兼容度一流，就算不安装任何看图软件，用 Windows 的画笔一样可以查看。存储为 BMP 格式的图形不会失真，但容量会很大。BMP 格式支持 RGB、索引颜色、灰度和位图颜色模式，但不支持 Alpha 通道。

（2）JPEG 格式

JPEG 图像格式的扩展名是 JPG，其全称为 joint photograhic experts group。它利用一种失真式的图像压缩方式将图像压缩在很小的存储空间中，其压缩比率通常在 10∶1～40∶1

之间。这样可以使图像占用较小的空间，所以很适合应用在网页的图像中。JPEG 格式的图像主要压缩的是高频信息，对色彩的信息保留较好，因此也普遍应用于需要连续色调的图像中。

（3）GIF 格式

GIF 图像格式的扩展名是 GIF。它在压缩过程中，图像的像素资料不会丢失，然而丢失的却是图像的色彩。GIF 格式最多只能存储 256 色，所以通常用来显示简单图形及字体。

（4）PNG 格式

可移植的网络图像（portable network graphics，PNG），是网上接受的最新图像文件格式。PNG 能够提供长度比 GIF 小 30%的无损压缩图像文件。它同时提供 24 位和 48 位真彩色图像支持以及其他诸多技术性支持。由于 PNG 非常新，所以目前并不是所有的程序都可以用它来存储图像文件，但 Photoshop 可以处理 PNG 图像文件，也可以用 PNG 图像文件格式存储。

（5）TIFF 格式

TIFF 扩展名是 TIF，全名是 tagged image file format。它是一种非失真的压缩格式（最高也只能做到 2~3 倍的压缩比），能保持原有图像的颜色及层次，但占用空间却很大。例如一个 200 万像素的图像，差不多要占用 6 MB 的存储容量，故 TIFF 常被应用于较专业的用途，如书籍出版、海报等，极少应用于互联网上。

（6）PSD 格式

PSD 文件格式是 Photoshop 的专用格式，文件扩展名是 .psd，可以支持图层、通道、蒙版和不同色彩模式的各种图像特征，是一种非压缩的原始文件保存格式。扫描仪不能直接生成该种格式的文件。PSD 文件有时容量会很大，但可以保留所有原始信息。

3．常用图像处理工具

（1）Adobe Photoshop

Adobe Photoshop，简称 PS，是最常用的图像处理软件，它具有强大的图像处理能力，是大多数设计人员和设计爱好者的首选。PS 在照片修饰、印刷出版、网页图像处理、视频辅助和建筑装饰等领域有着广泛的应用。

（2）CorelDRAW

CorelDRAW 是加拿大著名的图形图像类软件开发公司 Corel 公司出品的矢量图形制作工具软件，这个图形工具给设计师提供了矢量动画、页面设计、网站制作、位图编辑和网页动画等多种功能。该软件套装更为专业设计师及绘图爱好者提供简报、彩页、手册、产品包装、标识、网页及其他功能；该软件提供的智慧型绘图工具以及新的动态向导可以充分降低用户的操控难度，允许用户更加容易精确地创建物体的尺寸和位置，减少点击步骤，节省设计时间。

（3）Painter

Painter，意为"画家"，是加拿大 Corel 公司的产品。与 Photoshop 相似，Painter 也是基于栅格图像处理的图形处理软件。Painter 是数码素描与绘画工具的终极选择，是一款极其优秀的仿自然绘画软件，拥有全面和逼真的仿自然画笔。它是专门为渴望追求自由创意及需要数码工具来仿真传统绘画的数码艺术家、插画画家及摄影师而开发的。它能通过数码手段复制自然媒质（natural media）效果，是同级产品中的佼佼者，获得业界的一致推崇。

（4）Adobe Illustrator

Adobe Illustrator 是 Adobe 公司推出的基于矢量的图形制作软件。最初是 1986 年为苹果公司麦金塔计算机设计开发的，1987 年 1 月发布，在此之前它只是 Adobe 内部的字体开发和 PostScript 编辑软件。

Adobe Illustrator 是一种应用于出版、多媒体和在线图像的工业标准矢量插画的软件，作为一款非常好的图片处理工具，Adobe Illustrator 广泛应用于印刷出版、海报书籍排版、专业插画、多媒体图像处理和互联网页面的制作等，也可以为线稿提供较高的精度和控制，适合用于任何小型设计到大型的复杂项目。

5.3.3 视频数字化

1. 视频数字化

视频数字化就是将视频信号经过视频采集卡转换成数字视频文件存储在数字载体——硬盘中。在使用时，将数字视频文件从硬盘中读出，再还原成为电视图像加以输出。

首先是提供模拟视频输出的设备，如录像机、电视机、电视卡等。

数字视频的来源有很多，如来自于摄像机、录像机、影碟机等视频源的信号，包括从家用级到专业级、广播级的多种素材。还有计算机软件生成的图形、图像和连续的画面等。高质量的原始素材是获得高质量最终视频产品的基础。

然后是可以对模拟视频信号进行采集、量化和编码的设备，这一般都由专门的视频采集卡来完成。对视频信号的采集，尤其是动态视频信号的采集需要很大的存储空间和数据传输速度，这就需要在采集和播放过程中对图像进行压缩和解压缩处理，一般都采用硬件进行压缩。

最后，由多媒体计算机接收和记录编码后的数字视频数据。在这一过程中起主要作用的是视频采集卡，它不仅提供接口以连接模拟视频设备和计算机，而且具有把模拟信号转换成数字数据的功能。

常用的压缩编码技术是国际标准化组织推荐的 JPEG 压缩和 M-JPEG 压缩。

（1）JPEG 压缩

JPEG 压缩方法由于其较高的压缩比和理想的压缩效果，是目前应用最广泛的图像压缩方法。它采用一种特殊的有损压缩算法，将不易被人眼察觉的图像颜色删除，从而能够将图像压缩在很小的存储空间。JPEG 压缩技术十分先进，它用有损压缩方式去除冗余的图像数据，在获得极高的压缩率的同时能展现十分丰富生动的图像，换句话说，就是可以用最少的磁盘空间得到较好的图像品质。

（2）M-JPEG 压缩

M-JPEG（motion-join photographic experts group）技术即运动静止图像（或逐帧）压

缩技术，广泛应用于非线性编辑领域，可精确到帧编辑和多层图像处理，把运动的视频序列作为连续的静止图像来处理，这种压缩方式单独完整地压缩每一帧，在编辑过程中可随机存储每一帧，可进行精确到帧的编辑，此外 M-JPEG 的压缩和解压缩是对称的，可由相同的硬件和软件实现。但 M-JPEG 只对帧内的空间冗余进行压缩，不对帧间的时间冗余进行压缩，故压缩效率不高。采用 M-JPEG 数字压缩格式，当压缩比 7∶1 时，可提供相当于 Betecam SP 质量的图像。

（3）MPEG-1 压缩

MPEG-1 是 MPEG 组织制定的第一个视频和音频有损压缩标准。视频压缩算法于 1990 年定义完成。1992 年年底，MPEG-1 正式被批准成为国际标准。MPEG-1 是为 CD 光碟介质定制的视频和音频压缩格式。一张 70 分钟的 CD 光碟数据传输速率大约为 1.4 Mbps。而 MPEG-1 采用了块方式的运动补偿、离散余弦变换（DCT）、量化等技术，并为 1.2 Mbps 的数据传输速率进行了优化。MPEG-1 随后被 video CD 采用作为核心技术。MPEG-1 的输出质量大约和传统盒式录像机 VCR 的信号质量相当，这也许是 Video CD 在发达国家未获成功的原因。

（4）MPEG-2

MPEG-2 制定于 1994 年，设计目标是高级工业标准的图像质量以及更高的传输率。MPEG-2 所能提供的传输率在 3 Mbps~10 Mbps 之间，其在 NTSC 制式下的分辨率可达 720×486，MPEG-2 也可提供广播级的视像和 CD 级的音质。MPEG-2 的音频编码可提供左右中及两个环绕声道以及一个加重低音声道和多达 7 个伴音声道（DVD 可有 8 种语言配音的原因）。由于 MPEG-2 在设计时的巧妙处理，使得大多数 MPEG-2 解码器也可播放 MPEG-1 格式的数据，如 VCD。

2. 常见视频文件的格式

（1）AVI 格式

AVI 的英文全称为 audio video interleaved，即音频视频交错格式。它于 1992 年由 Microsoft 公司推出，随 Windows 3.1 一起被人们所认识和熟知。所谓"音频视频交错"，就是可以将视频和音频交织在一起进行同步播放。这种视频格式的优点是图像质量好，可以跨多个平台使用，但是其缺点是体积过于庞大，而且更加糟糕的是压缩标准不统一，因此经常会遇到高版本 Windows 媒体播放器播放不了采用早期编码编辑的 AVI 格式视频，而低版本 Windows 媒体播放器又播放不了采用最新编码编辑的 AVI 格式视频的情况。

（2）MPEG 格式

MPEG 的英文全称为 moving picture expert group，即运动图像专家组格式，家里常看的 VCD、SVCD、DVD 就是这种格式。MPEG 文件格式是运动图像压缩算法的国际标准，它采用了有损压缩方法从而减少运动图像中的冗余信息。MPEG 的压缩方法说得更加深入一点就是保留相邻两幅画面绝大多数相同的部分，而把后续图像中和前面图像有冗余的部分去除，从而达到压缩的目的。

（3）MOV 格式

MOV 是美国 Apple 公司开发的一种视频格式，默认的播放器是 QuickTime Player。

MOV 具有较高的压缩比率和较完美的视频清晰度等特点，但是其最大的特点还是跨平台性，即不仅能支持 macOS，同样也能支持 Windows。

（4）ASF 格式

ASF 的英文全称为 advanced streaming format，它是微软公司为了与 RealPlayer 竞争而推出的一种视频格式，用户可以直接使用 Windows 自带的 Windows Media Player 对其进行播放。由于它使用了 MPEG-4 的压缩算法，所以压缩率和图像的质量都很不错。

（5）WMV 格式

WMV 的英文全称为 Windows Media Video，也是微软公司推出的一种采用独立编码方式并且可以直接在网上实时观看视频节目的文件压缩格式。WMV 格式的主要优点包括本地或网络回放、可扩充的媒体类型、可伸缩的媒体类型、多语言支持、环境独立性、丰富的流间关系以及扩展性等。

（6）RM 格式

Networks 公司所制定的音频视频压缩规范称为 RealMedia，用户可以使用 RealPlayer 或 RealOne Player 对符合 RealMedia 技术规范的网络音频/视频资源进行实况转播，并且 RealMedia 还可以根据不同的网络传输速率制定出不同的压缩比率，从而实现在低速率的网络上进行影像数据实时传送和播放。这种格式的另一个特点是用户使用 RealPlayer 或 RealOne Player 播放器可以在不下载音频/视频内容的条件下实现在线播放。

（7）RMVB 格式

RMVB 是一种由 RM 视频格式升级延伸出的新视频格式，它的先进之处在于打破了原先 RM 格式那种平均压缩采样的方式，在保证平均压缩比的基础上合理利用比特率资源，就是说静止和动作场面少的画面场景采用较低的编码速率，这样可以留出更多的带宽空间，而这些带宽会在出现快速运动的画面场景时被利用。这样在保证了静止画面质量的前提下，大幅地提高了运动图像的画面质量，从而使得图像质量和文件大小之间就达到了微妙的平衡。

习 题 5

习题答案：习题5答案

一、单项选择题

1. 多媒体计算机是指（　　）。

A. 专供家庭娱乐用的计算机

B. 能处理文字、图形、影像与声音等信息的计算机

C. 装有 CD-ROM 光驱的计算机

D. 价格较贵的计算机，是联网的计算机

2. 下面设备中（　　）不是多媒体计算机中常用的图像输入设备。

A. 数码照相机　　　　B. 彩色扫描仪　　　　C. 条码读写器　　　　D. 彩色摄像机

3. 下列软件中，属于动画制作工具的是（　　）。

A. ACDSee　　　　B. IE　　　　C. Excel　　　　D. Flash

4. 下列属于音频文件扩展名的是（　　）。

A. .wav　　　　B. .gif　　　　C. .bmp　　　　D. .xls

二、简答题

1. 什么是多媒体？什么是多媒体技术？

2. 多媒体系统包括哪些组成部分？

3. 简述多媒体技术的应用领域。

4. 多媒体技术为什么要进行压缩？压缩的方法有哪些？

第 6 章　数据库技术基础

本章对数据库系统进行整体概述，首先介绍数据库的基本概念、数据模型以及常见的数据库管理系统，接着介绍数据库的建立和维护的相关知识，并对 SQL 语句进行讲解，然后详细介绍 Access 2016 的基本应用，包括数据库创建，数据表创建，查询、窗体和报表的创建及应用，最后简单介绍 NoSQL 数据库。

【知识要点】
1. 数据库、数据库管理系统、数据库系统的概念
2. 数据模型
3. 数据库的建立和维护
4. SQL 语句
5. Access 2016 数据表、查询、窗体、报表等数据库对象的创建及应用
6. NoSQL 数据库简介

电子教案：数据库技术基础

微视频6.1：第6章章首导读

6.1　数据库系统概述

早期的计算机主要应用于科学计算。而随着计算机技术、通信技术和网络技术的发展，人类社会进入信息化时代，计算机所面对的是数量惊人的各种类型的数据。为了有效地管理和使用这些数据，就产生了计算机的数据管理技术。目前数据库技术已成为各种信息系统不可或缺的基础和核心。

我们可以通过"校园一卡通系统"来认识一下数据库技术的重要性。校园中所有师生、员工每人持一张校园卡就可以在学校各处出入，办事、活动和消费均只凭这校园卡便可进行，并与银行卡实现自助圈存，最终实现"一卡在手，走遍校园"。支持一卡通系统的关键技术有两个：一是计算机网络，实现连通；二是数据库技术，将全体师生、员工产生的信息存储在数据库中。

6.1.1　常用术语

要了解数据库技术，首先要理解信息、数据、数据库、数据库管理系统、数据库应用系统、数据库系统等基本概念。

1. 信息

信息（information）指消息、通信系统传输和处理的对象，泛指人类社会传播的一切内容，是客观事物存在方式的反映和表述，它广泛存在于我们的周围。信息是社会机体进行活动的纽带，社会的各个组织通过信息网相互了解并协同工作，使整个社会协调发展。

2. 数据

数据（data）是用来记录信息的可识别的符号，是信息的载体和具体表现形式。尽管信息有多种表现形式，它可以通过手势、眼神、声音或图形等方式表达，但数据是信息的最佳表现形式。数据的表现形式不仅包括数字和文字，还包括图形、图像、声音等。我们可以用多种不同的数据形式表示同一信息，而信息不因数据形式的不同而改变。

3. 数据库

数据库（database，DB）是长期存储在计算机外存上的有结构、可共享的数据集合。数据库中的数据按照一定的数据模型描述、组织和存储，具有较小的冗余度、较高的数据独立性和扩展性，并可以为不同用户共享。形象地说，"数据库"就是为了实现一定的目的按某种规则组织起来的"数据"的"集合"。

在现实生活中这样的数据库随处可见。学校图书馆的所有藏书及借阅情况、公司的人事档案、企业的商务信息等都是"数据库"。

人们为数据库设计了一个严谨的体系结构，数据库领域公认的标准结构是三级模式结构，即外模式（又称子模式或用户模式）、概念模式（逻辑模式）、内模式，通过这三级模式，有效地组织、管理数据，提高了数据库的逻辑独立性和物理独立性。数据库的体系结构如图 6.1 所示。

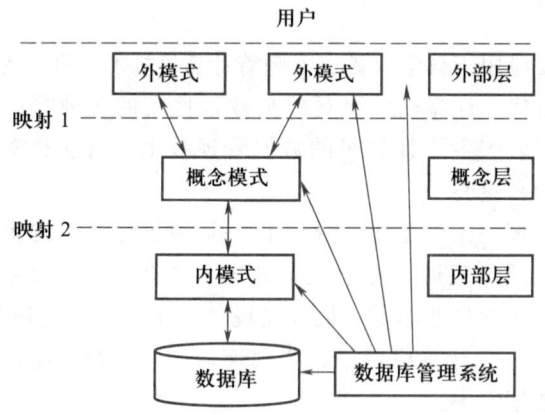

图 6.1　数据库的三级体系结构示意图

外模式是某个或某几个用户所看到的数据库的数据视图，是与某一应用有关的数据的逻辑表示；概念模式是由数据库设计者综合所有用户的数据，按照统一的观点构造的全局逻辑结构，是对数据库中全部数据的逻辑结构和特征的总体描述，是所有用户的公共数据视图（全局视图）；内模式是数据库中全体数据的内部表示或底层描述，对应着实际存储在外存储介质上的数据库。

4. 数据库管理系统

数据库管理系统（database management system，DBMS）是数据库系统的核心部分，位于用户与操作系统之间，可借助操作系统完成对硬件的访问，并负责数据库存取、维护和管理功能，是一种系统软件。数据库的所有操作，如查询、更新、插入、删除以及各种控制，都是通过数据库管理系统进行的，具体来说，数据库管理系统的基本功能有以下6个。

微视频6.2：数据库管理系统的概念

（1）数据库的建立和维护功能

数据库的建立功能是指数据的载入、存储、重组功能及数据库的恢复功能。数据库的维护功能是指数据库结构的修改、变更及扩充功能。

（2）数据定义功能

数据定义功能在关系数据库管理系统中就是创建数据库、创建表、创建视图和创建索引，定义数据的安全性和数据的完整性约束等。数据库管理系统能够提供数据定义语言（data definition language，DDL），并提供相应的建库机制。用户利用DDL可以方便地建立数据库，当需要时，用户还可以将系统中的数据及结构情况用DDL描述。数据库管理系统能够根据DDL的描述执行建库操作。

（3）数据操纵功能

数据操纵功能实现对数据库的基本操作，包括数据的查询处理、数据的更新（增加、删除、修改）等，数据库管理系统通过数据操纵语言（data manipulation language，DML）来实现其数据操纵功能。

（4）数据库的运行管理

数据库的运行管理功能是数据库管理系统的核心功能，具体包括并发控制、数据的存取控制、数据完整性条件的检查和执行、数据库内部的维护等。所有数据库的操作都要在这些控制程序的统一管理下进行，以保证计算机事务的正确运行，保证数据库的正确、有效。

（5）数据组织、存储和管理

数据组织、存储和管理是指对数据资源、用户数据、存取路径等数据进行分门别类地组织存储和管理，确定以何种文件结构和存取方式物理地组织这些数据，如何实现数据之间的联系，以便提高存储空间利用率以及提高随机查找、顺序查找、增删改等操作的时间效率。

（6）数据通信

数据通信是指数据库管理系统（database management system，DBMS）提供与其他软件系统进行通信的功能，它实现用户程序与DBMS之间的通信，通常与操作系统协调完成。

5. 数据库应用系统

数据库应用系统（database application system，DBAS）是指系统开发人员利用数据库系统资源开发出来的，面向某一类实际应用的软件系统，具体包括数据库、数据库管理系统、数据库管理员、硬件平台、软件平台、应用软件、应用界面。数据库应用系统的 7 个部分以一定的逻辑层次结构组成了一个有机的整体，底层（离用户最远）的是硬件平台，顶层（离用户最近）的是应用软件和应用界面。如图书管理系统、学生信息管理系统等。

数据库应用系统的应用非常广泛，它可以用于事务管理、计算机辅助设计、计算机图形分析和处理、人工智能等系统中，即所有数据量大、数据成分复杂的地方都可以使用数据库技术进行数据管理工作。

6. 数据库系统

数据库系统（database system，DBS）是指带有数据库并利用数据库技术进行数据管理的计算机系统。一个数据库系统由数据库、计算机硬件、软件（包括操作系统、数据库管理系统及应用程序）和人员（包括数据库设计人员、应用程序员、数据库管理员、最终用户）4 部分构成，如图 6.2 所示。

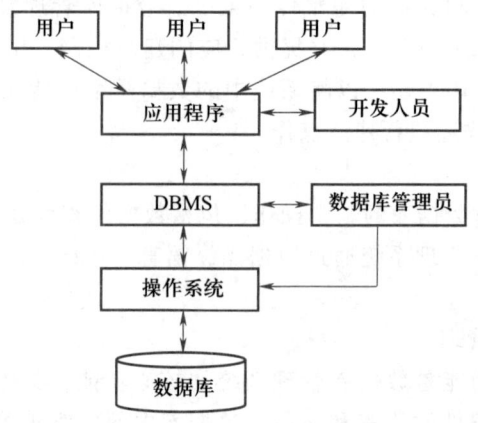

图 6.2 数据库系统示意图

6.1.2 数据模型

数据是描述事物的符号记录，数据只有通过加工才能成为有用的信息。模型（model）是现实世界的抽象。数据模型（data model）是数据特征的抽象，它不是描述个别的数据，而是描述数据的共性。它一般包括两个方面：一是数据的静态特性，包括数据的结构和限制；二是数据的动态特性，即在数据上定义的运算或操作。数据库是根据数据模型建立的，因而数据模型是数据库系统的基础。

1. 数据模型的内容

数据模型是一组严格定义的概念集合，这些概念精确地描述了系统的数据结构、数据操作和数据完整性约束条件。也就是说，数据模型所描述的内容包括 3 个部分：数据结构、数据操作、数据约束。

（1）数据结构

数据模型中的数据结构主要描述数据的类型、内容、性质以及数据间的联系等。数据结构是数据模型的基础，是所研究的对象类型的集合，它包括数据的内部组成和对外联系。

（2）数据操作

数据操作是指对数据库中各种数据对象允许执行的操作集合，数据模型中的数据操作主要描述在相应的数据结构上的操作类型和操作方式两部分内容。

（3）数据约束

数据约束条件是一组数据完整性规则的集合，它是数据模型中的数据及其联系所具有的制约和依存规则。数据模型中的数据约束主要描述数据结构内数据间的语法、词义联系，它们之间的制约和依存关系以及数据动态变化的规则，以保证数据的正确、有效和相容。数据操作和约束都建立在数据结构上，不同的数据结构具有不同的操作和约束。

2. 数据模型的类型

数据模型按不同的应用层次分为 3 种类型：概念数据模型、逻辑数据模型、物理数据模型。

微视频6.3：数据模型的类型

（1）概念数据模型（conceptual data model）

概念数据模型简称概念模型，是面向数据库用户的现实世界的模型，它使数据库的设计人员在设计的初始阶段摆脱了计算机系统及 DBMS 的具体技术问题，集中精力分析数据以及数据之间的联系。概念数据模型必须换成逻辑数据模型才能在 DBMS 中实现。概念模型是整个数据模型的基础，最常用的是实体-联系模型（entity relationship model，E-R 模型）。

学生、课程、教师的 E-R 模型如图 6.3 所示，其中的矩形框表示实体；椭圆表示实体的属性，并用无向连线与其实体相连；菱形框表示实体间的联系，用无向连线将参加联系的实体与菱形相连，并在连线上标明联系的类型（$1:1$、$1:m$、$m:n$）。

（2）逻辑数据模型（logical data model）

逻辑数据模型简称数据模型，这是用户从数据库层面看到的模型，是具体的 DBMS 所支持的数据模型。此模型既要面向用户，又要面向系统，主要用于 DBMS 的实现。在逻辑数据类型中最常用的是层次模型、网状模型、关系模型。

① 层次模型。层次模型是通过树状结构表示实体及其实体之间联系的数据模型，"树"中的每个结点表示一个实体类型，如图 6.4 所示。

② 网状模型。网状模型是通过网状结构表示实体及其实体之间联系的数据模型。"网"中每个结点表示一个实体类型，如图 6.5 所示。

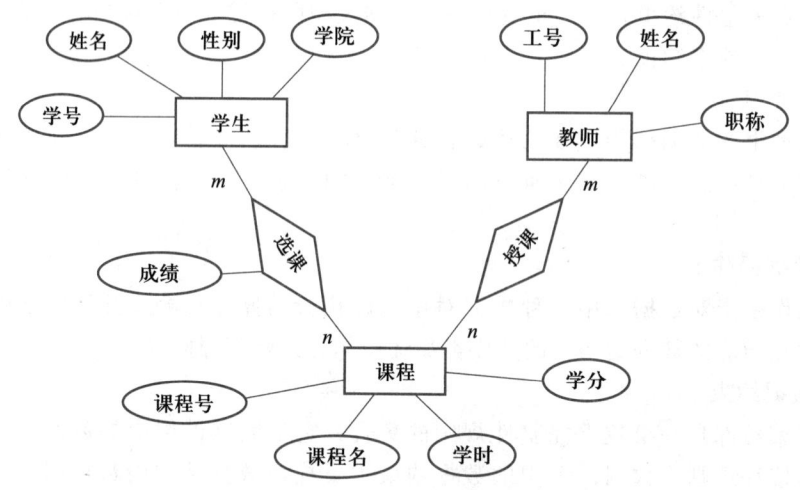

图 6.3　学生、课程、教师的 E-R 模型

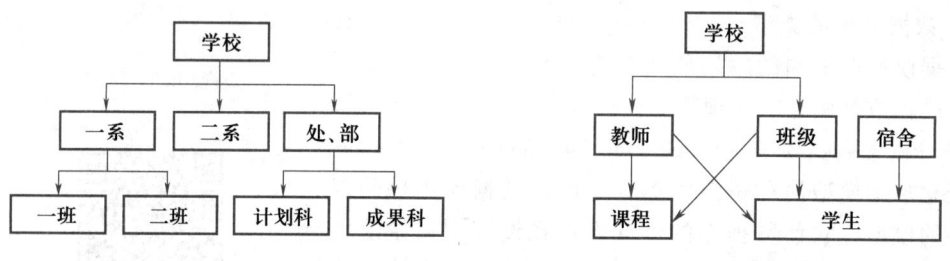

图 6.4　层次模型示例　　　　　　图 6.5　网状模型示例

③ 关系模型。关系模型是通过二维结构表示实体及其实体之间联系的数据模型,用一张二维表来表示一种实体类型,表中一行数据描述一个实体,如表 6.1 所示。

表 6.1　关系模型示例

学号	姓名	性别	出生日期	籍贯	政治面貌
2012010101	李雷	男	1998/10/12	吉林	党员
2012010102	刘刚	男	1989/6/7	辽宁	团员
2012010103	王小美	女	1987/5/21	河北	党员
2012010201	张悦	男	1989/12/22	湖北	团员
2012010202	王永林	女	1987/1/2	湖南	党员
2012020101	张可可	女	1990/9/3	湖南	团员
2012020201	林立	男	1985/3/5	河南	党员
2012020202	王岩	男	1991/10/3	河南	团员
2012030101	张明	女	1990/5/30	广东	群众
2012030102	李佳	女	1990/11/12	江苏	群众

在数据库技术中把支持关系数据模型的数据库管理系统称为关系数据库管理系统。例如，目前广泛使用的 Microsoft Access、SQL Server 和 Oracle 都采用了这种关系模型，即它们都是关系数据库管理系统。

目前应用最为广泛的是关系数据模型。在设计关系时，要遵照数据库范式（normal form，NF，即一个数据关系表的表结构所符合的某种设计标准的级别），引入范式的目的主要是解决关系数据库中数据冗余、更新异常、插入异常、删除异常等问题。数据库范式的级别由低到高依次为 1NF、2NF、3NF、BCNF、4NF、5NF。符合 1NF（即关系中的每个属性不可再分）是关系模型的最基本要求。

拓展阅读6.1：数据库范式

（3）物理数据模型（physical data model）

物理数据模型简称物理模型，是面向计算机物理表示的模型，它描述了数据在存储介质上的组织结构，它不但与具体的 DBMS 有关，而且与操作系统和硬件有关。每一种逻辑数据模型在实现时都有其对应的物理数据模型。DBMS 为了保证其独立性与可移植性，大部分物理数据模型的实现工作都由系统自动完成，而设计者只设计索引、聚集等特殊结构。

数据模型是数据库系统与用户的接口，是用户所能看到的数据形式。从这个意义上说，人们希望数据模型尽可能自然地反映现实世界和接近人类对现实世界的观察与理解，也就是说数据模型要面向用户。但是数据模型同时又是数据库管理系统实现的基础，它对系统的性能影响颇大。从这个意义上说，人们又希望数据模型能够接近在计算机中的物理表示，以期便于实现，减小开销，也就是说，数据模型还不得不在一定程度上面向计算机。

6.1.3 常用的数据库系统

目前，市场上有许多优秀的数据库管理软件，大致可分为文件、小型桌面数据库、大型商业数据库、开源数据库等。文件多以文本字符型方式出现，常用来保存论文、公文、电子书等。小型桌面数据库主要是运行在 Windows 操作系统下的桌面数据库，如 Access 等，适合于初学者学习和管理小规模的数据。以 Oracle 为代表的大型关系型数据库更适合大型、集中式数据管理场合，这些数据库可存放大量的数据，并且支持多客户端访问。开源数据库即"开放源代码"的数据库，如 MySQL，其在 WWW 网站建设中应用较广。

云技术是把在广域网或局域网内的硬件、软件、网络等资源统一起来，实现数据的计算、存储、处理和共享的一种托管技术。随着云技术的不断发展，相应地也出现了云数据库。

1. Access

Access 是一个面向对象的、采用事件驱动的关系型数据库管理系统，是 Windows 环境下一个非常流行的小型桌面数据库管理系统。使用 Access 数据库无须编写任何代码，只需通过直观的可视化操作就可以完成大部分的数据库管理工作。6.2 节将对其详细讲解。

2. SQL Server

SQL Server 是大型的关系数据库，适合中型企业使用，提供功能强大的客户机-服务器（client/server，C/S）平台。一般可以将 Visual Basic、Visual C++等作为客户端开发工具，而将 SQL Server 作为存储数据的后台服务器软件，开发出高性能的 C/S 结构的数据库应用系统。

SQL（structured query language）的含义是结构化查询语言，是一种介于关系代数与关系演算之间的语言，是一种通用的、功能极强的关系数据库标准语言。利用它，用户可以用几乎同样的语句在不同的数据库系统上执行同样的操作。

3. Oracle

Oracle 是一种对象关系数据库管理系统（ORDBMS）。它提供了关系数据库系统和面向对象数据库系统这两者的功能。Oracle 是目前最流行的 C/S 结构的数据库之一，是目前世界上最流行的大型关系数据库管理系统，具有移植性好、使用方便、性能强大等特点，适合于各类大、中、小、微机和专用服务器环境。

4. Sybase

Sybase 是美国 Sybase 公司研制的一种关系型数据库系统，是一种典型的 UNIX 或 Windows NT 平台上 C/S 环境下的大型数据库系统。一般关于网络工程方面都会用到，而且目前在其他方面应用也较广泛。

5. 云数据库

云数据库是指被优化或部署到一个虚拟计算环境中的数据库，它具有按需付费、按需扩展、高可用性以及存储整合等优势。云数据库是专业、高性能、高可靠的云数据库服务。云数据库不仅提供 Web 界面进行配置、操作数据库实例，还提供可靠的数据备份和恢复、完备的安全管理、完善的监控、轻松扩展等功能支持。相对于用户自建的数据库，云数据库具有更经济、更专业、更高效、更可靠、简单易用等特点，使用户能更专注于核心业务。

云数据库根据数据库类型一般分为关系数据库和非关系数据库。关系云数据库有阿里云关系数据库、亚马逊 Redshift 和亚马逊关系数据库服务；非关系云数据库有云数据库 MongoDB 版、亚马逊 DynamoDB。

阿里云关系数据库（relational database service，RDS）是一种稳定可靠、可弹性伸缩的在线数据库服务。基于阿里云分布式文件系统和 SSD 盘高性能存储，RDS 支持 MySQL、SQL Server、PostgreSQL、PPAS（Postgre Plus Advanced Server，Postgre Plus 高级服务器）和 MariaDB TX 引擎，并且提供了容灾、备份、恢复、监控、迁移等方面的全套解决方案，解决了数据库运维的烦恼。

6.2 数据库的建立和维护

6.2.1 数据库的建立

在使用数据库之前,要先建立数据库,然后再建立相关的关系(表)。由于数据库是整个系统的数据基础,因此在建立数据库之前,要根据系统的需求选择合适的数据库管理系统是非常重要的,也为后续的使用和维护提供方便。

1. 创建数据库

首先要明确,能够创建数据库的用户必须是系统管理员,或者被授权使用 CREAT DATABASE 语句的用户。

创建数据库必须确定数据库名、所有者(即创建数据库的用户)、数据库大小(最初的大小、最大的大小、是否允许增长及增长方式)和存储数据库的文件等内容。

对于新创建的数据库,系统对数据文件有默认值,如初始文件大小为 5 MB;最大容量不受限制(仅受硬盘空间的限制);允许数据库的自动增长,增量为 1 MB。

对日志文件也有默认值,如文件初始大小为 1 MB;最大容量不受限制(仅受硬盘空间的限制);允许日志文件自动增长,增长方式为按 10% 的比例增长。可根据需要进行设置。

创建数据库的命令是 CREATE DATABASE <数据库名>。

2. 修改数据库

数据库成功创建后,数据文件名和日志文件名就不能改变,但根据需要,可对以下内容进行修改。

① 增加或删除数据文件。
② 改变数据文件的大小和增长方式。
③ 改变日志文件的大小和增长方式。
④ 增加或删除日志文件。
⑤ 增加或删除文件组。
⑥ 重命名数据库。

修改数据库的命令是 ALTER DATABASE <数据库名>。

3. 删除数据库

在确认数据库不再使用时,可以删除数据库。请谨慎使用此命令,它会造成数据库中的数据全部丢失。

删除数据库的命令是 DROP DATABASE <数据库名>。

6.2.2 数据库的管理与维护

在数据库的使用过程中,需要及时对数据库进行管理和维护,包括数据的安全、用户的更换、数据的备份、监控分析、参数调整以及查询优化,以保证数据库安全、稳定、高效地运行。

1. 数据的安全维护

安全机制是数据库系统中的一项重要内容，由于数据是整个系统的核心，系统的安全首先要考虑数据库的安全性。在数据库系统中，主要采用的安全措施如下：

（1）建立数据安全管理制度

在国家已有的数据安全管理法律基础上，结合自身情况，建立行之有效的数据安全管理制度。

（2）保证数据被合法使用

通过设计用户的身份和权限来达到数据安全访问的目的，防止非法用户对数据库的非法使用，避免数据泄露、篡改或破坏。主要保护方式有用户身份验证、权限控制、视图机制。用到的安全控制策略有以下 2 个。

① 自主存取控制，又称自主安全模式，不同的用户对不同的对象有不同的访问权限。用户身份可区分为系统管理员、数据管理员、普通用户；访问权限可区分为拒绝访问、只读、只写、读写等。

② 强制存取控制，为避免自主存取模式下数据的"无意泄露"，可采取强制存取控制。在这个策略中，DBMS 将全部实体分为主体和客体两大类。

主体：系统活动实体，即实际用户和进程。

客体：被动实体，受主体操纵，包括文件、基本表、视图。

对于主体和客体，DBMS 为它们的每个实例指派一个敏感标记（label）：主体为许可证级别；客体为密级，分为绝密、秘密、可信和公开等若干级别。

强制存取控制遵循的规则：当主体许可证级别大于或等于客体密级时，主体可以"读"相应客体；仅当主体许可证级别等于客体密级时，该主体才能"写"相应客体。

2. 数据的备份

制定备份策略，防止数据丢失或损坏是最基本的数据安全措施，最好能做到异机备份。常用的备份方式是完全备份，即把整个数据库，包含用户表、系统表、索引、视图和存储过程等所有数据库对象进行备份。完全备份需要花费更多的时间和空间，也可以用事务日志备份、差异备份和文件备份等备份方式来提高备份的效率。

备份分为冷备份和热备份。冷备份是指在数据库关闭状态下进行的备份，可得到原数据库的一致性备份，也称为脱机备份。热备份是在数据库打开状态下进行的备份，也称为联机备份，在进行热备份的同时，数据库仍然是可以访问的。

数据库中的联机重做日志文件记录了对数据库所做的修改和操作。每个数据库至少有 2 个联机重做日志组。

数据库系统可以利用已备份的数据库和日志文件把数据库恢复到错误产生的前一刻。

3. 监控分析

监控管理员借助工具监测 DBMS 的运行情况，掌握系统当前或以往的负荷、配置、应用等信息，并分析监测数据的性能参数和环境信息，评估 DBMS 的整体运行状态。

4. 参数调整

在系统运行的过程中，根据运行的实际情况，需要及时调整参数，以提高数据库的性能，主要包括以下几个方面。

① 外部调整：数据库的性能和外部环境有很大关系，主要外部条件包括 CPU（CPU 的处理能力是衡量计算机性能的一个标志）、网络（大量的 SQL 数据在网络上传输会导致网速变慢），根据运行情况，对这些外部环境进行适当的调整。

② 调整内存分配：调整相关参数控制数据库内存分配，可在很大程度上改善数据库系统性能。

③ 调整磁盘 I/O：数据库性能优劣的重要度量是响应时间。

④ 调整资源竞争：例如，修改参数以控制连接到数据库的最大进程，减少调度进程的竞争，减少多线程服务进程竞争，减少重做日志缓冲区竞争，减少回滚段竞争。

5. 查询优化

在设计数据库中的关系时，通过规范化过程（即范式），可高效利用存储空间、减少数据的冗余、减少数据的不一致性。但也带来了新的问题：导致数据处理性能下降。这时，可用到反规范化（将规范化关系转换为非规范化的关系的过程）以提高数据的处理性能，主要方法有以下几种。

① 增加派生性冗余列：增加的数据由表中的一些数据经过计算生成。可在查询时减少连接操作，避免使用聚合函数。

② 增加冗余列：在多个表中增加具有相同语义的列，常用来在查询时避免连接操作（外码不属于这种情况）。

③ 重新组表：当用户经常查看的某些数据是由多个表连接之后才能得到时，就可以考虑先把这些数据重新组成一个表，这样在查询时会减少连接，提高效率。

④ 分割表，包括水平分割和垂直分割。

a. 水平分割：根据行的使用特点进行分割，分割之后所有表的结构都相同，而存储的数据不同，使用并（union）操作。

b. 垂直分割：根据列的特点分割，分割后所得的表除了都包含主键以外其他列都不相同，通常将常用列与不常用列分别放在不同表中，减少查询时的 I/O 次数。缺点是后续需要使用连接（Join）操作。

6.2.3 SQL 语句

下面介绍结构化查询语言（structured query language，SQL）的相关概念、关系模型的运算、SQL 语句的常用函数以及 SQL 语句的使用。

微视频6.4：关系模型的相关概念

1. 关系模型的相关概念

（1）关系

一个关系就是一张二维表（在有些地方，关系也称为表），如表 6.1 所示。

（2）属性

关系中每一列称为一个属性（字段），每列都有属性名，也称为列名或字段名，例如，学号、姓名和出生日期都是属性名。

（3）元组

关系中的一行数据称为一个元组，也称为一条记录，每个关系中可以包含多条记录。

（4）域

域表示各个属性的取值范围。如性别只能取两个值，男或女。

（5）关系模式

关系模式是关系名及其所有属性的集合，一个关系模式对应一张表结构。

关系模式的格式：关系名（属性1，属性2，…，属性n）。

例如，学生关系的关系模式为：学生（学号，姓名，性别，出生日期，籍贯，政治面貌）。

（6）关键字

在一个关系中，由一个或多个属性组成，其值唯一地标识一个元组（记录），称为关键字，也可称为候选键。

例如，表示学生信息关系的关键字可以是学号或身份证号。

（7）主关键字

一个关系中可能有多个关键字，通常用户仅选用一个关键字，将用户选用的关键字称为主关键字，可简称为主键。主键除了标识元组外，还在建立关系之间的联系方面起着重要作用。

（8）外键

如果公共关键字在一个关系中是主关键字，那么这个公共关键字被称为另一个关系的外键。由此可见，外键表示了两个关系之间的相关联系。以另一个关系的外键做主关键字的关系被称为主关系，具有此外键的关系被称为主表的从关系。外键又称为外关键字。

2. 关系模型的运算

在关系模型上常用的关系运算是关系代数和关系演算。常用的运算如下。

① 逻辑运算符：∧、∨、¬。

② 算术比较运算符：=、>、<、≥、≤、≠。

③ 集合运算符：∪、∩、-、×。

"并"运算∪：将两个关系中的所有元组合并构成新的关系，并且运算的结果中必须消除重复值。

"交"运算∩：将两个关系中的公共元组构成新的关系。

"差"运算-：由属于一个关系并且不属于另一个关系的元组构成的新关系。

"笛卡儿乘积"运算×：把两个关系连接成一个关系。

广义笛卡儿积的含义如下：两个分别为n目（目即关系中属性的个数）和m目的关系R和关系S的广义笛卡儿积是一个（$m+n$）列的元组的集合，设为关系Y。关系Y的元

组前 n 个列是关系 R 的一个元组，后 m 个列是关系 S 的一个元组。若 R 有 $K1$ 个元组，S 有 $K2$ 个元组，则关系 R 和关系 S 的广义笛卡儿积有 $K1 \times K2$ 个元组，记作：$R \times S = \{\widehat{t_r t_s} \mid t_r \in R \land t_s \in S\}$。

④ 专门的关系运算符：专门的关系运算符有选择（Π）、投影（δ）和连接（θ、⋈）运算。选择运算表示从一个关系中选择某些行作为结果；投影运算表示从一个关系中选择某些列作为结构；连接运算表示把两个关系根据条件连接成一个关系。

3. SQL 语句的函数

在用 SQL 语句进行操作时，可以用函数对数据进一步处理，函数分为聚合函数、转换函数、日期函数、数学函数、字符串函数、系统函数、文本和图像函数七大类，其中常用的函数如下。

> 拓展阅读6.2：SQL语句的函数

（1）聚合函数

① AVG（表达式）：返回表达式中所有的平均值。

② COUNT（表达式）：返回表达式中非 NULL 值的数量。

③ MAX（表达式）：返回表达式中的最大值。

④ MIN（表达式）：返回表达式中的最小值。

⑤ SUM（表达式）：返回表达式中所有值的总和。

（2）日期函数

① GETDATE（ ）：返回当前的系统日期。

② YEAR（date）：返回指定日期的年份数值。

③ MONTH（date）：返回指定日期的月份数值。

④ DAY（date）：返回指定日期的天数值。

（3）数学函数

① ABS（num_ expr）：返回数值表达式的绝对值。

② SIN（float_ expr）：返回以浮点表达式表示的近似于指定角度（以弧度表示）的正弦三角函数的值。

③ COS（float_ expr）：返回以浮点表达式表示的近似于指定角度（以弧度表示）的余弦三角函数的值。

④ ACOS（float_ expr）：返回角（以弧度表示），它的余弦值近似于指定的浮点表达式。

⑤ ASIN（float_ expr）：返回角（以弧度表示），它的正弦值近似于指定的浮点表达式。

⑥ CEILING（num_ expr）：返回大于或等于数值表达式的最小整数。

⑦ FLOOR（num_ expr）：返回小于或等于数值表达式的最大整数。

⑧ LOG（float_ expr）：根据指定的近似浮点表达式返回自然对数值。

⑨ SQRT（float_ expr）：返回指定的近似浮点表达式的平方根。

（4）字符串函数

① ASCII（char_ expr）：返回表达式最左边字符的 ASCII 代码值。

② CHARINDEX（pattern，char_ expr）：返回字符表达式中指定模式的起始位置。

③ LEN（char_ expr）：返回字符表达式的长度。

④ LOWER（char_ expr）：将字符表达式全部转换为小写。

⑤ LTRIM（char_ expr）：返回删除前面空格的字符表达式。

⑥ REPLICATE（char_ expr，int_ expr）：返回重复指定次数的字符表达式产生的字符串。

⑦ REVERSE（char_ expr）：反转字符表达式。

⑧ RIGHT（char_ expr，int_ expr）：返回从字符表达式最右端起根据指定的字符个数得到的字符。

⑨ RTRIM（char_ expr）：返回删除其后空格的字符表达式。

以上只列举出了部分常用的函数，更多的函数及使用可参考相关的资料。

4. SQL 语句介绍

结构化查询语言是一种数据库查询和程序设计语言，用于存取数据以及查询、更新和管理关系数据库系统。SQL 语言简单易学、风格统一，利用几个简单的英语单词的组合就可以完成所有的功能。主要语句如下（前面讲的"关系"在 SQL 语句中称为"表"，即 TABLE，命令中的字母不区分大小写）。

拓展阅读6.3：了解MySQL

（1）创建数据库

一般格式如下：

CREATE DATABASE <数据库名>；

（2）删除数据库

一般格式如下：

DROP DATABASE <数据库名>；

（3）创建基本表。创建基本表即定义基本表的结构，可用 CREATE 语句实现，其一般格式如下：

CREATE TABLE <表名>
    （<列名1><数据类型1>［约束条件1］
    ［，<列名2><数据类型2>［约束条件2］］……）；

定义基本表结构，首先要指定表的名字，表名在一个数据库中应该是唯一的。表可以由一个或多个属性组成，属性的类型可以是基本类型，也可以是用户事先定义的域名。建表的同时可以指定与该表有关的完整性约束条件。

定义表的各个属性时需要指定其数据类型及长度。SQL 提供的一些主要的数据类型如表 6.2 所示。

表 6.2　SQL 的数据类型

类型名	说明
INTEGER	长整数
SMALLIN	短整数
REAL	实数，小数位数取决于机器精度的浮点数
FLOAT（n）	浮点数，精度至少为 n 位数字
NUMERIC（p, d）或 DECIMAL（p, d）	浮点数，由 p 位数字（不包括符号、小数点）组成，小数点后面有 d 位数字
CHAR（n）	长度为 n 的定长字符串
VARCHAR（n）	有最大长度为 n 的变长字符串
DATE	包含年、月、日，形式为 YYYY-MM-DD
TIME	包含一日的时、分、秒，形式为 HH:MM:SS

约束条件包括默认值（DEFAULT）、完整性约束（CONSTRAINT、NULL 或 NOT NULL）、唯一约束（UNIQUE）、关键字（PRIMARY）、外键（FOREIGN KEY）、取值范围（CHECK）等。

（4）删除表

一般格式如下：

DROP TABLE <表名>;

（5）创建索引

索引是数据库中关系的一种顺序（升序或降序）的表示，利用索引可以提高数据库的查询速度。创建索引可使用 CREATE INDEX 语句，其一般格式如下：

CREATE［UNIQUE］［CLUSTER］INDEX <索引名> ON <表名>
　　　　（<列名 1>［<次序 1>］［，<列名 2>［<次序 2>］］……;

其中各部分含义如下。

① 索引名是给建立的索引指定的名字。因为在一个表上可以建立多个索引，所以要用索引名加以区分。

② 表名指定要创建索引的基本表的名字。

③ 索引可以创建在该表的一列或多列上，各列名之间用逗号隔开，还可以用次序指定该列在索引中的排列次序。次序的取值为 ASC（升序）和 DESC（降序），默认设置为 ASC。

④ UNIQUE 表示此索引的每一个索引只对应唯一的数据记录。

⑤ CLUSTER 表示索引是聚簇索引。其含义是，索引项的顺序与表中记录的物理顺序一致。

（6）创建查询

数据库查询是数据库中最常用的操作，也是核心操作。SQL 语言提供了 SELECT 语句进行数据库的查询，该语句具有灵活的使用方式和丰富的功能。其一般格式如下：

SELECT［ALL→DISTINCT］<目标列表达式1>［,<目标列表达式2>］…
　　　FROM <表名或视图名1>［,<表名或视图名2>］……
　　　［WHERE <条件表达式>］
　　　［GROUP BY <列名3>［HAVING <组条件表达式>］］
　　　［ORDER BY <列名4>［ASC→DESC］,……］;

整个 SELECT 语句的含义是，根据 WHERE 子句的条件表达式，从 FROM 子句指定的基本表或视图中找出满足条件的元组，再按 SELECT 子句中的目标列表达式，选出元组中的属性值。如果有 GROUP 子句，则将结果按<列名3>的值进行分组，该属性列的值相等的元组为一个组。如果 GROUP 子句带有 HAVING 短语，则只有满足条件表达式的组才予以输出。如果有 ORDER 子句，则结果要按<列名4>的值进行升序或降序排序。

微视频6.5：SELECT语句

（7）插入元组

基本格式如下：

INSERT INTO <表名>［(<属性列1>［,<属性列2>］……)］
　　　　VALUES (<常量1>［,<常量2>］……);

其功能是将新元组插入指定表中。

（8）删除元组

基本格式如下：

DELETE FROM <表名>［WHERE <条件>］;

其功能是从指定表中删除满足 WHERE 条件的所有元组。如果省略 WHERE 语句，则会删除表中全部元组。

（9）修改元组

基本格式如下：

UPDATE <表名>
　　　　SET <列名>=<表达式>［,<列名>=<表达式>］……
　　　　［WHERE <条件>］;

其功能是修改指定表中满足 WHERE 子句条件的元组，用 SET 子句的表达式的值替换相应属性列的值。如果 WHERE 子句省略，则会修改表中所有元组。

以上 SQL 语句的具体使用方案和举例，在本书的配套教材中有详细的举例和说明。另外，还有数据库的备份和恢复、视图的创建和删除、字段的增加与删除等 SQL 语句，在此不再细讲。

6.3 Access 的使用

6.3.1 Access 的基本功能

Access 作为 Microsoft Office 办公软件的组件之一，是一个面向对象的、采用事件驱动的关系型数据库管理系统，通过 ODBC 可以与其他数据库相连，实现数据交换和数据共享，也可以与 Word、Excel 等办公软件进行数据交换和数据共享，还可以采用对象链接与嵌入（object linking and embedding，OLE）技术在数据库中链接和嵌入音频、视频、图像等多媒体数据。它不但能存储和管理数据，还能编写数据库管理软件，用户可以通过 Access 提供的开发环境及工具方便地构建数据库应用程序。也就是说，Access 既是后台数据库，同时也是前台开发工具。作为前台开发工具，它还支持多种后台数据库，可以连接 Excel 文件、dBase、SQL Server 数据库，甚至还可以连接 MySQL、文本文件、XML、Oracle 等其他数据库。本节以 Access 2016 进行讲解。

1. Access 2016 的基本功能

Access 2016 的基本功能包括组织数据、创建查询、生成窗体、打印报表、共享数据、支持超链接和创建应用系统等。

（1）组织数据

组织数据是 Access 最主要的功能。一个数据库就是一个容器，Access 用它来容纳自己的数据并提供对对象的支持。

Access 中的表对象是用于组织数据的基本模块，用户可以将每一种类型的数据放在一个表中，可以定义各个表之间的关系，从而将各个表中相关的数据有机地联系在一起。

说明：一个 Access 文件（扩展名是 .accdb）对应前面讲的一个数据库，Access 文件中的"表"对应前面讲的"关系"，Access 中的"关系"表示表之间的联系。

（2）创建查询

查询是关系数据库中的一个重要概念，是用户操纵数据库的一种主要方法，也是建立数据库的目的之一。根据指定的条件对数据表或其他查询进行检索，筛选出符合条件的记录，构成一个新的数据集合，就是查询。通过查询可以方便用户对数据库进行查看和分析。

（3）生成窗体

窗体是用户和数据库应用程序之间的主要接口，Access 2016 提供了丰富的控件，可以设计出丰富美观的用户操作界面。通过窗体可以直接查看、输入和更改表中的数据，而不必在数据表中进行直接操作，极大地提高了数据操作的安全性。

（4）打印报表

报表是以特定的格式打印、显示数据最有效的方法。报表可以将数据库中的数据以特定的格式显示和打印出来，同时可以对有关数据实现汇总、求平均值等计算。

其他功能在此不再细讲，有兴趣的读者可参考相关书籍。

2. Access 2016 的操作界面

选择"开始"菜单中的 Access 2016 程序项,进入 Access 2016 的初始界面,如图 6.6 所示,界面左侧是近期使用过的数据库文件,右侧是数据库模板。

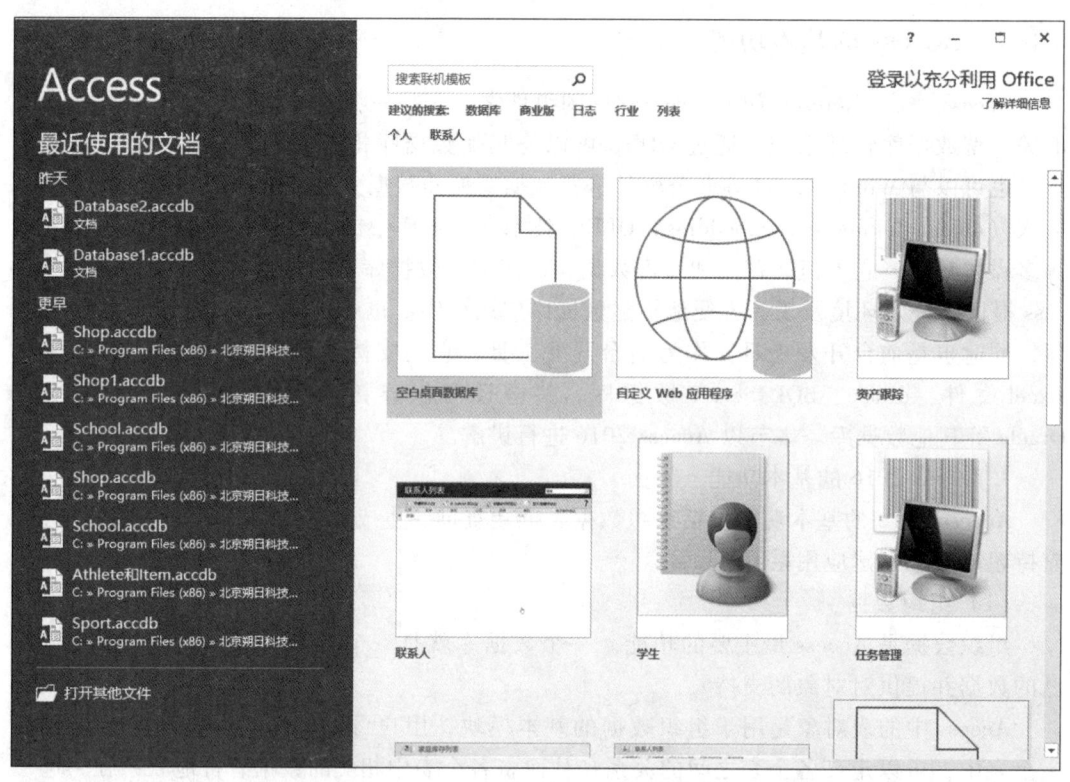

图 6.6　Access 2016 的初始界面

Access 2016 提供了功能强大的模板,用户可以使用系统已列出的数据库模板,也可以通过"搜索联机模板"选项下载最新的或修改后的模板。使用模板可以快速创建数据库,每个模板都是一个完整的跟踪应用程序,具有预定义的表、窗体、报表、查询、宏和关系,如果模板设计满足了用户需要,便可以直接开始工作了,否则可以使用创建"空白桌面数据库"选项来创建符合个人特定需要的数据库。

选择一个模板或选择"空白数据库"选项并输入文件名(默认的扩展名是.accdb,存储位置是用户文件夹下的 Documents 文件夹),可进入 Access 2016 的主窗口界面,如图 6.7 所示,整个主界面由快速访问工具栏、命令选项卡、功能区、导航窗格、工作区、状态栏等几部分组成。

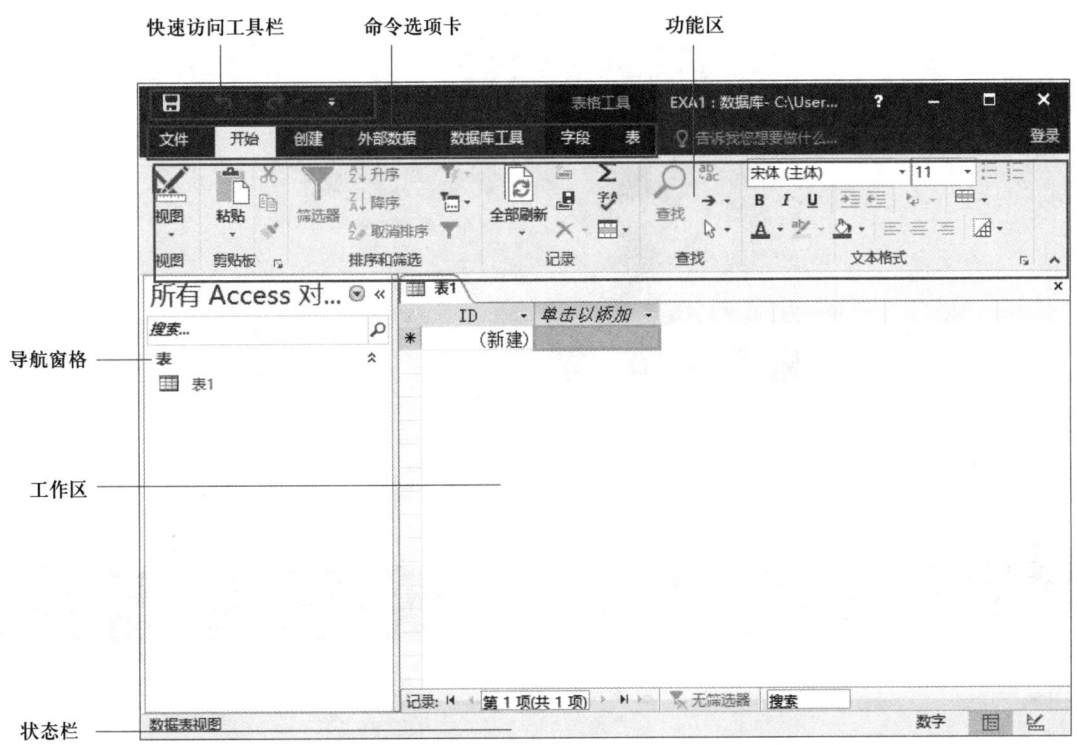

图 6.7 Access 2016 的主窗口界面

6.3.2 数据库的创建

创建数据库是 Access 中最基本、最普遍的操作,本节首先介绍使用模板和向导构建数据库的方法,然后再介绍数据库对象的各种必要操作。

1. 使用模板创建数据库

启动 Access 2016,在图 6.6 所示的窗口中,选择本地列出的模板或网上搜索到的模板来建立数据库,在此选择本地列出的"学生"模板,打开图 6.8 所示的对话框,确定文件名和位置后,单击"创建"按钮,会打开图 6.9 所示的学生数据库界面,在左侧的"学生"导航窗格中可以看到已创建了一些对象,如学生列表、学生详细信息、学生电话列表、监护人子窗体等。用户可以根据自己的需要进行修改和设计。

2. 创建空白数据库

启动 Access 2016,在图 6.6 所示的窗口中选择"空白桌面数据库"选项,然后设置要创建数据库存储的文件名和路径,单击"创建"按钮即可创建一个空白数据库,如图 6.7 所示,用户可根据自己的需要任意添加和设置数据库对象。

▶134　大学计算机基础（第 2 版）

图 6.8　使用"模板"创建数据库

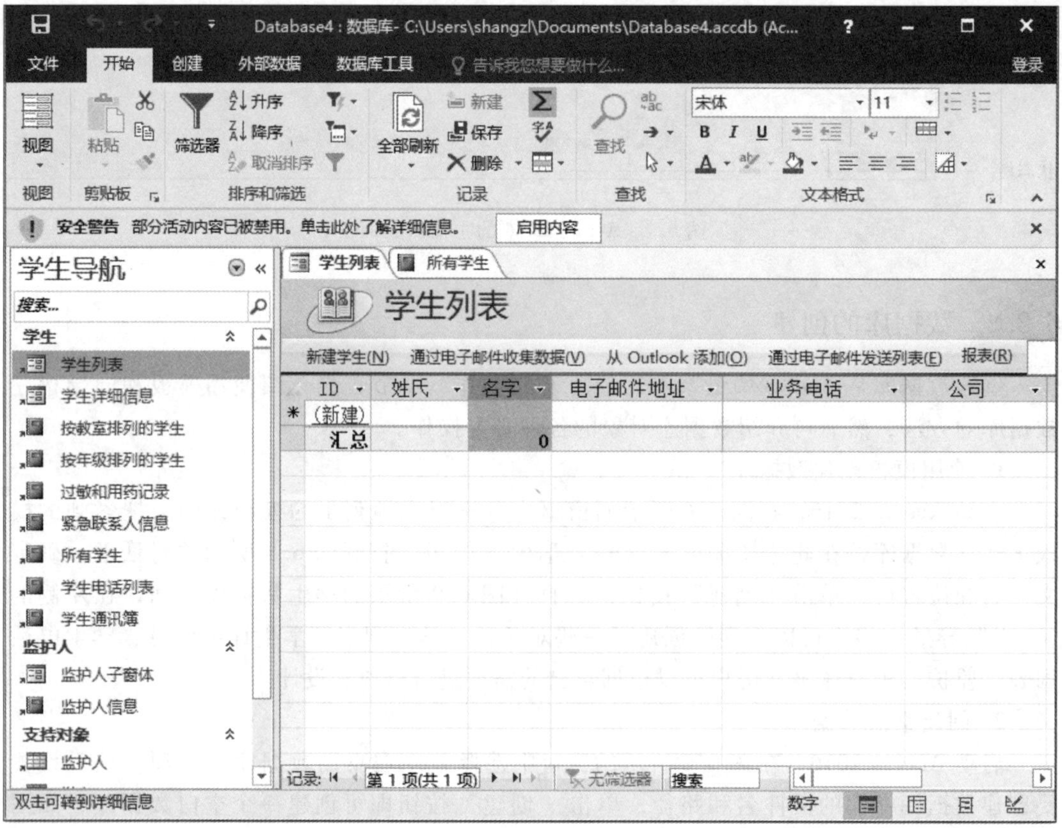

图 6.9　学生数据库界面

3. 创建数据库对象

前面介绍了数据库有表、查询、窗体、报表等对象，可以通过菜单中的"创建"命令来实现，如图 6.10 所示，然后选择"表格""查询""窗体""报表""宏与代码"等选项创建相应的数据库对象。

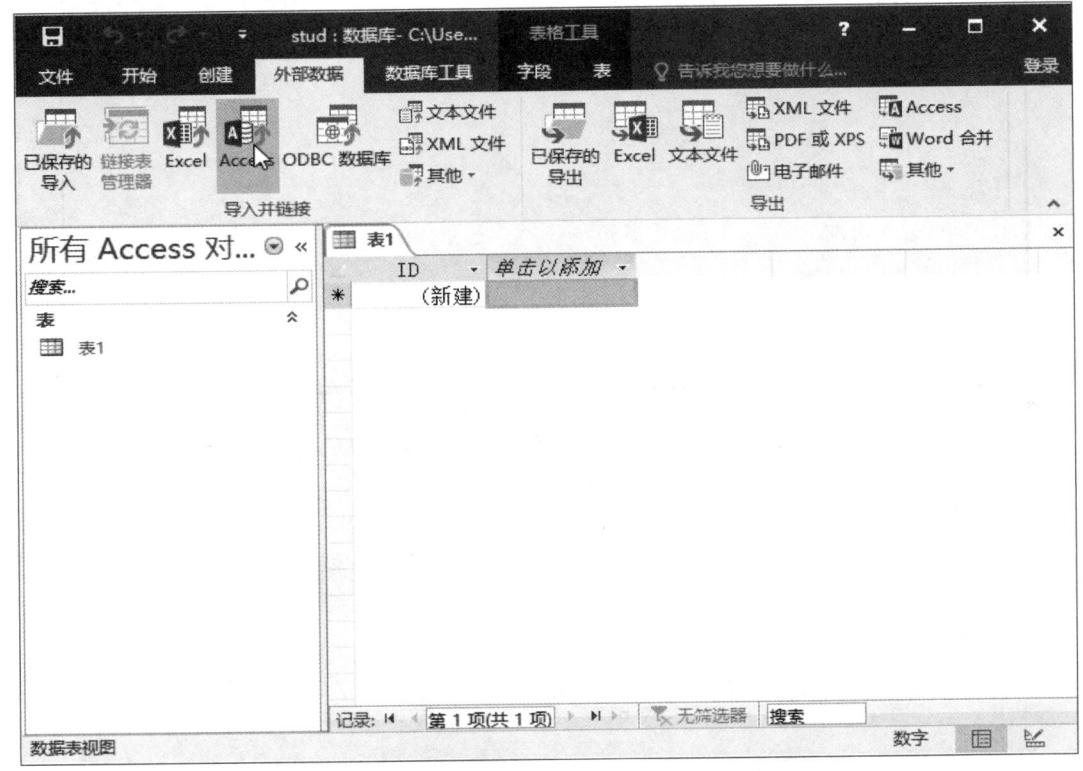

图 6.10　创建数据库对象

在数据库打开后，其包含的对象会显示在导航窗格中，选择某一对象后双击即可将其打开，也可以在某一对象上右击，在快捷菜单中选择"打开"命令。

另外一种创建数据库对象的方式是导入外部数据。单击"外部数据"选项卡，在"导入并链接"组中选择要导入对象的类型，如图 6.11 所示，可以是 Access 文件、Excel 文件、文本文件或 XML 文件等。这里选择 Access 文件，打开图 6.12 所示的"获取外部数据-Access 数据库"对话框，在"文件名"文本框中输入要导入的文件路径，或通过右边的"浏览"按钮获取路径，然后单击"确定"按钮，即可打开"导入对象"对话框，如图 6.13 所示。

选择要导入的表、报表、查询、窗体等对象后，所选的数据库对象就被添加到了当前数据库中。可以看出，"导入"的功能就是把另一个数据库中的对象复制到当前数据库。图 6.14 所示的是从其他数据库（职工数据库.accdb）导入了"职工信息表"表、"男职工信息-查询"查询和"职工-窗体"窗体后的当前数据库。

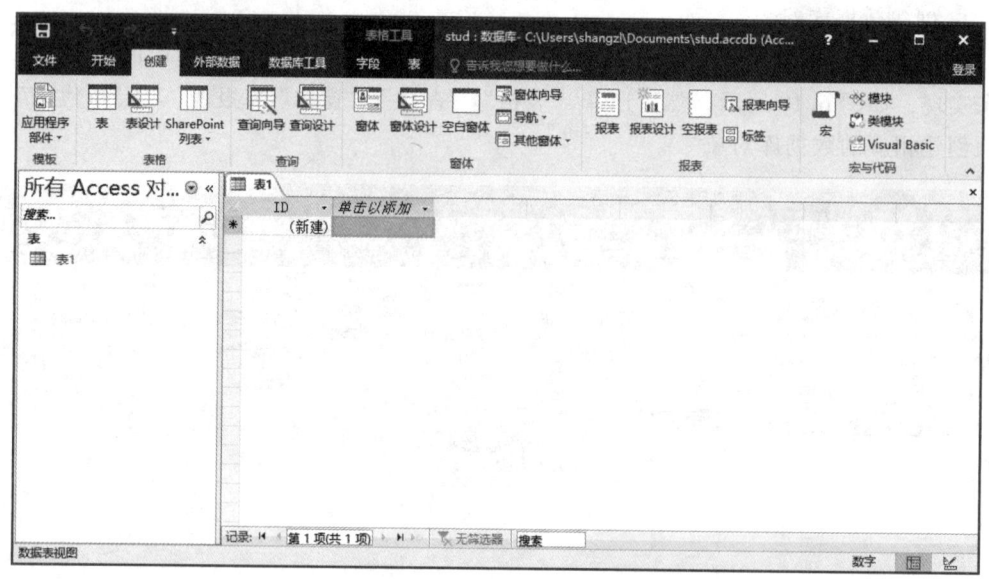

图 6.11 通过"外部数据"导入数据库对象

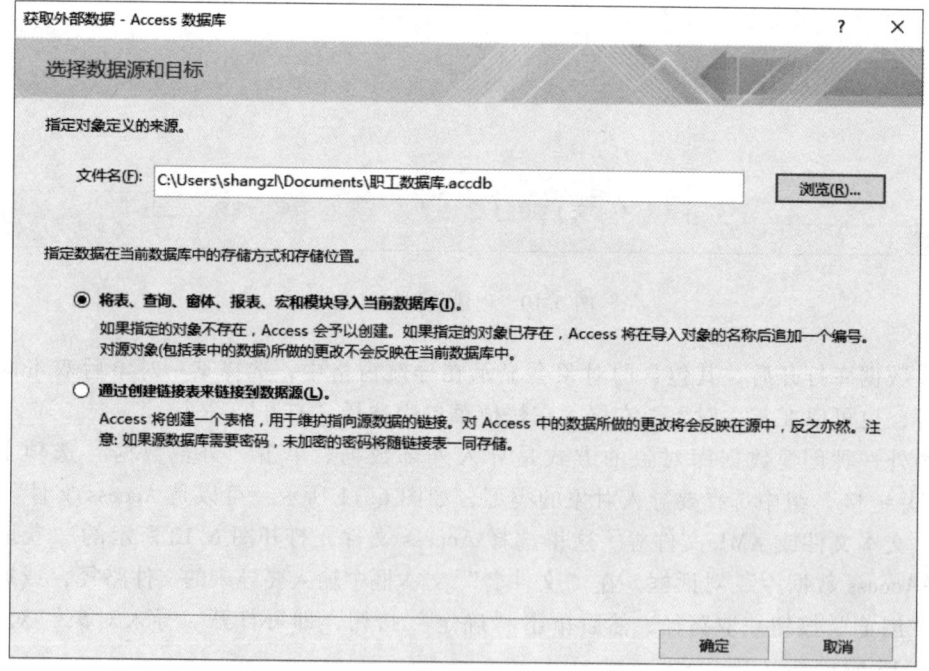

图 6.12 "获取外部数据-Access 数据库"对话框

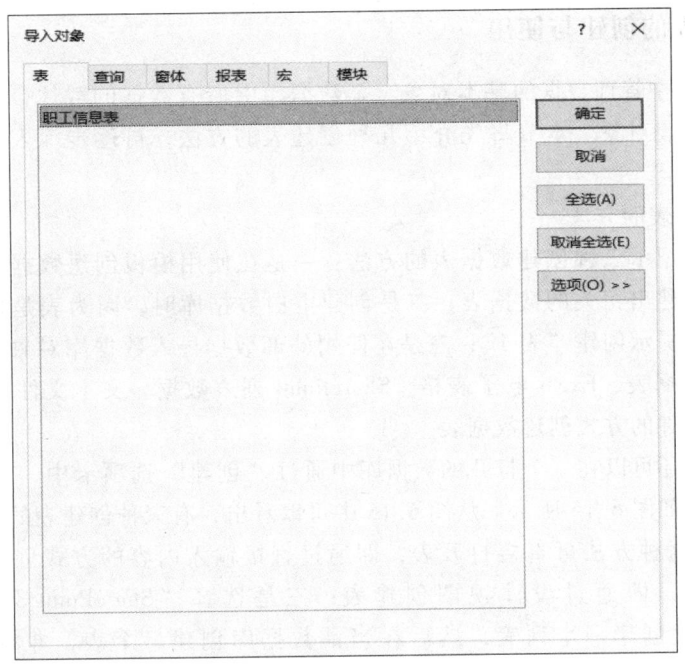

图 6.13 "导入对象"对话框

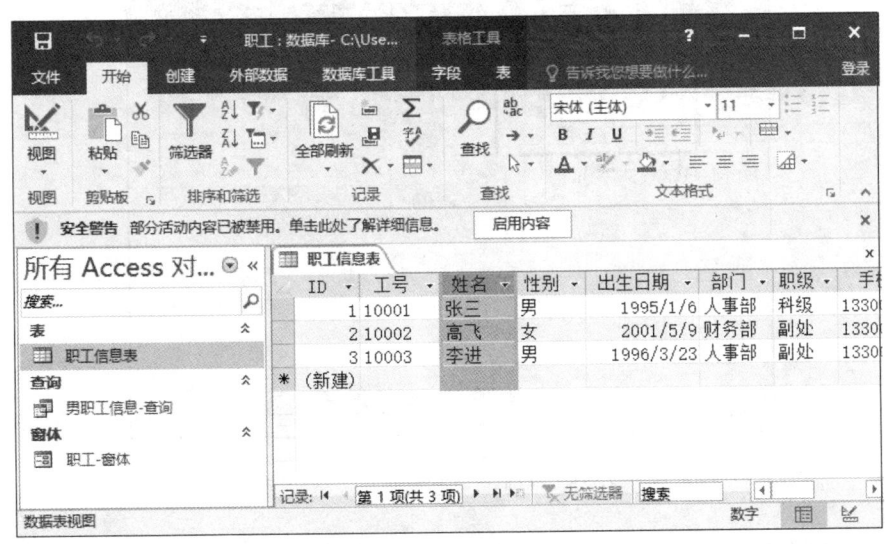

图 6.14 导入数据库对象

数据库中的对象类似 Windows 系统中的文件，可对它进行复制、移动、删除、重命名等操作。其具体的操作方法也与文件操作类似，首先要选中对象，然后通过菜单选项、工具栏或快捷菜单进行操作。

6.3.3 数据表的创建与使用

表是 Access 中管理数据的基本对象,是数据库中所有数据的载体,一个数据库通常包含若干个数据表对象。本节将先介绍几种创建表的方法,再逐步深入介绍表及其之间相互关系的操作。

1. 创建数据表的方法

前面已经介绍了三种创建数据表的方法:一是在使用模板创建数据库时,系统会根据数据库模板创建出相关的数据表;二是创建空白数据库时,因为表是数据库的基本对象,系统会默认提示创建"表1";三是在使用外部数据导入数据库对象时,可通过导入其他数据库的数据表、Excel 电子表格、SharePoint 列表数据、文本文件、XML 文件或其他格式的数据文件的方式创建数据表。

除此之外,还可以在一个打开的数据库中通过"创建"选项卡中"表格"组中的选项创建数据表,如图 6.15 所示。从图 6.15 中可以看出,有三种创建表的方法:一是选择"表"选项,用这种方法可直接打开表,即通过直接输入内容的方式创建表;二是选择"表设计"选项,即通过设计视图创建表;三是选择"SharePoint 列表"选项,在 SharePoint 网站上创建一个列表,然后在当前数据库创建一个表,并将其链接到新建的表。

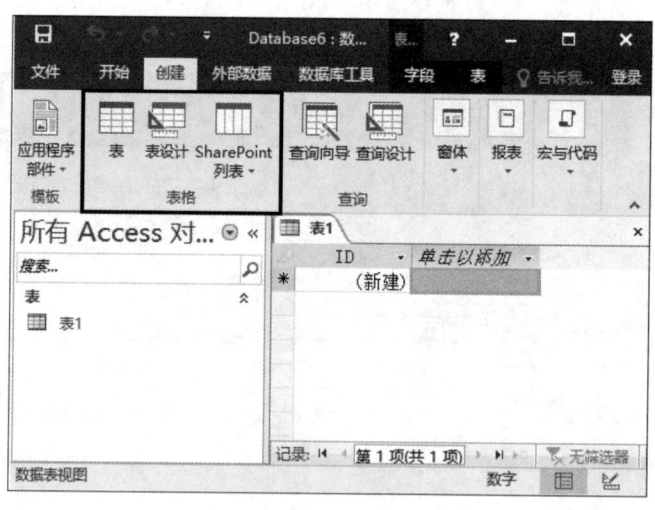

图 6.15 "创建"选项卡"表格"组

以上几种创建数据表的方式各具特点,用户可根据具体情况选用。如果所设计的数据表近似于系统提供的模板,例如符合联系人或资产的相关结构属性,则选用模板创建较为简便;如果是现有的数据源,则可选用导入外部数据或创建"SharePoint 列表"的方式;如果表结构需要进行个性化定义,则可选用"表设计"视图自己创建,或先创建表,再修改表结构。

2. 设计表

设计数据表首先要注意信息的正确性和完整性,在正确的前提下尽可能包含完整的信息。其次特别要注意减少数据冗余,数据冗余即重复信息,重复信息会浪费空间,并且会增加出错和数据不一致性的风险(表结构设计的相关要求可参考数据库范式的知识)。设计表时应将信息基于主题来划分,不同的主题设计不同的表来存储数据,需要时通过关系创建数据直接的联系。

数据表中,每一列称为一个"字段",即关系模型中的属性。每个字段包含某一专题的信息,例如,在一个"学生信息"数据表中,"学号""姓名"这些都是表中所有行数据共有的属性,所以把这些列称为"学号"字段和"姓名"字段。表中每一行称为一个"记录",即关系模型中的元组,如在"学生信息"数据表中,某个学生的全部信息称为一个记录。Access 2016 中的字段类型共有 12 种,如表 6.3 所示。

微视频6.6:字段设计

表 6.3 Access 2016 中字段的类型

类型名	含义
短文本	文本或文本和数字的组合,最多为 255 个字符
长文本	具有 RTF 格式的文本,可以存储的文本多达千兆字节
数字	用于数学计算的数值数据,大小为 1 B、2 B、4 B 或 8 B(如果将"字段大小"属性设置为"同步复制 ID",则为 16 B)
日期/时间	从 100 到 9999 年的日期与时间值,存储空间占 8 B
货币	货币值是用于数学计算的数值数据,精确到小数点左边 15 位和小数点右边 4 位,存储空间占 8 B
自动编号	每当向表中添加一条新记录时,由 Access 指定的一个唯一的顺序号(每次递增 1)或随机数。自动编号字段不能更新,存储空间占 4 B(如果将"字段大小"属性设置为"同步复制 ID",则大小为 16 B)
是/否	"是"和"否"的值也叫布尔值,用于包含两个可能的值(如 Yes/No、True/False 或 On/Off),存储空间占 1 B
OLE 对象	链接或嵌入的对象
超链接	存储文本或文本和文本型数字的组合用作超链接地址
附件	任何支持的文件类型,可以将图像、电子表格文件、文档、图表和其他类型的支持的文件附加到数据库的记录,这与将文件附加到电子邮件非常类似
查阅向导	创建一个字段,通过该字段可以使用列表框或组合框从另一个表或值列表中选择值
计算	计算字段是指显示涉及其他字段的计算结果的虚拟字段。其实它并不是一种新的数据类型,只是用"计算"这个名字来表示此字段的值是通过本表的其他字段计算得出来的

设置完字段的数据类型后，接着设置字段的属性。字段的属性包括字段的大小、字段格式、字段编辑规则、主键等。主要在设计视图中各字段类型下部的"常规"选项卡中设置，图 6.16 所示的是设计"学生信息表"的表结构及相关的属性。

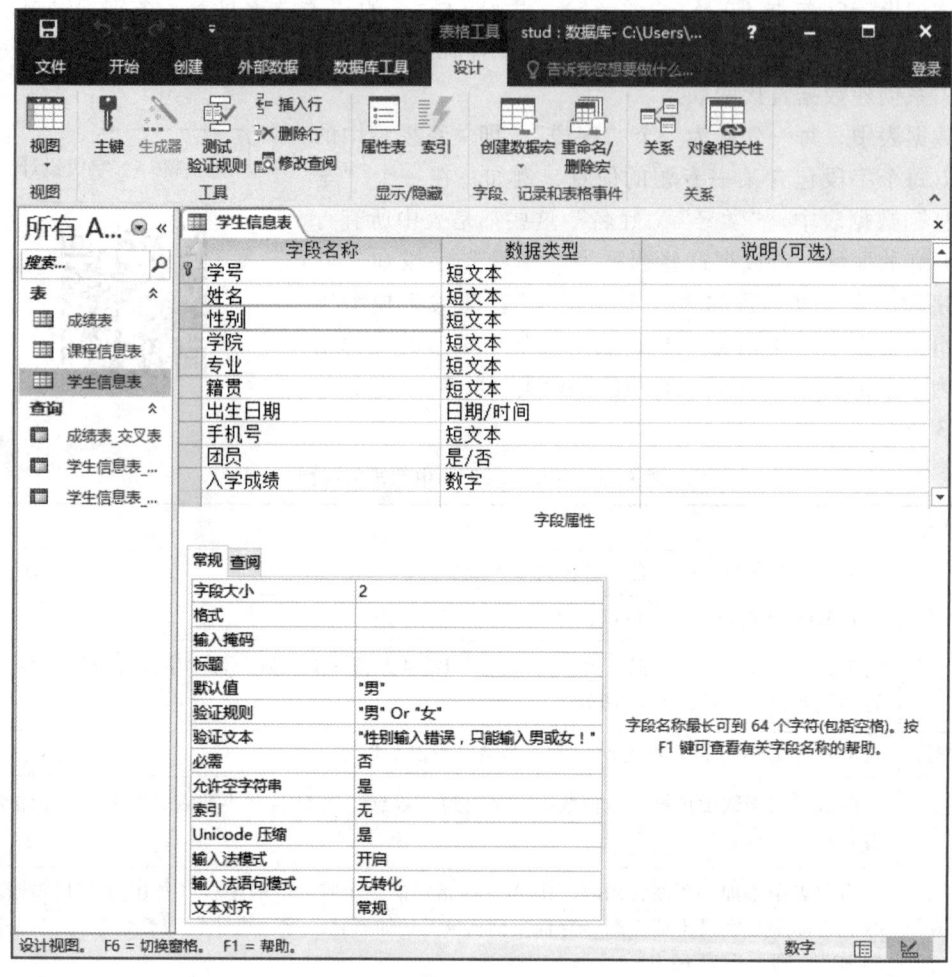

图 6.16 "学生信息表"的"设计视图"窗口

字段属性中的"验证规则"用于设置限制该字段输入值的表达式，"验证文本"用于设置在输入"验证规则"所不允许的值时弹出的出错提示信息，如对字段"性别"的设置。

每个表都应有一个主键，主键即关系模型中的"码"或"关键字"，可以唯一标识一条记录。主键可以是表中的一个字段或字段集，设置主键有助于快速查找和排序记录，主键可以将多个表中的数据快速关联起来。

一个好的主键应具有如下几个特征：首先，它唯一标识每一行；其次，它从不为空或为 Null，即它始终包含一个值；再次，它几乎不改变（理想情况下永不改变）。如果在表设计时，想不到可能成为优秀主键的一个字段或字段集，则考虑使用系统自动为用户创建的主键，系统为它指定字段名"ID"，类型为"自动编号"。

设置主键的方法很简单：打开数据表，选中要设置主键的字段，右击，在弹出的快捷菜单中选择"主键"命令，即设置完成。

假定目前数据库名字为 stud.accdb，包含三个表：学生信息表、课程信息表、成绩表。各表结构如下。

学生信息表（学号，姓名，性别，学院，专业，籍贯，出生日期、手机号、团员、入学成绩）。

课程信息表（课程号，课程名，学时，学分，说明）。

成绩表（学号，课程号，成绩）。

3. 关系的创建

Access 是关系型数据库，数据表之间的联系可通过关系建立。表关系也是查询、窗体、报表等其他数据库对象使用的基础，一般情况下，应该在创建数据表后、创建其他数据库对象之前创建关系。

案例素材：stud.accdb 数据库

微视频6.7：关系的创建

打开数据库，选择"数据库工具"选项卡"关系"组中的"关系"命令，将弹出"显示表"对话框，如图 6.17 所示。本例有三个表，分别是"成绩表""课程信息表"和"学生信息表"，"成绩表"中的"学号"和"课程号"字段分别来自"学生信息表"中的"学号"字段和"课程信息表"中的"课程号"字段。

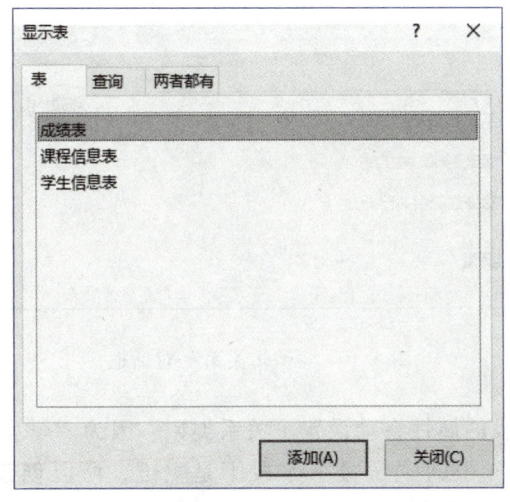

图 6.17 "显示表"对话框

选择要建立关系的表，然后单击"添加"按钮。例如，选择"学生信息表"，然后单击"添加"按钮，再选择"成绩表"，再单击"添加"按钮，或者双击某个表，如"课程信息表"。添加完需要建立关系的数据表后，单击"关闭"按钮，则打开了关系视图，如图6.18所示。

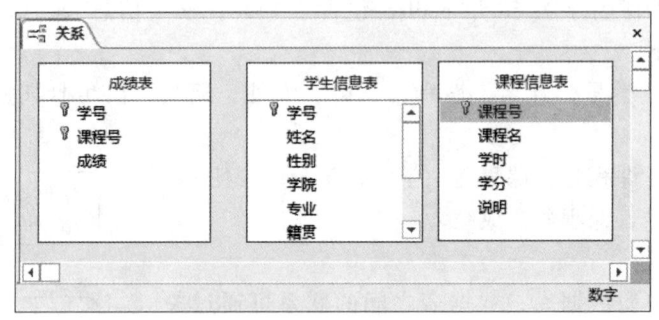

图 6.18 关系视图操作界面

在这里，要创建"学生信息表"中"学号"字段和"成绩表"中"学号"字段的关系。选定"学生信息"表中的"学号"字段，按住鼠标左键，将其拖曳到"成绩表"中的"学号"字段上，将弹出"编辑关系"对话框，如图6.19所示。

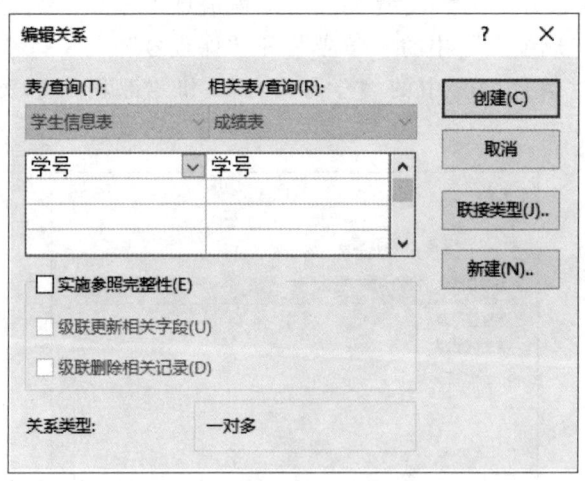

图 6.19 "编辑关系"对话框

系统已按照所选字段的属性自动设置了关系类型，因为"学生信息表"中的"学号"字段是主键，"成绩表"中的"学号"字段不是主键，所以创建的关系类型为"一对多"。如果需要设置多字段关系，只需在选择字段时，按住 Ctrl 键的同时选择多个字段拖动即可。此时单击"创建"按钮，关系即创建完毕，如图6.20所示。

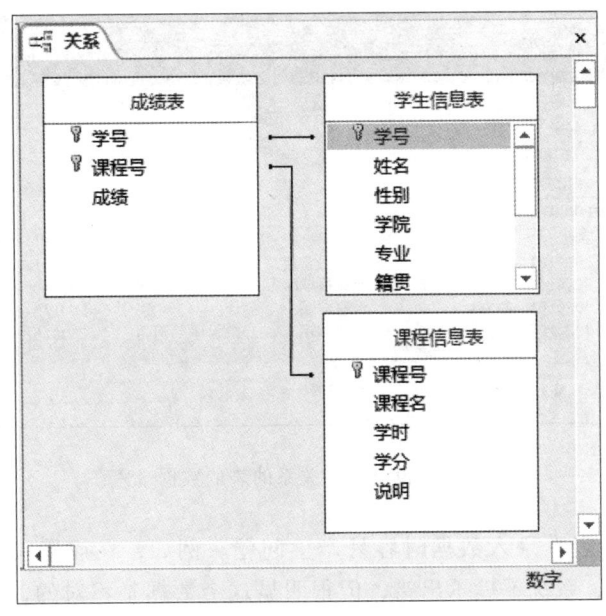

图 6.20 创建关系操作示意图

此时,两个表之间多了一条由两个字段连接起来的关系线。关系建立后,如需更改,可右击关系线,在弹出的快捷菜单中选择"编辑关系"命令,回到"编辑关系"对话框,对关系类型、实施参照性完整等属性进行重新设置。

如设置好的关系不再需要,可右击关系线,在弹出的快捷菜单中选择"删除"命令,然后在弹出的对话框中,再次确认即可删除该关系。

4. 数据表的操作

数据表的操作包括数据的录入、查看、更新、插入、删除、排序、筛选等操作。

微视频6.8:数据表的操作

(1) 表数据的录入

在录入表的数据时,有两种情况需要加以区分,一种是表之间没有建立关系的,另一种是表之间建立关系的。

① 表之间没有建立关系时的数据录入。在没有建立关系时,表之间没有联系,每个表都是独立的,此时,可分别给每个表录入数据。方法是,双击左侧的某个表名,在右侧的窗口中会打开以行、列格式显示表数据的表格,在此表格中对应录入相应的数据即可,如图 6.21 所示。但要注意的是,在录入数据时,要注意每个字段的限制,如出生日期的年、月、日值的限制,性别的限制(这个限制可在设计表时,通过"格式""验证规划""默认值""验证文本"等进行设置)。

图 6.21 没有建立关系的表的数据录入

没有建立关系的表在录入数据时容易产生问题。例如，在成绩表中录入学生学号时输入"2019090909"，系统不提示出错，但很明显这个数据是不对的，因为根本不存在这个学生。

② 表之间有建立关系时的数据录入。在图 6.20 所示的关系中，勾选图 6.19 中所示的"实施参照完整性"复选框，在给"学生信息表"录入数据时，在每一行的行首会有一个加号，单击加号会出现图 6.22 所示的录入子窗口，表示录入当前这个学号为"2019010101"的学生的成绩，此时，只需录入"成绩表"中其余两个字段的值。

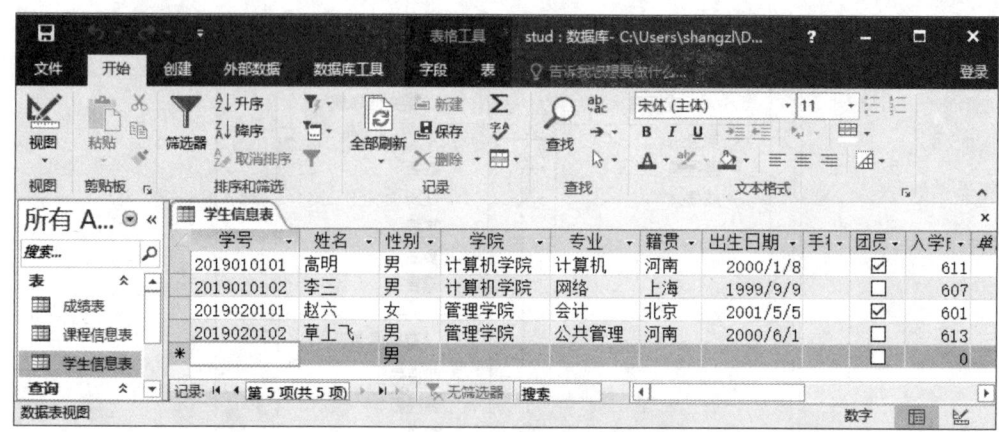

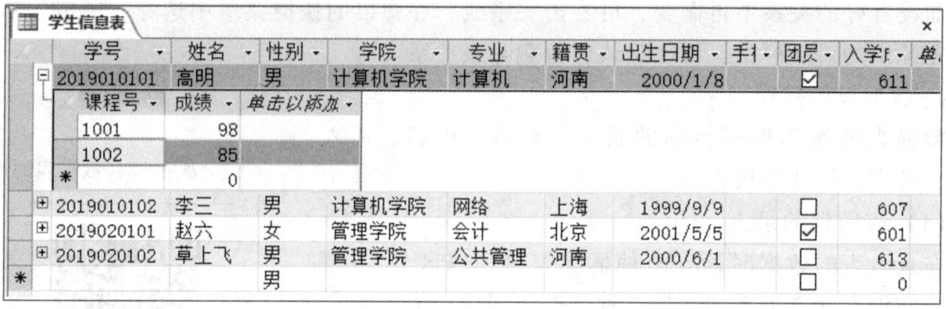

图 6.22 建立关系的表的数据录入

图 6.22 建立关系的表数据的录入在录入"课程号"时，该"课程号"在"课程信息表"中必须存在，否则不能保存。同样，在通过"课程信息表"录入成绩数据时，录入的"学号"在"学生信息表"中也必须存在，这个限制就是实施参照完整性的体现。若没有勾选"实施参照完整性"复选框，则没有这个限制。

（2）查看和替换数据表数据

打开数据表后，数据表视图下方的记录编号框可以帮助人们快速定位查看记录，如图 6.23 所示。

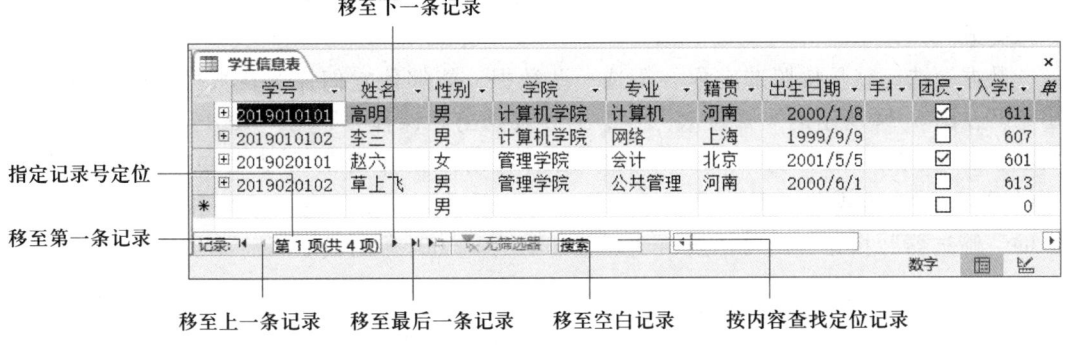

图 6.23　记录编号框界面

可以通过记录编号框中的按钮进行记录移动，也可以在中间的数字输入框中输入要定位的记录数，例如，输入"4"，即可定位到第 4 条记录。另外，也可以在搜索框中输入记录内容，则当前记录会直接定位到与所设定的内容相匹配的记录。

通过"开始"选项卡的"查找"组可以查找和有选择地替换数据，操作方法同 Word。

（3）修改记录

在数据表视图中，可以在所需修改处直接修改记录内容，所做改动将直接保存。单击数据表最后一行，即可直接添加记录。

要删除记录时，可在要删除的记录左侧单击鼠标，选中该条记录，然后右击，在弹出的快捷菜单中选择"删除记录"命令即可。也可以使用 Shift 键配合选中相邻的多条记录一次性删除。

（4）修改格式

在数据表视图中，可以像在 Excel 中一样直接拖动行、列分界线以改变行高和列宽。也可以选中该行或该列后右击，通过弹出的快捷菜单，对行、列的一些属性进行设置。在 Access 中，所有行的行高都是一样的，也就是说，改变了某一行的行高，所有的行高都会随之改变。

数据表的列顺序默认是按照字段设计顺序排列的，使用时也可以根据需要用拖动操作调整列顺序。

其他格式设置可通过"开始"选项卡的"文本格式"组进行字体、字号、网格线、对齐方式及背景色的设置，也可通过单击"文本格式"组右下角的"设置数据表格式"按钮进行综合设置。

（5）数据排序和筛选

当用户打开一个数据表时，Access 显示的记录数据是按照用户定义的主键进行排序的，对于未定义主键的表，则按照输入顺序排序。而用户根据需要，经常会使用排序功能进行其他方式的排序。

要进行数据排序，可先选中要排序的列，然后使用"开始"选项卡的"排序和筛选"

组中的按钮来完成。也可以右击该列,在弹出的快捷菜单中选择"升序"或"降序"命令来完成。

数据筛选,就是按照选定内容筛选一些数据,能够使它们保留在数据表中并被显示出来。在图 6.24 所示的"成绩表"中,若要筛选出"课程号"为"1001"的成绩,可在"课程号"列某一内容为"1001"的字段上右击,在弹出的快捷菜单中选择"等于'1001'"命令;或者选中"课程号"列,然后单击"开始"选项卡"排序和筛选"组中的"筛选器"按钮,均可筛选出"课程号"为"1001"的成绩。

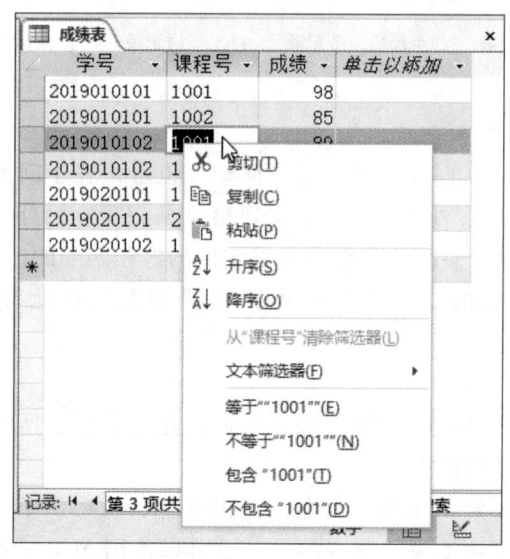

图 6.24 数据筛选操作界面

此外,还可以使用"文本筛选器"对文字中包含的信息进行筛选。例如,图 6.24 中,在快捷菜单中选择"文本筛选器"→"开头是"命令,将弹出"自定义筛选"对话框,在对话框的编辑栏中输入自定义的筛选条件,如输入"2",然后单击"确定"按钮,则可以筛选出以"2"开头的"课程号"的课程成绩。

对于复杂条件的筛选,还可以使用"排序和筛选"组中的"高级筛选选项"按钮 完成。

筛选只是有选择性地显示记录,并不是真正清除那些不符合筛选条件的记录,因此在筛选完毕,往往还要取消筛选,还原所有记录。取消筛选可通过"排序和筛选"组中的"取消筛选"按钮 完成,或在进行筛选的字段名上单击字段名右端的"筛选"按钮 ,然后从弹出的窗口中选择"从×××清除筛选器"命令即可。

6.3.4 查询的创建

在数据库中,很大一部分工作是要对数据进行统计、计算和检索。虽然筛选、排序、浏览等操作可以帮助用户完成这些工作,但是数据表在执行数据计算和检索多个表时,就显得无能为力了。此时,通过查询就可以轻而易举地完成以上操作。查询可以回答简单问题、执行计算、合并不同表中的数据,甚至可以添加、更改或删除表数据。

1. 利用查询向导建立查询

查询向导可创建 4 类查询:简单查询、交叉表查询、查找重复项查询和查找不匹配项查询。

微视频6.9:利用查询向导建立查询

以"交叉表查询向导"为例,首先选择指定哪个表或查询中含有交叉表查询所需的字段,这里选择前面例子中的"学生信息表",下一步需要指定用哪些字段的值作为行标题,如图 6.25 所示。

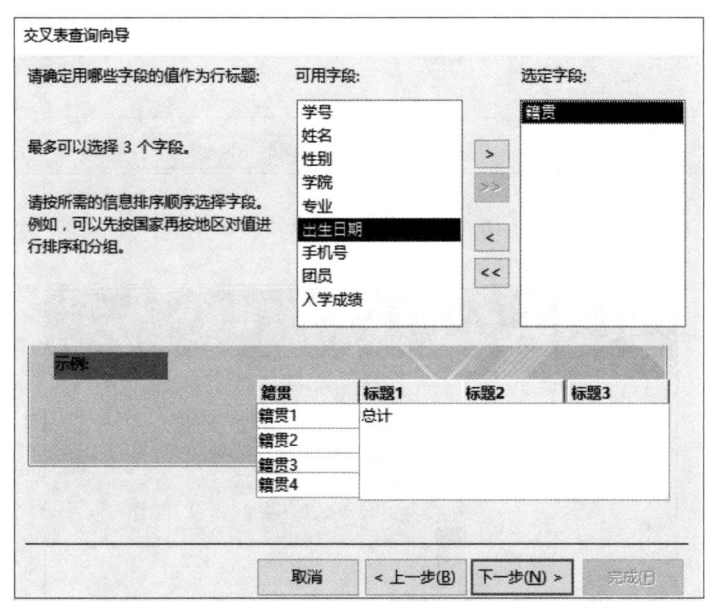

图 6.25 指定交叉查询行标题

假定此查询的功能是计算不同籍贯的学生在每个学院的入学成绩的平均值,则行标题可指定为"籍贯",下一步用同样的方法指定用哪些字段的值作为列标题,假设指定"学院"作为交叉查询的列标题。接下来弹出的对话框要求确定每个列和行的交叉点计算出什么数字,如图 6.26 所示,这里选择"入学成绩"字段,计算函数为"平均",然后单击"下一步"按钮。

接下来指定创建查询的名称为"籍贯-入学成绩平均值",即完成了查询创建,查询结果如图 6.27 所示,其中的第二列"总计 入学成绩"是各行小计,即对某个籍贯的所有学院的学生的入学成绩进行求平均值运算。

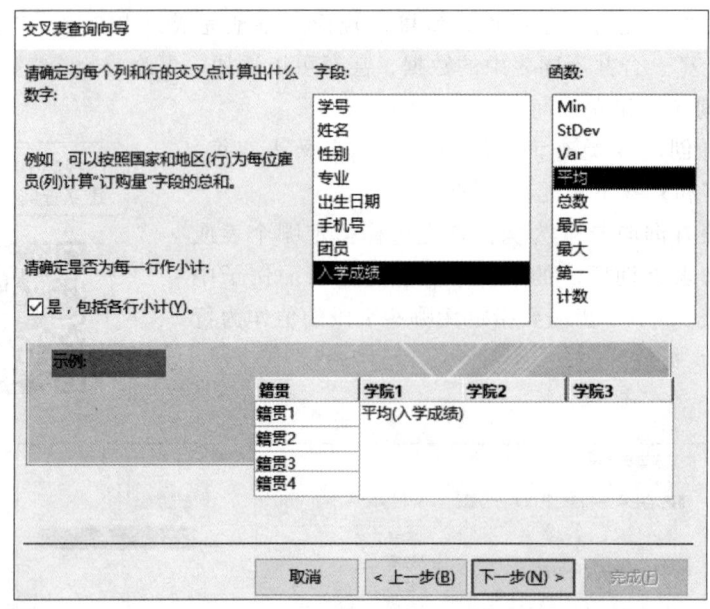

图 6.26　指定交叉点计算值

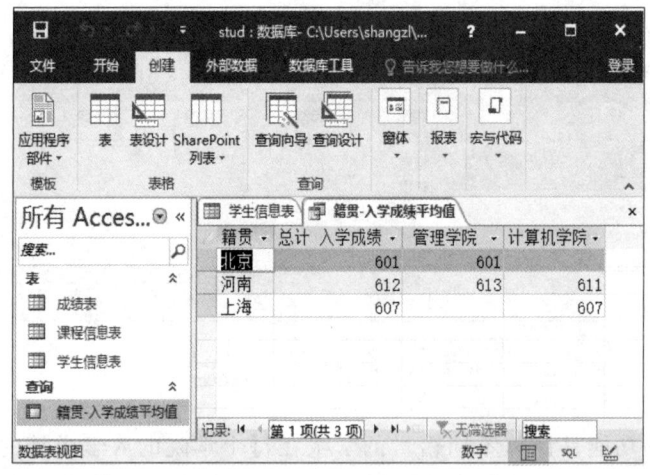

图 6.27　交叉查询结果

2. 利用查询设计建立查询

首先打开图 6.17 所示的"显示表"对话框，让用户选择表，假定选择"学生信息表"，会打开查询设计窗口，如图 6.28 所示，窗口的上半部分显示的是表及其字段，下半部分显示的是查询的设计条件。

微视频6.10：利用查询设计建立查询

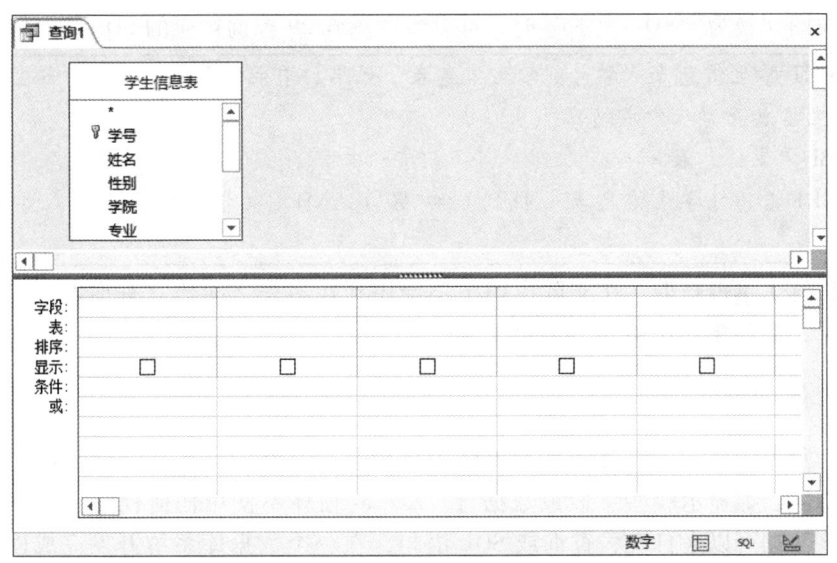

图 6.28　查询设计窗口

用户通过窗口下半部分的“字段”行选择相应的字段，“表”行表示选择某一个表（进行多表查询时会有多个表供用户选择，单表查询时只有一个表），“排序”表示根据某个字段进行排序，“显示”复选框表示此字段是否显示，“条件”表示查询的条件，若有多个条件，写在同一行上就是“与”的关系，写在不同行上就表示“或”的关系。图 6.29 所示的是查询“性别”为“男”且“入学成绩”高于“610”分的学生信息（显示的字段包括姓名、性别、学院、入学成绩），查询结果可通过单击“设计”选项卡“结果”组中的“运行”按钮进行查看，也可通过切换“开始”选项卡“视图”组中的“数据表视图”“SQL 视图”“设计视图”选项来查看某个视图，图 6.29 对应的“数据表视图”如图 6.30 所示，即查询的结果数据。

图 6.29　查询条件的设置

学号	姓名	性别	学院	入学成绩
2019010101	高明	男	计算机学院	611
2019020102	草上飞	男	管理学院	613
*		男		0

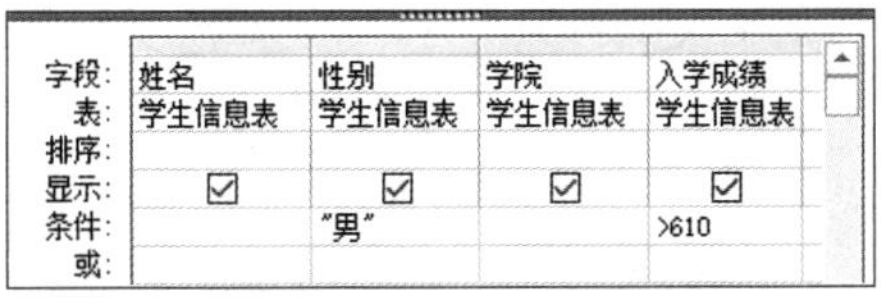

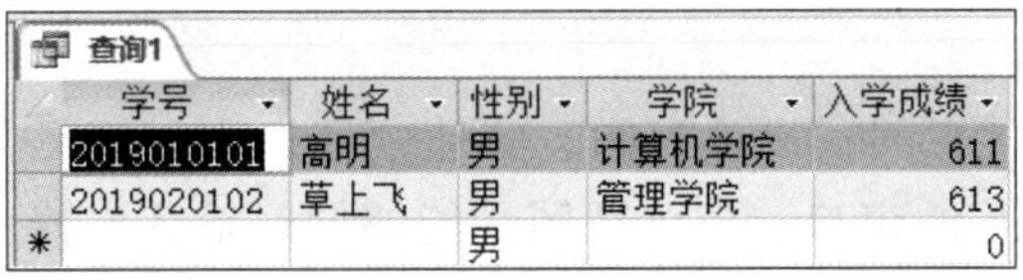

图 6.30　查询结果

当把视图切换为"SQL 视图"时,可以看到图 6.29 查询对应的 SQL 语句如下:

```
SELECT 学生信息表.学号,学生信息表.姓名,学生信息表.性别,学生信息表.学院,学生信息表.入学成绩
FROM 学生信息表
WHERE (((学生信息表.性别)="男") AND ((学生信息表.入学成绩)>610));
```

以上讲解了单表查询,在实际应用中还会用到在多表之间建立查询以及更复杂的查询条件设置,如创建 SQL 查询等高级操作。

6.3.5 窗体的创建

窗体为数据的输入、修改和查看提供了一种灵活简便的方式,可以使用窗体来控制对数据的访问,如显示哪些字段或数据行。Access 窗体不使用任何代码就可以绑定到数据,而且该数据可以来自表、查询或 SQL 语句,在一个数据库系统开发完成以后,对数据库的所有操作都是在窗体这个界面中完成的,它是用户和 Access 应用程序之间的主要接口。

窗体作为 Access 数据库的重要组成部分,起着联系数据库与用户的桥梁作用。以窗体作为输入界面时,它可以接受用户的输入,判定其有效性、合理性,并具有一定的响应消息执行的功能。以窗体作为输出界面时,它可以输出一些记录集中的文字、图形图像,还可以播放声音、视频动画,实现数据库中的多媒体数据处理。

要新建窗体,可通过"创建"选项卡的"窗体"组来完成,如图 6.31 所示。

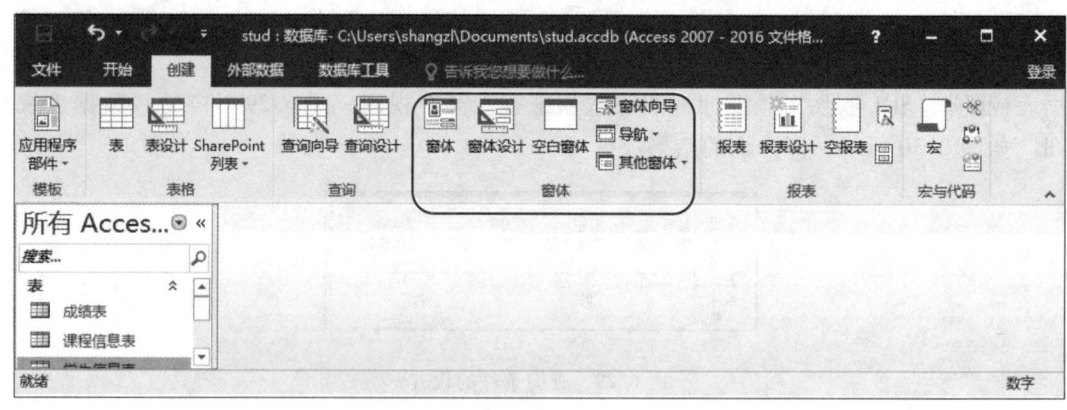

图 6.31 "创建'选项卡'窗体"组

Access 的窗体有三种视图:设计视图、窗体视图、布局视图。设计视图是用来创建和修改设计对象(窗体)的窗口;窗体视图是能够同时输入、修改和查看完整数据的窗口,可显示图片、命令按钮、OLE 对象等;布局视图主要是对窗体中的控件进行预览和布局操作(显示时与窗体视图类似,但不能进行数据的输入和修改操作)。

6.3.6 报表的创建

报表是以打印的格式表现用户数据的一种有效方式。设计报表时，应先考虑数据的来源，然后再考虑数据在页面上的显示格式。

要创建报表可使用"创建"选项卡中的"报表"组来完成，如图 6.32 所示。

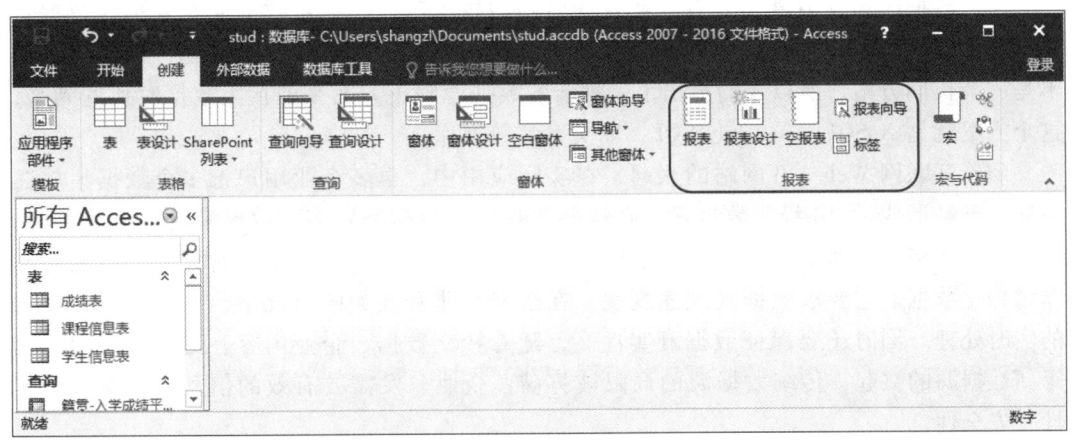

图 6.32 "创建"选项卡"报表"组

在"报表"组有 5 个命令按钮：报表、报表设计、空报表、报表向导、标签。

(1) 单击"报表"按钮，它会以当前选定的数据（表、查询、窗体均可）为基础，立即生成报表而不向用户提示任何信息。报表将显示基础表或查询中的所有字段，用户可以迅速查看基础数据，可以保存报表，也可以直接打印报表。如果系统所创建的报表不是用户最终需要的完美报表，则可以通过布局视图或设计视图进行修改。

(2) 单击"报表设计"按钮可先设计报表布局和格式，再引入数据源，在对版面设计有较高要求时使用。

(3) 单击"空报表"按钮可以从头生成报表，这是计划只在报表上放置很少几个字段时使用的一种快捷的报表生成方式。

(4) 单击"报表向导"按钮可以先选择在报表上显示哪些字段，还可以指定数据的分组和排序方式，如果用户事先指定了表与查询之间的关系，则可以使用来自多个表中的字段。

(5) "标签"适用于创建页面尺寸较小、只需容纳所需标签的报表。

报表创建完成后，可以使用"格式"和"排列"选项卡进行字体、格式、数据分类和汇总、网格线、控件布局等的详细设计，最终通过"页面设置"选项卡进行页面布局和打印设置，之后就可以打印输出报表了。

6.4 NoSQL 数据库简介

在过去的很长一段时间中，关系数据库一直是主流的数据库解决方案，它运用真实世界中的事物与关系来解释数据库中抽象的数据架构。然而，在信息技术爆炸式发展的今天，大数据已经成为继云计算、物联网后新的技术革命，关系数据库在处理大数据量时已经开始吃力，开发者只能通过不断地优化数据库来解决数据量的问题，但优化毕竟不是一个长期方案，所以人们提出了一种新的数据库解决方案来迎接大数据时代的到来，这个方案就是 NoSQL（not only SQL，非关系型数据库）。

随着互联网 Web 2.0 网站的兴起，在实际应用中，很多企业用户把多个数据集放在一起，已经形成了 PB 级的数据量。在这些数据中，数据类别多，数据来自多种数据源，数据种类和格式日渐丰富，已冲破了以前所限定的结构化数据范畴，囊括了半结构化和非结构化数据。它要求数据处理速度快，在数据量非常庞大的情况下，也能够做到数据的实时处理。同时还要保证数据真实性高，随着社交数据、企业内容、交易与应用数据等新数据源的兴起，传统数据源的局限被打破，企业愈发需要有效的信息以确保其真实性及安全性。

NoSQL 打破了长久以来关系型数据库与 ACID 理论（在数据库管理系统中事务所具有的 4 个特性）一统的局面。NoSQL 数据存储不需要固定的表结构，通常也不存在连接操作。在大数据存取上具备关系型数据库无法比拟的性能优势。NoSQL 非常年轻，但它拥有的众多优秀的特性已经让众多企业和开发者开始接受。

NoSQL 泛指非关系数据库，大数据时代，面对快速增长的数据规模和日渐复杂的数据模型，关系数据库系统已无法应对很多数据库处理任务，因此 NoSQL 凭借易扩展、大数据量和高性能及灵活的数据模型在数据库领域获得了广泛的应用。

6.4.1 NoSQL 数据库分类

近年来，NoSQL 数据库发展迅速，目前已经产生了上百种 NoSQL 数据库系统。典型的 NoSQL 数据库包括键值（key-value）存储数据库、列式/列族（wide column store/column-family）存储数据库、文档（document-oriented）存储数据库和图形（graph-oriented）存储数据库等。

1. 键值存储数据库

键值存储数据库使用简单的键值方法来存储数据。这一类数据库主要会使用到一个哈希表，这个表中有一个特定的键和一个指针指向特定的数据。键值数据库将数据存储为键值对集合，其中 key 作为唯一标识符，根据 key，可以对 Value 进行相应的查询、更新、删除等操作。如要在数据库中存储用户信息，包含姓名、年龄、爱好等信息，可以使用以下两种键值的解决方案实现。

① 将用户 ID 作为查找 key，其他信息封装成一个对象，以序列化的方式存储，如表 6.4 所示。

表 6.4 键值存储方案示例 1

key	value
s0001	{'姓名': '张三', '年龄': 18, '爱好': ['读书', '画画']}
s0002	{'姓名': '李四', '年龄': 30, '爱好': '游泳'}
s0003	{'姓名': '王五', '年龄': 60, '爱好': ['旅游', '美食']}

② 把用户信息中的所有成员都存成单个的键值，把用户 ID 和属性名称作为唯一标识 key 来对应查找属性值，如表 6.5 所示。

表 6.5 键值存储方案示例 2

key		value
ID	属性名	属性值
s0001	姓名	"张三"
s0002	姓名	"李四"
s0003	姓名	"王五"
s0001	年龄	18
s0002	年龄	30
s0003	年龄	60
s0001	爱好	['读书', '画画']
s0002	爱好	"游泳"
s0003	爱好	['旅游', '美食']

从 API 的角度来看，键值数据库是最简单的 NoSQL 数据库。客户端可以根据 key 查询、更新 key 所对应的 value，或从数据库中删除该键值对。但客户端不能根据 value 进行查询等操作，value 只是数据库存储的一块数据而已，它并不关心也无须知道其中的内容，应用程序负责理解所存数据的含义。由于键值数据库总是通过主键（primary key）访问，所以它们在进行大量写操作时性能较高，且扩展性、灵活性都较好，但也由于只能通过主键访问，导致对于条件查询效率较低。

键值数据库主要用于处理大量数据的高访问负载。典型应用有内容缓存，如会话配置文件、参数、购物车等。例如，一个 Web 应用程序（面向会话的应用程序）在用户登录时将启动会话，并保持活动状态直到用户注销或会话超时。在此期间，应用程序将所有与会话相关的数据存储在主存或数据库中。会话数据可能包括用户资料信息、消息、个性化数据和主题、建议、有针对性的促销和折扣。每个用户会话具有唯一的标识符，除了主键之外，任何其他键都无法查询会话数据，因此 Key-Value 键值存储数据库非常适合于存储会话数据。一般来说，键值数据库所提供的每页开销可能比关系数据库要小。典型的键值数据库有 Tokyo Cabinet/Tyrant、Redis、Voldemort、Oracle BDB 等。

2. 列式/列族存储数据库

列式/列族存储数据库起源于 Google 的 BigTable，其数据模型可以看作是一个每行列数可变的数据表，其最大特点就是方便存储结构化和半结构数据，更容易对数据进行压缩。

列式存储数据库主要解决的是数据查询问题。我们知道，平时的查询大部分都是条件查询，通常是返回某些字段（列）的数据。列式数据库可以分别存储每个列，从而在列数较少的情况下更快速地进行扫描。但在"行式数据库"中查询时，数据读取时通常将一行数据的每一列都完全读出，如果只需要其中几列数据，就会存在冗余列，如在"用户（姓名，年龄，爱好）"的数据表中查询"年龄为 30"的用户，那么数据库将会从上到下和从左到右扫描表，最终返回年龄为 30 的列表。出于缩短处理时间的考量，行式数据库中消除冗余列的过程通常是在内存中进行的。而在表 6.6 所示的列式存储中，则可以更快速地扫描到要查询的数据，不存在冗余的问题。通过这种存储方式的调整，使得查询性能得到极大的提升。

表 6.6 列式存储数据库模型

姓名	ROWID
张三	1
李四	2
王五	3
赵六	4

年龄	ROWID
18	1
30	2
60	3

爱好	ROWID
读书	1
画画	1, 4
游泳	2
篮球	4
美食	3, 4
旅游	3, 4

另外，列式数据库将数据映射到行号，采用这种方式使得计数变得更容易，如可以快速查询并统计出某个项目的爱好人数，并且每个表都只有一种数据类型，所以单独存储列也有利于优化压缩。

在列式存储数据库中，也可以将多个列聚合成一个列族（column family），键仍然存在，但指向了一个列族（多个列），如表 6.7 所示的示例模型。

表 6.7 列族存储数据库模型

RowKey	列族 UserInfo		列族 ContachInfo			
	Name	Age	Phone	Wechat	QQ	Email
1	张三	19	11111	ZS	12356	
2	李四	25	22222	LS		
3	王五		33333			xx163.com

列式存储数据库能够在其他列不受影响的情况下，轻松添加一列，可扩展性强，更容易进行行分布式扩展，适用于分布式的文件系统。但是如果要添加一条记录，就需要访问所有表，所以行式数据库要比列式数据库更适合联机事务处理（online transaction processing，OLTP），因为 OLTP 要频繁地进行"记录"的添加或修改。列式数据库的典型应用场景有日志存储、分布式文件系统（对象存储）、推荐画像、时空数据等。常用列数据库代表有 Cassandra、HBase、Riak 等。

3. 文档存储数据库

文档数据库的灵感来自 Lotus Notes 办公软件，而且它同键值存储数据库相类似，是通过键来定位一个文档的，所以是键值数据库的一种升级版，允许键值之间嵌套键值。在文档数据库中，文档是数据库的最小单位。文档数据库可以指定某个文档结构，如 JSON 类结构的文档以特定的格式进行存储。一个文档可以包含复杂的数据结构，并且不需要采用特定的数据模式，每个文档可以具有完全不同的结构。

文档数据库是按照日常文档的存储来设计的，并且允许对这些数据进行复杂的查询和计算。尽管每一种文档数据库的部署各有不同，但是大都假定文档以某种标准化格式进行封装，并对数据进行加密。文档格式包括 XML、JSON、BSON 等，也可以使用二进制格式，如 PDF、Office 文档等。

文档数据库既可以根据键来构建索引，也可以基于文档内容来构建索引。基于文档内容的索引和查询能力是文档数据库不同于键值数据库的主要方面，因为在键值数据库中，值对数据库是透明不可见的，不能基于值构建索引。

文档数据库主要用于存储和检索文档数据，它将整个文档存储为单个实体，这样就降低了用户对文档数据的认知负担。文档存储数据库的优点就是，对数据结构要求不严格，表结构可变，不需要像关系数据库一样预先定义表结构。缺点是，查询性能不高，缺乏统一的查询语法，适用于日志、Web 应用等的存储。常用文档存储数据库有 MongoDB、CouchDB 等，国内也有文档型数据库 SequoiaDB，已经开源。

4. 图形存储数据库

图形数据库是一种存储图形关系的数据库，以图论为基础，用图来表示存储实体之间的关系信息。图形数据库使用图作为数据模型来存储数据，以顶点和边存储实体及实体间的关系，是 NoSQL 数据库类型中最复杂的一个。

图形数据库适用于高度互联的数据，可以高效地处理实体间的关系，如使用图形数据库存储社会网络中人与人之间的关系。关系数据库用于存储"关系"数据的效果并不好，其查询复杂、缓慢、超出预期，而图形数据库的独特设计恰恰弥补了这个缺陷，尤其适用于社交网络、依赖分析、模式识别、推荐系统、路径寻找、科学论文引用以及资本资产集群等场景。

图形数据库种类繁多，如 Neo4J、InfoGrid、Infinite Graph、ArangoDB、Carley 等。

6.4.2　NoSQL 数据库特点

NoSQL 数据库种类繁多，但是它们都有一个共同的特点，就是它们都去掉了关系数据库的关系型特性。

① 易扩展：NoSQL 数据之间无关系，能够透明地利用新结点将数据库分布在多台主机上进行横向扩展。

② 数据量和高性能：NoSQL 数据库都是使用键值对进行存储的，数据库结构简单，具有非常高的读写性能，尤其在大数据量下，同样表现优秀。

③ 灵活的数据模型：NoSQL 在数据模型约束方面更加宽松，无须事先为要存储的数据建立字段，随时可以存储自定义的数据格式。对于大型的生产性的关系型数据库来讲，变更数据模型非常困难，即使只对数据模型做很小的改动，就需要停机或降低服务水平。而 NoSQL 数据库可以让应用程序在一个数据元素里存储任何结构化、半结构化、非结构化的数据。

④ 高可用性：NoSQL 可以方便地实现高可用的架构，如 Cassandra、HBase 模型，通过复制模型也能实现高可用。

6.4.3 典型 NoSQL 数据库介绍

1. HBase 数据库

HBase（Hadoop database）是分布式、面向列的开源数据库（HBase 中使用列族）。HBase 是 Google Bigtable 的开源实现，它利用 Hadoop HDFS 为其提供可行的底层数据存储服务，利用 MapReduce 为其提供高性能的计算能力，利用 ZooKeeper 为其提供稳定服务和容错机制，此外，Pig 和 Hive 还为其提供了高层语言支持，使得在 HBase 上进行数据统计处理变得非常简单。因此，我们说 Hbase 是一个通过大量廉价的机器解决海量数据的高速存储和读取的分布式数据库解决方案。Sqoop 为 HBase 提供了方便的关系数据库管理系统（relational database management system，RDBMS）数据导入功能，使得传统数据库数据向 Hbase 中迁移变得非常方便，但 Hbase 缺少很多 RDBMS 系统的特性，如列类型、辅助索引、触发器和高级查询语言等。

微视频6.11：典型NoSQL数据库介绍

（1）HBase 数据模型

HBase 是使用"列族"进行存储数据的，HBase 的 key 是由"RowKey+列族名+列标识+时间戳+类型"组成的。当数据写入 HBase 时都会被记录一个时间戳，当修改或者删除某一条记录时，本质上是向 HBase 中增加一条加了新的时间戳的数据而已，如表 6.8 所示，当读取数据时，按照最新的时间戳进行读取即可。如果在增加新数据时，同时设置"类型"为"Delete"，那么就表示删除了该数据。

表 6.8 Hbase 修改数据示例

RowKey	列表	列标识	值	时间戳
1	UserInfo	Age	18	1614499097
1	UserInfo	Age	22	1614495678

(2) HBase 应用

HBase 适合存储 PB 级别的海量数据，在 PB 级别的数据以及采用廉价 PC 存储的情况下，能在几十到百毫秒内返回数据。HBase 适用于长久保存海量订单流水数据、交易记录以及数据库历史数据。

2. MongoDB 数据库

MongoDB 是一个基于分布式文件存储的数据库，用 C++语言编写，旨在为 Web 应用提供可扩展的高性能数据存储解决方案。

(1) MongoDB 数据模型

MongoDB 是一个介于关系数据库和非关系数据库之间的产品，是非关系数据库中功能最丰富、最像关系数据库的，尽管其存储方式和处理方式与 SQL 是不同的，但有些概念是与 SQL 相一致的。将 MongoDB 和 SQL 数据库的概念对照起来理解会更容易。MongoDB 是一个面向文档存储的数据库，一个 MongoDB 的实例（进程）中可以包含多个数据库，一个数据库中可以包含多个集合，一个集合可以包含多个文档，每个文档又可以包含一组字段，每一个字段都是一个键值对。其中，MongoDB 的文档就对应 SQL 中的一行，MongoDB 的文档就对应 SQL 中的一张表，其对照如表 6.9 所示。

表 6.9 MongoDB 与 SQL 术语对照表

MongoDB 术语	SQL 术语
Field 字段	Column 列/字段/域
Document 文档	Row 行/元组
Collection 集合	Table 表/关系
Database 数据库	Database 数据库

MongoDB 支持的数据结构非常松散，是类似 JSON 的 BSON 格式，因此可以存储比较复杂的数据类型。MongoDB 最大的特点是它支持的查询语言非常强大，其语法有点类似于面向对象的查询语言，几乎可以实现类似关系数据库单表查询的绝大部分功能，而且还支持对数据建立索引。

(2) MongoDB 应用

MongoDB 的应用已经渗透到各个领域，比如游戏、物流、电商、内容管理、社交、物联网、视频直播等。MongoDB 适合的应用场景如下。

① 网站实时数据处理：如使用 MongoDB 存储订单信息，订单状态在运送过程中会不断更新，以 MongoDB 内嵌数组的形式来存储，一次查询就能将订单所有的变更读取出来。

② 缓存：由于 MongoDB 的高性能，适合作为信息基础设施的缓存层，在系统重启之后，由它搭建的持久化缓存层可以避免下层的数据源过载。

③ 高伸缩性场景：非常适合由数十或数百台服务器组成的数据库。

MongoDB 不适合要求高度事务性的系统，传统的商业智能应用以及复杂的跨文档（表）级联查询。

3. Redis 数据库

Redis（remote dictionary server，远程字典服务）是一个开源的、基于内存的分布式键值对存储数据库，并提供多种语言的 API。Redis 又被称为数据结构服务器，它支持存储的 Value 类型非常丰富，不仅仅支持 Key-Value 类型数据，还支持字符串、列表、集合、有序集合以及哈希等类型。这些数据类型都支持 push、pop、add、remove 等操作，也支持交、并、差的运算，而且 Redis 所有操作均是原子性的，即要么成功执行，要么失败则完全不执行。

Redis 整个数据库统统加载在内存中进行操作，性能极高，可以以 110 000 次/s 的速度读入数据，81 000 次/s 的速度写入，是已知性能最快的 Key-Value 数据库。为了保证效率，数据缓存在内存中，周期性地把更新的数据持久化写入磁盘或者把修改操作写入追加的记录文件。

Redis 的主要缺点是数据库容量受到物理内存的限制，不能用作海量数据的高性能读写，因此 Redis 适合的场景主要局限在较小数据量的高性能操作和运算上。由于 Redis 提供持久化，因此适合用作会话缓存，如可将用户购物车信息周期性持久化；由于 Redis 提供 list 和 set 操作，这使得 Redis 能作为一个很好的消息队列平台使用；大型互联网公司会使用 Redis 作为缓存存储数据，提升页面相应速度，即使重启了 Redis 实例，因为有磁盘的持久化，用户也不会看到页面加载速度的下降。

4. Neo4j 数据库

Neo4j 是一个世界领先的高性能图形数据库，以结点（顶点）、关系（边）和属性的形式存储应用程序的数据，每个结点和关系都可以有一个或多个属性。它是一个嵌入式的、基于磁盘的、具备完全的事务特性的 Java 持久化引擎，具有企业级数据库的所有优点。Neo4j 因其嵌入式、高性能、轻量级等优势，越来越受到关注，其查询语言 cypher 已经成为事实上的标准。

Neo4j 提供了大规模可扩展性，在一台机器上可以处理数十亿结点/关系/属性的图，可以扩展到多台机器并行运行。相对于关系数据库管理系统来说，图数据库善于处理大量复杂、互连接、低结构化的数据，这些数据变化迅速，需要频繁的查询——在关系数据库中，这些查询会导致大量的表连接，因此会产生性能上的问题。Neo4j 重点解决了拥有大量连接的传统 RDBMS 在查询时出现的性能衰退问题。通过围绕图进行数据建模，Neo4j 会以相同的速度遍历结点与边，其遍历速度与构成图的数据量没有任何关系。此外，Neo4j 还提供了非常快的图算法、推荐系统和 OLAP 风格的分析，而这一切在目前的关系数据库管理系统中都是无法实现的。

主要应用场景：适用于图形一类数据。这是 Neo4j 与其他 NoSQL 数据库最显著的区别。例如，应用于社交媒体和社交网络图、推荐引擎和产品推荐系统、欺诈检测和分析解决方案、知识图谱等。

习题答案：习题6答案

习 题 6

一、单项选择题

1. 在数据库管理技术发展的三个阶段中，没有专门的软件对数据进行管理的是（　　）。
   A. 人工管理阶段 B. 文件系统阶段
   C. 文件系统阶段和数据库阶段 D. 人工管理阶段和文件系统阶段

2. 数据库管理系统是（　　）。
   A. 操作系统的一部分 B. 在操作系统支持下的系统软件
   C. 一种编译系统 D. 一种操作系统

3. 数据库应用系统中的核心问题是（　　）。
   A. 数据库设计 B. 数据库系统设计
   C. 数据库维护 D. 数据库管理员培训

4. 数据库、数据库系统、数据库管理系统三者之间的关系是（　　）。
   A. 数据库系统包括数据库和数据库管理系统
   B. 数据库管理系统包括数据库和数据库系统
   C. 数据库包括数据库系统和数据库管理系统
   D. 数据库系统就是数据库，也就是数据库管理系统

5. 下面关于主键的叙述错误的是（　　）。
   A. 数据库中的每个表都必须有一个主键字段
   B. 主键字段值是唯一的
   C. 主键字段可以是一个字段，也可以是一组字段
   D. 主键字段中不允许有重复值和空值

6. 在数据管理技术发展的三个阶段中，数据共享最好的是（　　）。
   A. 人工管理阶段 B. 文件系统阶段
   C. 数据库系统阶段 D. 三个阶段相同

7. 在数据库设计中，将 E-R 图转换成关系数据模型的过程属于（　　）。
   A. 需求分析阶段 B. 概念设计阶段
   C. 逻辑设计阶段 D. 物理设计阶段

8. 将 E-R 图转换为关系模式时，实体和联系都可以表示为（　　）。
   A. 属性　　　B. 键　　　C. 关系　　　D. 域

9. 一间宿舍可住多个学生，则实体宿舍和学生之间的联系是（　　）。
   A. 一对一　　B. 一对多　　C. 多对一　　D. 多对多

10. 有三个关系 R、S 和 T 如下：

R	
A	B
m	1
n	2

S	
B	C
1	3
3	5

T		
A	B	C
m	1	3

由关系 R 和 S 通过运算得到关系 T，则所使用的运算为（　　）。

A. 笛卡儿积　　　B. 交　　　C. 并　　　D. 自然连接

11. 建立表示学生选修课程活动的实体联系模型，其中的两个实体分别是（　　）。

A. 课程和课程号　　　　　　B. 学生和课程
C. 学生和学号　　　　　　　D. 课程和成绩

12. 设有表示学生选课的三张表，学生 S（学号，姓名，性别，年龄，身份证号），课程 C（课程号，课程名），选课 SC（学号，课程号，成绩），则表 SC 的关键字（键或码）为（　　）。

A. 课程号，成绩　　　　　　B. 学号，成绩
C. 学号，课程号　　　　　　D. 学号，姓名，成绩

13. 在 E-R 图中，用来表示实体联系的图形是（　　）。

A. 椭圆形　　　B. 矩形　　　C. 菱形　　　D. 三角形

二、简答题

1. 简述数据库、数据库管理系统、数据库系统的概念。
2. 简述选择关系模型中关系、元组、属性、码的概念。
3. 常见的数据库管理系统有哪些？
4. 数据模型有哪几种？
5. 常用的数据库管理与维护的方法有哪些？

三、操作题

创建如表 6.10 所示的表结构，其中"学号"是主键，输入一定量的数据，然后创建查询，显示所有出生日期大于"2000-1-1"且入学成绩在 600 分以上的学生信息。对该查询设计报表，并进行打印输出。

表 6.10 "学生信息"表字段属性

字段名称	学号	姓名	班级	出生日期	入学成绩	籍贯	照片
类型	短文本	短文本	短文本	日期/时间	数字	短文本	OLE 对象
大小	9	10			整型	50	
格式				短日期	常规数字		
验证规则	>"201501000"				>=520		
验证文本	"必须是15级新生"				"成绩不过线"		
必填字段	是	是	否	否	否	否	否

续表

字段名称	学号	姓名	班级	出生日期	入学成绩	籍贯	照片
允许空串	否	否	是			是	
索引	有（无重复）	有（有重复）	有（有重复）	无	无	无	无

第 7 章　计算机网络基础与因特网应用

本章首先对计算机网络的定义、发展进行简单的说明；然后对网络的组成、功能与分类进行比较详细的阐述；对网络的硬件组成以及常见的网络设备进行介绍；最后，以因特网为例，讲述相关的理论知识，并介绍因特网的 WWW 服务、文件传输等应用及相关操作。

【知识要点】
1. 计算机网络的基本概念
2. 计算机网络的组成
3. 计算机网络的功能与分类
4. 网络协议和体系结构
5. 计算机网络硬件
6. Internet 基础知识
7. Internet 应用

电子教案：计算机网络基础与因特网应用

微视频7.1：第7章章首导读

7.1　计算机网络概述

7.1.1　计算机网络的定义

计算机网络是指将地理位置不同的具有独立功能的多台计算机及其外部设备，通过通信线路连接起来，在网络操作系统、网络管理软件及网络通信协议的管理和协调下，实现资源共享和信息传递的计算机系统。

在理解计算机网络定义时，要注意以下 3 点。
① 自主。计算机之间没有主从关系，所有计算机都是平等独立的。
② 互连。计算机之间由通信信道相连，并且相互之间能够交换信息。
③ 集合。网络是计算机的群体。

计算机网络是计算机技术和通信技术紧密融合的产物，它涉及通信与计算机两个领域。它的诞生使计算机体系结构发生了巨大变化，在当今社会经济中起着非常重要的作用，它对人类社会的进步做出了巨大贡献。

7.1.2 计算机网络的发展

计算机网络出现的 50 多年的时间里,它经历了一个从简单到复杂、从单机到多机、从地区到全球的发展过程。发展过程大致可概括为 4 个阶段:具有通信功能的单机系统阶段;具有通信功能的多机系统阶段;以共享资源为主的计算机网络阶段;以局域网及其互连为主要支撑环境的分布式计算阶段。

微视频7.2:计算机网络发展史

1. 具有通信功能的单机系统

该系统又称终端—计算机网络,是早期计算机网络的主要形式。它是由一台中央主计算机连接大量的地理位置上分散的终端。20 世纪 60 年代中期,典型应用是由一台计算机和全美范围内 2 000 多个终端组成的飞机订票系统,通过通信线路汇集到一台中心计算机进行集中处理,从而首次实现了计算机技术与通信技术的结合。

2. 具有通信功能的多机系统

在单机通信系统中,中央计算机负担较重,既要进行数据处理,又要承担通信控制,实际工作效率下降;而且主机与每一台远程终端都用一条专用通信线路连接,线路的利用率较低。由此出现了数据处理和数据通信的分工,即在主机前增设一个前端处理机负责通信工作,并在终端比较集中的地区设置集中器。这种具有通信功能的多机系统,构成了计算机网络的雏形。20 世纪 60 年代至 70 年代,此网络在军事、银行、铁路、民航、教育等部门都有应用。

3. 计算机网络

20 世纪 70 年代末至 90 年代,出现了由若干个计算机互连的系统,开创了"计算机—计算机"通信的时代,并呈现出多处理中心的特点,即利用通信线路将多台计算机连接起来,实现了计算机之间的通信。

目前,计算机网络的发展正处于第 4 阶段。这一阶段计算机网络发展的特点是,综合、高效、智能与更为广泛的应用。

4. 分布式计算

自 20 世纪 90 年代末至今,随着大规模集成电路技术和计算机技术的飞速发展,局域网技术得到迅速发展。早期的计算机网络是以主计算机为中心的,计算机网络控制和管理功能都是集中式的,但随着个人计算机(PC)功能的增强,PC 方式呈现出的计算能力已逐步发展成为独立的平台,这就导致了一种新的计算结构——分布式计算模式的诞生。

7.1.3 计算机网络的组成

计算机网络由 3 部分组成:网络硬件、传输介质和网络软件。其组成结构图如图 7.1 所示。

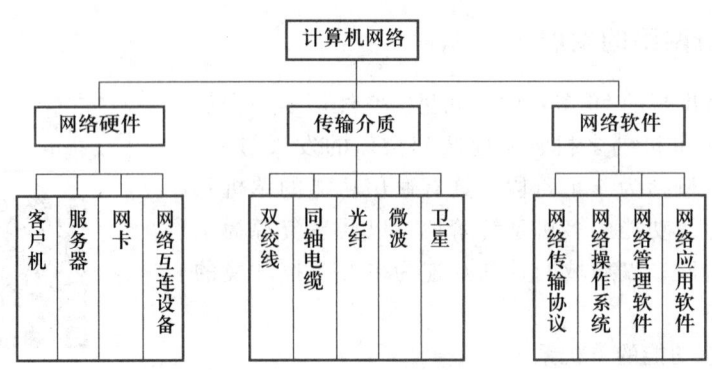

图 7.1　计算机网络的组成

1. 网络硬件

网络硬件包括客户机、服务器、网卡和网络互联设备。

客户机指用户上网使用的计算机，也可理解为网络工作站、结点机、主机。

服务器是提供某种网络服务的计算机，由运算功能强大的计算机担任。

网卡即网络适配器，是计算机与传输介质连接的接口设备。

网络互联设备包括集线器、中继器、网桥、交换机、路由器、网关等。

2. 传输介质

物理传输介质是计算机网络最基本的组成部分，任何信息的传输都离不开它。传输介质分为有线介质和无线介质两种。

有线介质包括双绞线、同轴电缆、光纤；微波和卫星为无线传输介质。

3. 网络软件

网络软件是在计算机网络环境中，用于支持数据通信和各种网络活动的软件。网络软件由网络传输协议、网络操作系统、网络管理软件和网络应用软件4个部分组成。

① 网络传输协议。网络传输协议就是连入网络的计算机必须共同遵守的一组规则和约定，以保证数据传送与资源共享能顺利完成。

② 网络操作系统。网络操作系统是控制、管理、协调网络上的计算机，使之能方便有效地共享网络上硬件、软件资源，为网络用户提供所需的各种服务的软件和有关规程的集合。网络操作系统除具有一般操作系统的功能外，还具有网络通信能力和多种网络服务功能。目前，常用的网络操作系统有 Windows、UNIX、Linux 和 iOS。

③ 网络管理软件。网络管理软件的功能是对网络中大多数参数进行测量与控制，以保证用户安全、可靠、正常地得到网络服务，使网络性能得到优化。

④ 网络应用软件。网络应用软件就是能够使用户在网络中完成相应功能的一些工具软件。例如，能够实现网上漫游的 Google Chrome 浏览器，能够收发电子邮件的 Outlook Express 等。随着网络应用的普及，将会有越来越多的网络应用软件，为用户带来很大的方便。

7.1.4 计算机网络的功能与分类

计算机网络的种类繁多，性能各不相同，根据不同的分类原则，可以得到各种不同类型的计算机网络。

1. 按照网络的地理范围分类

计算机网络按照其覆盖的地理范围进行分类，可以很好地反映不同类型网络的技术特征。按地理分布范围来分类，计算机网络可以分为局域网、城域网和广域网 3 种。

（1）局域网

局域网（local area network，LAN）是人们最常见、应用最广的一种网络。所谓局域网，是在一个局部的地理范围内（如一个学校、工厂和机关内），一般是方圆几千米以内，将各种计算机、外部设备和数据库等互相连接起来组成的计算机通信网，用于连接个人计算机、工作站和各类外围设备以实现资源共享和信息交换。它的特点是分布距离近，传输速度高，连接费用低，数据传输可靠，误码率低等。

（2）城域网

城域网（metropolitan area network，MAN）的分布范围介于局域网和广域网之间，这种网络的连接距离可以在 10 km ~ 100 km。城域网与局域网相比扩展的距离更长，连接的计算机数量更多，在地理范围上可以说是局域网的延伸。在一个大型城市或都市地区，一个 MAN 通常连接着多个 LAN。

（3）广域网

广域网（wide area network，WAN）也称为远程网，它的联网设备分布范围广，一般从几千米到几千千米。广域网通过一组复杂的分组交换设备和通信线路将各主机与通信子网连接起来，因此网络所涉及的范围可以是市、地区、省、国家，乃至世界范围。由于它的这一特点使得单独建造一个广域网是极其昂贵和不现实的，所以，常常借用传统的公共传输（电报、电话）网来实现。此外，由于传输距离远，又依靠传统的公共传输网，所以错误率较高。

2. 按网络的拓扑结构分类

抛开网络中的具体设备，把网络中的计算机等设备抽象为点，把网络中的通信介质抽象为线，这样从拓扑学的观点去看计算机网络，就形成了由点和线组成的几何图形，从而抽象出网络系统的具体结构。这种采用拓扑学方法描述各个结点机之间的连接方式的结构称为网络的拓扑结构。计算机网络常采用的基本拓扑结构有总线结构、环形结构、星形结构。具体介绍可见 7.3 节。

7.1.5 计算机网络体系结构和 TCP/IP

1. 计算机网络体系结构

1974 年，IBM 公司首先公布了世界上第一个计算机网络体系结构（system network architecture，SNA），凡是遵循 SNA 的网络设备都可以很方便地进行互连。1977 年 3 月，国际标准化组织（ISO）的技术委员会 TC97 成立了一个新的技术分委会 SC16 专门研究"开放系统互连"，并于 1983 年提出了开放系统互连参考模型，即著名的 ISO 7498 国际标准（我国相应的国家标准是 GB/T 9387.1—1998），记为 OSI/RM。在 OSI 中采用了三级抽象：参考模型（即体系结构）、服务定义和协议规范（即协议规格说明），自上而下逐步求精。OSI/RM 并不是一般的工业标准，而是一个为制定标准用的概念性框架。

经过各国专家的反复研究，在 OSI/RM 中，采用了表 7.1 所示的 7 个层次的体系结构。

表 7.1　OSI/RM 7 层协议模型

层号	名称	主要功能简介
7	应用层	作为与用户应用进程的接口，负责用户信息的语义表示，并在两个通信者之间进行语义匹配，它不仅要提供应用进程所需要的信息交换和远地操作，而且还要作为互相作用的应用进程的用户代理来完成一些为进行语义上有意义的信息交换所必需的功能
6	表示层	对源站点内部的数据结构进行编码，形成适合于传输的比特流，到了目的站再进行解码，转换成用户所要求的格式并保持数据的意义不变。该层主要用于数据格式转换
5	会话层	提供一个面向用户的连接服务，它给会话用户之间的对话和活动提供组织和同步所必需的手段，以便对数据的传送提供控制和管理。主要用于会话的管理和数据传输的同步
4	传输层	从端到端经网络透明地传送报文，完成端到端通信链路的建立、维护和管理
3	网络层	分组传送、路由选择和流量控制，主要用于实现端到端通信系统中间结点的路由选择
2	数据链路层	通过一些数据链路层协议和链路控制规程，在不太可靠的物理链路上实现可靠的数据传输
1	物理层	实现相邻计算机结点之间比特数据流的透明传送，尽可能屏蔽掉具体传输介质和物理设备的差异

它们由低到高分别是物理层、数据链路层、网络层、传输层、会话层、表示层、应用层。每层完成一定的功能，每层都直接为其上层提供服务，并且所有层次都互相支持。第 4 层到第 7 层主要负责互操作性，而第 1 层到第 3 层则用于创造两个网络设备间的物理连接。

OSI/RM 参考模型对各个层次的划分遵循下列原则。

① 网中各结点都有相同的层次，相同的层次具有同样的功能。
② 同一结点内相邻层之间通过接口通信。
③ 每一层使用下层提供的服务，并向其上层提供服务。
④ 不同结点的同等层按照协议实现对等层之间的通信。

2. TCP/IP 参考模型

TCP/IP 是目前异种网络通信使用的唯一协议体系,使用范围极广,既可用于局域网,又可用于广域网,许多厂商的计算机操作系统和网络操作系统产品都采用或含有 TCP/IP。TCP/IP 已成为目前事实上的国际标准和工业标准。TCP/IP 也是一个分层的网络协议,不过它与 OSI 模型所分的层次有所不同。TCP/IP 从底至顶分为网络接口层、网际层、传输层、应用层共 4 个层次,各层的功能如下。

(1) 网络接口层

这是 TCP/IP 的最低一层,包括多种逻辑链路控制和媒体访问协议。网络接口层的功能是接收 IP 数据报并通过特定的网络进行传输,或从网络上接收物理帧,抽取出 IP 数据报并转交给网际层。

(2) 网际层(IP 层)

该层包括以下协议:网际协议(IP)、因特网控制报文协议(internet control message protocol,ICMP)、地址解析协议(address resolution protocol,ARP)、反向地址解析协议(reverse address resolution protocol,RARP)。该层负责相同或不同网络中计算机之间的通信,主要处理数据报和路由。在 IP 层中,ARP 用于将 IP 地址转换成物理地址,RARP 用于将物理地址转换成 IP 地址,ICMP 用于报告差错和传送控制信息。IP 在 TCP/IP 中处于核心地位。

(3) 传输层

该层提供传输控制协议(transport control protocol,TCP)和用户数据协议(user datagram protocol,UDP)两个协议。它们都建立在 IP 的基础上,其中,TCP 提供可靠的面向连接服务,UDP 提供简单的无连接服务。传输层提供端到端,即应用程序之间的通信,主要功能是数据格式化、数据确认和丢失重传等。

(4) 应用层

TCP/IP 的应用层相当于 OSI 模型的会话层、表示层和应用层,它向用户提供一组常用的应用层协议,其中包括 Telnet、SMTP、DNS 等。此外,在应用层中还包含用户应用程序,它们均是建立在 TCP/IP 之上的专用程序。

OSI 参考模型与 TCP/IP 都采用了分层结构,都是基于独立的协议栈的概念。OSI 参考模型有 7 层,而 TCP/IP 只有 4 层,即 TCP/IP 没有表示层和会话层,并且把数据链路层和物理层合并为网络接口层。

7.2 计算机网络硬件

7.2.1 网络传输介质

传输介质是网络连接设备间的中间介质,也是信号传输的媒体。常用的介质有双绞线、同轴电缆、光纤(见图 7.2)以及微波和卫星等。

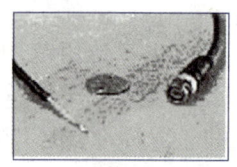
(a) 同轴电缆

(b) 非屏蔽双绞线

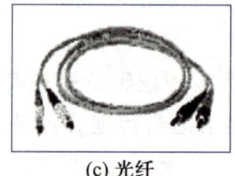
(c) 光纤

图 7.2 几种传输介质外观

1. 双绞线

双绞线（twisted-pair）是现在最普通的传输介质，它由两条相互绝缘的铜线组成，典型直径为 1mm。两根线绞在一起是为了防止其电磁感应在邻近线对中产生干扰信号。现行双绞线电缆中一般包含 4 对双绞线对，如图 7.3 所示，按照 EIA/TIA568B 标准为橙白 1/橙 2、蓝 4/蓝白 5、绿 6/绿白 3、棕白 7/棕 8。计算机网络使用 1-2、3-6 两组线对分别来发送和接收数据。双绞线接头为国际标准 RJ-45 插头（见图 7.4）和插座。双绞线分为屏蔽（shielded）双绞线（STP）和非屏蔽（unshielded）双绞线（UTP）。非屏蔽双绞线利用线缆外皮作为屏蔽层，适用于网络流量不大的场合；屏蔽式双绞线具有一个金属甲套（sheath），对电磁干扰（electromagnetic interference，EMI）具有较强的抵抗能力，适用于网络流量较大的高速网络协议应用。

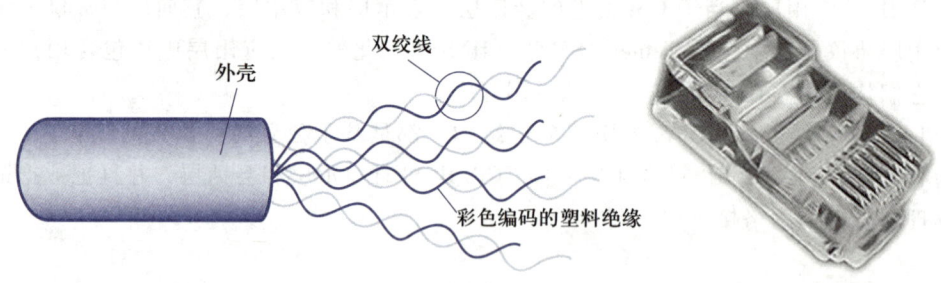

图 7.3 双绞线的内部结构　　　　　图 7.4 RJ-45 水晶头

双绞线最多应用于基于载波侦听多路访问/冲突检测（carrier sense multiple access/collission detection，CSMA/CD）技术，即 10Base-T（10 Mbps）和 100Base-T（100 Mbps）的以太网（Ethernet）中，具体规定如下：

① 一段双绞线的最大长度为 100 m，只能连接一台计算机。

② 双绞线的每端需要一个 RJ-45 插件（头或座）。

③ 各段双绞线通过集线器（Hub 的 10Base-T 重发器）互连，利用双绞线最多可以连接 64 个站点到重发器（repeater）。

④ 10Base-T 重发器可以利用收发器电缆连到以太网同轴电缆上。

2. 同轴电缆

同轴电缆（coaxial）以单根铜导线为内芯，外裹一层绝缘材料，外覆密集网状导体，最外面是一层保护性塑料，根据直径的不同，分为粗缆和细缆，如图 7.5 所示。同轴电缆的金属屏蔽层能将磁场反射回中心导体，同时也使中心导体免受外界干扰，故同轴电缆比双绞线具有更高的带宽和更好的噪声抑制特性。广泛使用的同轴电缆有两种：一种为 50 Ω（指沿电缆导体各点的电磁电压对电流之比）同轴电缆，用于数字信号的传输，即基带同轴电缆；另一种为 75 Ω 同轴电缆，用于宽带模拟信号的传输，即宽带同轴电缆。

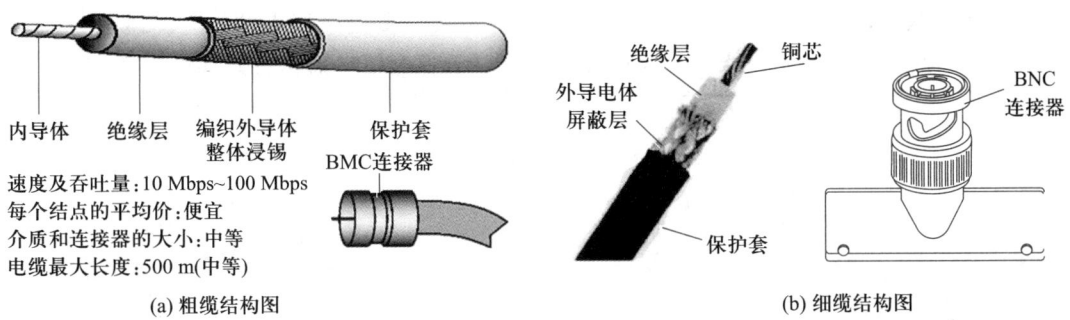

图 7.5　同轴电缆结构图

现行以太网同轴电缆的接法有两种：直径为 0.4 cm 的 RG-11 粗缆采用凿孔接头接法；直径为 0.2 cm 的 RG-58 细缆采用 T 型头接法。粗缆要符合 10Base5 介质标准，采用 AVI 接头，使用时需要一个外接收发器和收发器电缆，单根最大标准长度为 500 m，可靠性强，最多可接 100 台计算机，两台计算机的最小间距为 2.5 m。细缆按 10Base2 介质标准直接连到网卡的 T 型头连接器（即 BNC 连接器）上，单段最大长度为 185 m，最多可接 30 个工作站，最小站间距为 0.5 m，室内的支线一般采用细缆。

3. 光纤

光纤（fiber optic）是利用内部全反射原理来传导光束的传输介质，有单模和多模之分。单模光纤多用于通信业，多模光纤多用于网络布线系统。

实用光纤是比人的头发丝稍粗的玻璃丝，通信用光纤的外径一般为 125 μm～140 μm。一般所说的光纤是由纤芯和包层组成的，纤芯完成信号的传输，包层与纤芯的折射率不同，将光信号封闭在纤芯中传输并起到保护纤芯的作用，如图 7.6 所示。工程中一般将多条光纤固定在一起构成光缆，与同轴电缆比较，光纤可提供极宽的频带且功率损耗小，传输距离长（2 km 以上）、传输速率高（可达数千 Mbps）、抗干扰性强（不会受到电子监听），是构建安全性网络的理想选择。

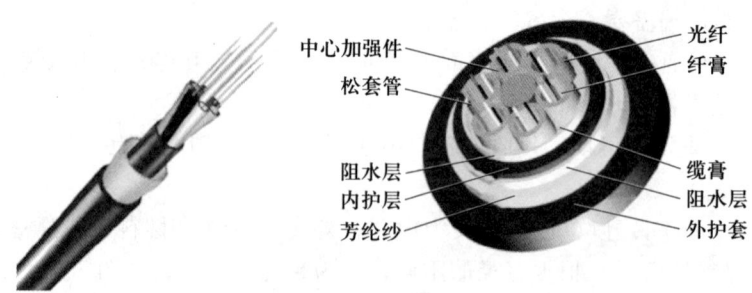

图 7.6 光纤的结构图

4. 微波传输和卫星传输

微波传输和卫星传输都属于无线通信。传输方式均以空气为传输介质,以电磁波为传输载体,联网方式较为灵活,适合应用在不易布线、覆盖面积大的地方。通过一些硬件的支持,可实现点对点或点对多点的数据通信和语音通信。通信方式如图 7.7 和图 7.8 所示。

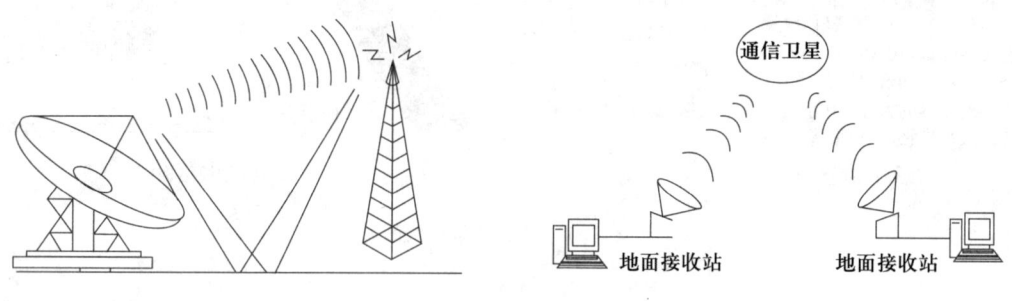

图 7.7 微波通信　　　　　　　　　　图 7.8 卫星通信

7.2.2 网卡

网卡也称为网络适配器或网络接口卡(network interface card,NIC),在局域网中用于将用户计算机与网络相连,大多数局域网采用以太(Ethernet)网卡,如 ISA 网卡、PCI 网卡、PCMCIA 卡(应用于笔记本电脑)、USB 网卡等,如图 7.9 所示。

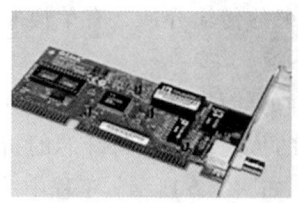
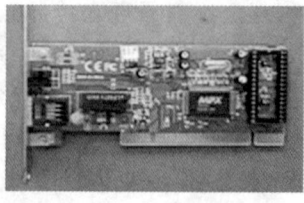

图 7.9 各种网卡外观图

网卡是一块插入微机 I/O 槽，发出和接收不同的信息帧、计算帧检验序列、执行编码译码转换等以实现微机通信的集成电路卡。网卡主要完成如下功能。

① 读入由其他网络设备（路由器、交换机、集线器或其他 NIC）传输过来的数据包（一般是帧的形式），经过拆包，将其变成客户机或服务器可以识别的数据，通过主板上的总线将数据传输到所需 PC 设备中（CPU、内存或硬盘）。

② 将 PC 设备发送的数据打包后输送至其他网络设备中。

网卡按总线类型可分为 ISA 网卡、PCI 网卡、USB 网卡等，如图 7.9 所示。其中，ISA 网卡的数据传送以 16 位进行，PCI 网卡的数据传送量为 32 位，速度较快，USB 网卡传输速率远远大于传统的并行接口和串行接口，并且其安装简单，即插即用，越来越受到厂商和用户的欢迎。

网卡的接口大小不一，其旁边还有红、绿两个小灯。网卡的接口有 3 种规格：粗同轴电缆接口（AUI 接口）、细同轴电缆接口（BNC 接口）、无屏蔽双绞线接口（RJ-45 接口）。一般的网卡仅一种接口，但也有两种甚至 3 种接口的，称为二合一或三合一卡。红、绿小灯是网卡的工作指示灯，红灯亮时表示正在发送或接收数据，绿灯亮则表示网络连接正常，否则就不正常。值得说明的是，倘若连接两台计算机线路的长度大于规定长度（双绞线为 100 m，细电缆是 185 m），即使连接正常，绿灯也不会亮。

7.2.3 交换机

交换机是一种用于电（光）信号转发的网络设备。它可以为接入交换机的任意两个网络结点提供独享的电信号通路。最常见的交换机是以太网交换机。其他常见的交换机还有电话语音交换机、光纤交换机等。

1. 3 种方式的数据交换

直通式（cut through）：封装数据包进入交换引擎后，在规定时间内丢到背板总线上，再送到目的端口，这种交换方式交换速度快，但容易出现丢包现象。

存储转发式（store&forward）：封装数据包进入交换引擎后被存在一个缓冲区，由交换引擎转发到背板总线上，这种交换方式克服了丢包现象，但降低了交换速度。

碎片隔离（fragment free）：介于上述两者之间的一种解决方案。它需检查数据包的长度是否够 64 个字节，如果小于 64 字节，那么说明是假包，则丢弃该包；如果大于 64 字节，则发送该包。这种方式也不提供数据校验。它的数据处理速度比存储转发方式快，但比直通式慢。

2. 背板带宽与端口速率

交换机将每一个端口都挂在一条背板总线（core bus）上，背板总线的带宽即背板带宽，端口速率即端口每秒吞吐多少数据包。

3. 模块化与固定配置

交换机从设计理念上讲只有两种：一种是机箱式交换机（也称为模块化交换机），另一种是独立式固定配置交换机。

机箱式交换机最大的特色就是具有很强的可扩展性，它能提供一系列扩展模块，如吉比特以太网模块、FDDI 模块、ATM 模块、快速以太网模块、令牌环模块等，所以能够将具有不同协议、不同拓扑结构的网络连接起来。它最大的缺点就是价格昂贵。机箱式交换机一般作为骨干交换机来使用。

固定配置交换机一般具有固定端口的配置，如图 7.10 所示。固定配置交换机的可扩充性不如机箱式交换机，但是成本低得多。

图 7.10　固定配置的交换机

7.2.4　路由器

路由器（router）是工作在 OSI 第 3 层（网络层）上、具有连接不同类型网络的能力并能够选择数据传送路径的网络设备，如图 7.11 所示。路由器有 3 个特征：工作在网络层上；能够连接不同类型的网络；具有路径选择能力。

图 7.11　路由器

1. 路由器工作在第 3 层上

路由器是第 3 层网络设备，这样说比较难以理解。为此先介绍一下集线器和交换机，集线器工作在第 1 层（即物理层），它没有智能处理能力，对它来说，数据只是电流而已。当一个端口的电流传到集线器中时，它只是简单地将电流传送到其他端口，至于其他端口连接的计算机接收不接收这些数据，它就不管了。交换机工作在第 2 层（即数据链路层），它要比集线器智能一些，对它来说，网络上的数据就是 MAC 地址的集合，它能分辨出帧中的源 MAC 地址和目的 MAC 地址，因此可以在任意两个端口间建立联系。但是交换机并不懂得 IP 地址，它只知道 MAC 地址。路由器工作在第 3 层（即网络层），它比交换机还要"聪明"一些，它能理解数据中的 IP 地址。如果它接收到一个数据包，那么就检查其中的 IP 地址，如果目标地址是本地网络的，那么就不理会；如果是其他网络的,那么就将数据包转发出本地网络。

2. 路由器能连接不同类型的网络

常见的集线器和交换机一般都是用于连接以太网的,但是如果将两种类型的网络连接起来,比如以太网与异步传输模式(asynchronous transfer mode,ATM)网,那么集线器和交换机就派不上用场了。路由器能够连接不同类型的局域网和广域网,如以太网、ATM 网、光纤分布式数据接口(fiber distributed data interface,FDDI)网、令牌环网等。不同类型的网络,其传送的数据单元——帧(frame)的格式和大小是不同的,就像公路运输是以汽车为单位装载货物,而铁路运输是以车皮为单位装载货物一样,从汽车运输改为铁路运输,必须把货物从汽车上放到火车车皮上,网络中的数据也是如此,数据从一种类型的网络传输至另一种类型的网络,必须进行帧格式转换。路由器就有这种能力,而交换机和集线器就没有这种能力。实际上,我们所说的"互联网",就是由各种路由器连接起来的,因为互联网上存在各种不同类型的网络,集线器和交换机根本不能胜任这个任务,所以必须由路由器来担当这个角色。

3. 路由器具有路径选择能力

在互联网中,从一个结点到另一个结点,可能有许多路径,路由器可以选择通畅快捷的近路,会大大提高通信速度,减轻网络系统通信负荷,节约网络系统资源,这是集线器和交换机所不具备的性能。

7.3 计算机局域网

7.3.1 局域网概述

自 20 世纪 70 年代末以来,微机由于价格不断下降而获得了日益广泛的使用,这就促使计算机局域网技术得到了飞速发展,并在计算机网络中占有非常重要的地位。

1. 局域网的特点

局域网最主要的特点是,网络为一个单位所拥有,且地理范围和站点数目均有限。在局域网刚刚出现时,局域网比广域网具有较高的传输速率、较低的时延和较小的误码率。但随着光纤技术在广域网中普遍使用,现在广域网也具有很高的传输速率和很低的误码率。

一个工作在多用户系统下的小型计算机,也基本上可以完成局域网所能做的工作,两者相比,局域网具有如下一些主要优点。

① 能方便地共享昂贵的外部设备、主机以及软件、数据,从一个站点可访问全网。
② 便于系统的扩展和逐渐演变,各设备的位置可灵活调整和改变。
③ 提高了系统的可靠性、可用性和残存性。

2. 局域网拓扑结构

网络拓扑结构是指一个网络中各个结点之间互连的几何形状。局域网的拓扑结构通常是指局域网的通信链路和工作结点在物理上连接在一起的布线结构,局域网的网络拓扑结构通常分为 3 种:总线型拓扑结构、星形拓扑结构和环形拓扑结构。

微视频7.4:计算机网络的拓扑结构

(1) 总线型拓扑结构

所有结点都通过相应硬件接口连接到一条无源公共总线上,任何一个结点发出的信息都可沿着总线传输,并被总线上其他任何一个结点接收。它的传输方向是从发送点向两端扩散传送,是一种广播式结构。总线结构的优点是安装简单,易于扩充,可靠性高,一个结点损坏不会影响整个网络工作;缺点是一次仅能一个端用户发送数据,其他端用户必须等到获得发送权才能发送数据,介质访问获取机制较复杂。总线型拓扑结构如图 7.12 所示。

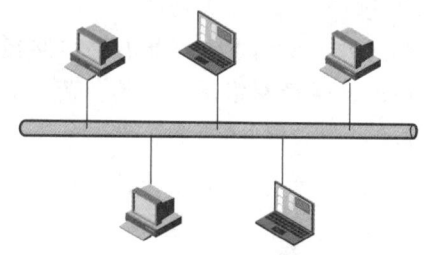

图 7.12 总线型拓扑结构示意图

(2) 星形拓扑结构

星形拓扑结构也称为辐射网,它将一个点作为中心结点,该点与其他结点均有线路连接。具有 N 个结点的星形网至少需要 $N-1$ 条传输链路。星形网的中心结点就是转接交换中心,其余 $N-1$ 个结点间相互通信都要经过中心结点来转接。中心结点可以是主机或集线器。因而该设备的交换能力和可靠性会影响网内所有用户。星形拓扑结构的优点是,利用中心结点可方便地提供服务和重新配置网络;单个连接点的故障只影响一个设备,不会影响全网,容易检测和隔离故障,便于维护;任何一个连接只涉及中心结点和一个站点,因此介质访问控制的方法很简单,从而访问协议也十分简单。星形拓扑结构的缺点是,每个站点直接与中心结点相连,需要大量电缆,因此费用较高;如果中心结点产生故障,则全网不能工作,所以对中心结点的可靠性和冗余度要求很高,中心结点通常采用双机热备份来提高系统的可靠性。星形拓扑结构如图 7.13 所示。

(3) 环形网络拓扑结构

环形结构中的各结点通过有源接口连接在一条闭合的环形通信线路中,是点对点结构。环形网中每个结点发送的数据流按环路设计的流向流动。为了提高可靠性,可采用双环或多环等冗余措施来解决。目前的环形结构中,采用了一种多路访问部件

(multistation access unit, MAU), 当某个结点发生故障时, 可以自动旁路, 隔离故障点, 这也使可靠性得到了提高。环形结构的优点是实时性好, 信息吞吐量大, 网的周长可达 200 km, 结点可达几百个。但因环路是封闭的, 所以扩充不便。IBM 公司于 1985 年率先推出令牌环网, 目前的 FDDI 网就使用这种双环结构。环形拓扑结构如图 7.14 所示。

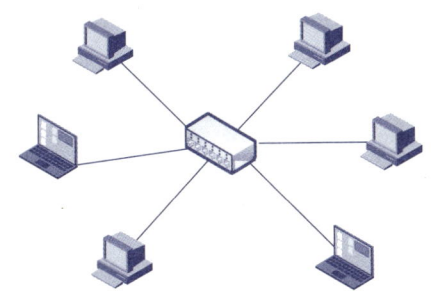 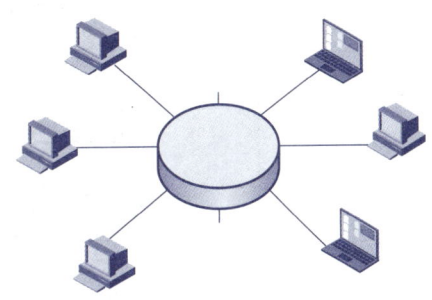

图 7.13 星形拓扑结构示意图　　　　图 7.14 环形拓扑结构示意图

7.3.2 带冲突检测的载波监听多路访问

在总线型和环形拓扑结构中, 网络上的设备必须共享传输线路, 为解决同一时间几个设备同时争用传输介质的问题, 需要有某种访问控制方式, 以便协调各设备访问介质的顺序, 在设备之间交换数据。带冲突检测的载波监听多路访问 (carrier sense multiple access with collision detection, CSMA/CD) 是一种介质访问控制技术, 也就是计算机访问网络的控制方式。

局域网的介质访问控制包括两个方面的内容: 一是要确定网络的每个结点能够将信息发送到介质上去的特定时刻; 二是如何对公用传输介质进行访问, 并加以利用和控制。常用的局域网介质访问控制方法主要有以下 3 种: CSMA/CD、令牌环 (token ring) 和令牌总线 (token bus)。后两种现在已经逐渐退出历史舞台。

CSMA/CD 是一种争用型的介质访问控制协议, 同时也是一种分布式介质访问控制协议。网内的所有结点都相互独立地发送和接收数据帧。在每个结点发送数据帧前, 先要对网络进行载波侦听, 如果网络上正有其他结点进行数据传输, 则该结点推迟发送数据, 继续进行载波侦听, 直到发现介质空闲, 才允许发送数据。如果两个或者两个以上结点同时检测到介质空闲并发送数据, 则发生冲突。在 CSMA/CD 中, 采取一边发送一边侦听的方法对数据进行冲突检测。如果发现冲突, 那么将会立即停止发送, 并向介质上发出一串阻塞脉冲信号来加强冲突, 以便让其他结点都知道已经发生冲突。冲突发生后, 要发送信号的结点将随机延时一段时间, 再重新争用介质, 直到发送成功。图 7.15 所示为 CSMA/CD 发送数据帧的工作原理。

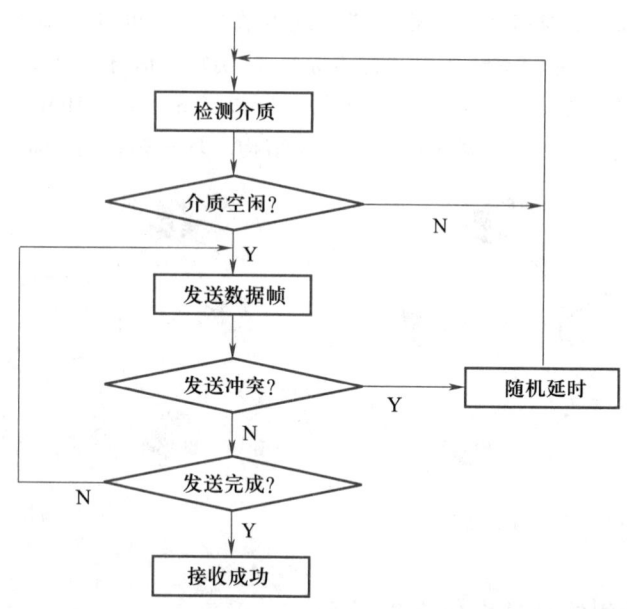

图 7.15　CSMA/CD 发送数据帧的工作原理

7.3.3　以太网

以太网是最早的局域网，最初由美国施乐（Xerox）公司研制成功，当时的传输速率只有 2.94 Mbps。1981 年，施乐公司与数字设备公司（DEC）及英特尔公司（Intel）合作，联合提出了 Ethernet 的规约，即 DIX 1.0 规范。后来以太网的标准由 IEEE 来制定，DIX Ethernet 就成了 IEEE 802.3 协议标准的基础。IEEE 802.3 标准是 IEEE 802 系列中的一个标准，由于是从 DIX Ethernet 标准演变而来，通常又叫以太网标准。

早期的以太网采用同轴电缆作为传输介质，数据传输速率为 10 Mbps。使用粗同轴电缆的以太网标准被称为 10Base-5 标准以太网。Base 指传输信号是基带信号，它采用的是 0.5 英寸的 50 Ω 同轴电缆作为传输介质，最远传输距离为 500 m，最多可连接 100 台计算机。使用细同轴电缆的以太网称为 10Base-2 标准以太网，它采用 0.2 英寸 50 Ω 同轴电缆作为传输介质，最远传输距离为 200 m，最多可连接 30 台计算机。

双绞线以太网 10Base-T 采用双绞线作为传输介质。10Base-T 网络中引入集线器（hub），网络采用树形拓扑结构或总线型和星形混合拓扑结构。这种结构具有良好的故障隔离功能，当网络任一线路或某工作站点出现故障时，均不影响网络其他站点，使得网络更加易于维护。

随着数据业务的增加，10 Mbps 网络已经不能满足业务需求。1993 年诞生了快速以太网 100Base-T，在 IEEE 标准中为 IEEE 802.3u。快速以太网的出现大大提升了网络速度，再加上快速以太网设备价格低廉，快速以太网很快成为局域网的主流。快速以太网从传统以太网上发展起来，保持了相同的数据格式，也保留了 CSMA/CD 介质访问控制方式。

目前，正式的 100Base-T 标准定义了 3 种物理规范以支持不同介质：100Base-T 用于使用两对线的双绞线电缆，100Base-T4 用于使用四对线的双绞线电缆，100Base-FX 用于光纤。

吉比特以太网是 IEEE 802.3 标准的扩展，在保持与以太网和快速以太网设备兼容的同时，提供 1 000 Mbps 的数据带宽。IEEE 802.3 工作组建立了 IEEE 802.3z 以太网小组来建立吉比特以太网标准。吉比特以太网继续沿袭了以太网和快速以太网的主要技术，并在线路工作方式上进行了改进，提供了全新的全双工工作方式。吉比特以太网可支持双绞线电缆、多模光纤、单模光纤等介质。目前吉比特以太网设备已经普及，主要被用在网络的骨干部分。

10 吉比特以太网技术的研究开始于 1999 年年底，2002 年 6 月，IEEE 802.3ae 标准正式发布，目前支持 9μm 单模、50 μm 多模和 62.5 μm 多模 3 种光纤。在物理层上，主要分为两种类型，一种为可与传统以太网实现连接速率为 10 GMbps 的"LAN PHY"，另一种为可连接 SDH/SONET、速率为 9.584 64 Gbps 的"WAN PHY"。两种物理层连接设备都可使用 10GBase-S（850 nm 短波）、10GBase-L（1 310 nm 长波）、10GBase-E（1 550 nm 长波）3 种规格，最大传输距离分别为 300 m、10 km、40 km。另外，LAN PHY 还包括一种可以使用波分复用（DWDM）技术的"10Gase-LX4"规格。WAN PHY 与 SONET OC-192 帧结构融合，可与 OC-192 电路、SONET/SDH 设备一起运行，可保护传统基础投资，使运营商能够在不同地区通过城域网提供端到端以太网。

7.4 因特网的基本技术与应用

7.4.1 因特网概述

1. 什么是因特网

因特网是一个全球性的"互联网"，英文名称为 Internet。它并非一个具有独立形态的网络，而是将分布在世界各地的、类型各异的、规模大小不一的、数量众多的计算机网络互连在一起而形成的网络集合体，成为当今最大的和最流行的国际性网络。

微视频7.5：因特网的基本技术与应用

因特网采用 TCP/IP 作为共同的通信协议，将世界范围内许许多多计算机网络连接在一起。用户只要与因特网相连，就能主动地利用这些网络资源，还能以各种方式和其他因特网用户交流信息。但因特网又远远超出一个提供丰富信息服务机构的范畴。它更像一个面对公众的自由松散的社会团体，一方面有许多人通过因特网进行信息交流和资源共享，另一方面又有许多人和机构资源将时间和精力投入到因特网中进行开发、运用和服务。因特网正逐步深入到社会生活的各个角落，成为人们生活中不可缺少的部分。网民对因特网的正面作用评价很高，认为因特网对工作、学习有很大帮助的网民占

93.1%，尤其是娱乐方面，认为因特网丰富了娱乐生活的网民比例高达94.2%。前10类互联网应用的使用率按高低排序依次是即时通信、网络视频、短视频、网络支付、网络购物、搜索引擎、网络新闻、网络音乐、网络直播、网络游戏。因特网除了上述10种用途外，还常用于网上外卖、网约车、在线办公、在线旅行预订、在线医疗、互联网理财等。

2. 因特网的起源和发展

因特网是由美国国防部高级研究计划署（defence advance research projects agency）于1969年12月建立的实验性网络ARPAnet发展演化而来的。ARPAnet是全世界第一个分组交换网，是一个实验性的计算机网，用于军事目的。其设计要求是支持军事活动，特别是研究如何建立网络才能经受如核战争那样的破坏或其他灾害性破坏，当网络的一部分（某些主机或部分通信线路）受损时，整个网络仍然能够正常工作。与此不同，因特网以民用为目的，最初它主要是面向科学与教育界的用户，后来才转到其他领域，为一般用户服务，成为非常开放的网络。ARPAnet模型为网络设计提供了一种思想：网络的组成成分可能是不可靠的，当从源计算机向目标计算机发送信息时，应该对承担通信任务的计算机而不是对网络本身赋予一种责任——保证把信息完整无误地送达目的地，这种思想始终体现在以后计算机网络通信协议的设计以及因特网的发展过程中。

因特网的真正发展是从NSFnet的建立开始的。最初，美国国家自然科学基金会（national science foundation，NSF）曾试图用ARPAnet作为NSFnet的通信干线，但这个决策没有取得成功。20世纪80年代是网络技术取得巨大进展的年代，不仅大量涌现出诸如以太网电缆和工作站组成的局域网，而且奠定了建立大规模广域网的技术基础。正是在这时提出了发展NSFnet的计划。1988年年底，NSF把在全国建立的五大超级计算机中心用通信干线连接起来，组成全国科学技术网NSFnet，并以此作为因特网的基础，实现同其他网络的连接。NSFnet连接了全美上百万台计算机，拥有几百万用户，是因特网最主要的成员网。采用因特网的名称是在MILnet（由ARPAnet分离出来）实现和NSFnet连接后开始的。此后，其他联邦部门的计算机网相继并入因特网，如能源科学网Esnet、航天技术网NASAnet、商业网COMnet等。之后，NSF巨型计算机中心一直肩负着扩展因特网的使命。

3. 因特网在我国的发展

中国已作为第71个国家级网加入因特网，1994年5月，以"中科院-北大-清华"为核心的"中国国家计算机网络设施"（the national computing and network facility of China，NCFC，国内也称为中关村网）已与因特网连通。目前，因特网已经在我国开放，通过中国公用互联网络（ChinaNet）或中国教育科研计算机网（CERNet）都可与因特网连通。只要有一台486计算机、一部调制解调器和一部国内直拨电话就能与因特网相连。

因特网在中国的发展历程可以大略地划分为3个阶段。

① 第一阶段为1986年6月~1993年3月，是研究试验阶段（E-mail only）。在此期间中国一些科研部门和高等院校开始研究因特网联网技术，并开展了科研课题和科技合作工作。这个阶段的网络应用仅限于小范围内的电子邮件服务，而且仅为少数高等院校、

研究机构提供电子邮件服务。

② 第二阶段为 1994 年 4 月～1996 年，是起步阶段（full function connection）。1994 年 4 月，中关村地区教育与科研示范网络工程进入因特网，实现和因特网的 TCP/IP 连接，从而开通了因特网全功能服务。从此中国被国际上正式承认为有因特网的国家。之后，ChinaNet、CERnet、CSTnet、ChinaGBnet 等多个因特网项目在全国范围相继启动，因特网开始进入公众生活，并在中国得到了迅速的发展。1996 年年底，中国因特网用户数已达 20 万，利用因特网开展的业务与应用逐步增多。

③ 第三阶段从 1997 年至今，是快速增长阶段。国内因特网用户自 1997 年以后基本保持每半年翻一番的增长速度，中国网民数增长迅速，在过去一年中平均每天增加网民 20 万人。据中国互联网络信息中心（CNNIC）公布的统计报告显示，截至 2021 年 12 月，中国网民规模达 10.32 亿，互联网普及率达到 73.0%，CN 域名注册量达到 3 593 万个。

4. 下一代网络

随着网络应用的广泛与深入，通信业呈现 3 个重要的发展趋势。移动通信业务超越了固定通信业务；数据通信业务超越了语音通信业务；分组交换业务超越了数据交换业务。由此引发了 3 项技术的基本形成：计算机网络的 IP 技术可将传统电信业的所有设备都变成互联网的终端；软交换技术可使各种新的电信业务方便地加载到电信网络中，加快电话网、移动通信网与互联网的融合；第三代、第四代的移动通信技术，将数据业务带入移动通信时代。

由此，计算机网络出现了两个重要的发展趋势：一是计算机网络、电信网络与有线电视网实现"三网融合"，即未来将会以一个网络完成上述三网的功能；二是基于 IP 技术的新型公共电信网的快速发展。这就是下一代网络（next generation network，NGN），同时也发展了下一代互联网（next generation Internet，NGI）。

NGI 是指"下一代的互联网技术"，而 NGN 指的是互联网应用给传输网带来的技术演变，导致新一代电信网的出现。通常认为，NGN 的主要特征是，建立在 IP 技术基础上的新型公共电信网络上，容纳各种类型的信息，提供可靠的服务质量保证，支持语音、数据与视频的多媒体通信业务，并且具备快速灵活的生成新业务的机制与能力。

7.4.2 因特网的接入

因特网是"网络的网络"，它允许用户随意访问任何连入其中的计算机，但如果要访问其他计算机，那么首先要把你的计算机系统连接到因特网上。

与因特网连接的方法大致有 4 种，简单介绍如下。

1. ISDN

综合业务数字网（integrated service digital network，ISDN）能在一根普通电话线上提供语音、数据、图像等综合业务，俗称"一线通"。

就像普通拨号上网要使用 Modem 一样，用户使用 ISDN 也需要专用的终端设备，主要由网络终端 NT1 和 ISDN 适配器组成。网络终端 NT1 好像有线电视上的用户接入盒一样必不可少，用户采用 ISDN 拨号方式接入需要申请开户，各种测试数据表明，双线上网速度并不能翻番,从发展趋势来看,窄带 ISDN 也不能满足高质量的 VOD 等宽带应用。

2. DDN

数字数据网(digital data network,DDN)是随着数据通信业务发展而迅速发展起来的一种新型网络。DDN 的主干网传输介质有光纤、数字微波、卫星信道等,用户端多使用普通电缆和双绞线。DDN 将数字通信技术、计算机技术、光纤通信技术以及数字交叉连接技术有机地结合在一起,提供了高速度、高质量的通信环境,可以向用户提供点对点、点对多点透明传输的数据专线出租电路,为用户传输数据、图像、声音等信息。DDN 的通信速率可根据用户需要在 $N \times 64 \text{Kbps}$($N = 1 \sim 32$)之间进行选择,当然速度越快租用费用也越高。DDN 主要面向集团公司等需要综合运用的单位。

3. ADSL

非对称数字用户线(asymmetrical digital subscriber line,ADSL)是一种能够通过普通电话线提供宽带数据业务的技术。ADSL 方案的最大特点是不需要改造信号传输线路,完全可以利用普通铜质电话线作为传输介质,配上专用的调制解调器即可实现数据高速传输。ADSL 支持上行速率 640 Kbps~1 Mbps,下行速率 1 Mbps~8 Mbps,其有效的传输距离在 3 km~5 km。在 ADSL 接入方案中,每个用户都有单独的一条线路与 ADSL 端局相连,它的结构可以看作是星形结构,数据传输带宽是由每一个用户独享的。

4. 光纤入户

"光纤入户"表示接入线路是光纤而不是普通网线,是目前最先进的宽带接入技术。这种技术速度快,稳定性高,还能支持更高的带宽,比如 20 Mbps、100 Mbps 等。

具体说,FTTH 是指将光网络单元(ONU)安装在住家用户或企业用户处,是光接入系列中除 FTTD(光纤到桌面)外最靠近用户的光接入网应用类型。FTTH 的显著技术特点是不但提供更大的带宽,而且增强了网络对数据格式、速率、波长和协议的透明性,放宽了对环境条件和供电等要求,简化了维护和安装。随着因特网的爆炸式发展,在因特网上的商业应用和多媒体等服务也得以迅猛推广,宽带网络一直被认为是构成信息社会最基本的基础设施。要享受因特网上的各种服务,用户必须接入高速的网络。为了实现用户接入因特网的数字化、宽带化,提高用户上网速度,光纤到户也是用户网现在的主要接入方式。

7.4.3 IP 地址与 MAC 地址

1. 网络 IP 地址

由于网际互联技术是将不同物理网络技术统一起来的高层软件技术,因此在统一的过程中,首先要解决的就是地址的统一问题。

TCP/IP 对物理地址的统一是通过上层软件完成的,确切地说,是在网际层中完成的。IP 提供一种在因特网中通用的地址格式,并在统一管理下进行地址分配,保证一个地址对应网络中的一台主机,这样物理地址的差异被网际

微视频7.6:IP和IP地址

层所屏蔽。网际层所用到的地址就是经常所说的 IP 地址。

IP 地址是一种层次型地址，携带关于对象位置的信息。它所要处理的对象比广域网要庞杂得多，无结构的地址是不能担此重任的。因特网在概念上分 3 个层次，如图 7.16 所示。

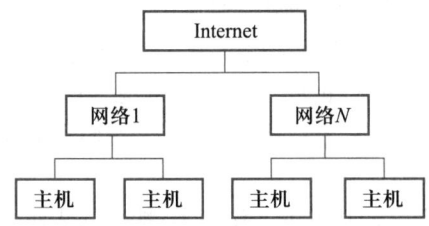

图 7.16 因特网在概念上的 3 个层次

IP 地址正是对上述结构的反映，因特网是由许多网络组成的，每一网络中有许多主机，因此必须分别为网络主机加以标识，以示区别。这种地址模式明显地携带位置信息，给出一主机的 IP 地址，就可以知道它位于哪个网络。

IP 地址是一个 32 位的二进制数，是将计算机连接到因特网的网际协议地址，它是因特网主机的一种数字型标识，一般用小数点隔开的十进制数表示，如 168.160.66.119，而实际上并非如此。IP 地址由网络标识（netid）和主机标识（hostid）两部分组成，网络标识用来区分因特网上互连的各个网络，主机标识用来区分同一网络上的不同计算机（即主机）。

IP 地址由 4 部分数字组成，每部分都不大于 255，各部分之间用小数点分开。例如，某 IP 地址用二进制数表示为

　　　　　　　　11001010　　11000100　　00000100　　01101010

用十进制表示为 202.196.4.106。

IP 地址通常分为以下 3 类。

① A 类。IP 地址的前 8 位为网络号，其中第 1 位为 "0"，后 24 位为主机号，其有效范围为 1.0.0.1~126.255.255.254。此 A 类地址的网络在全世界仅仅只有 126 个，每个网络可接入的主机数为 $2^8 \times 2^8 \times 2^8 - 2 = 16\,777\,214$ 个，所以通常供大型网络使用。

② B 类。IP 地址的前 16 位为网络号，其中第 1 位为 "1"，第 2 位为 "0"，后 16 位为主机号，其有效范围为 128.0.0.1~191.255.255.254。该类地址全球共有 $2^6 \times 2^8 = 16\,384$ 个。每个可连接的主机数为 $2^8 \times 2^8 - 2 = 65\,534$ 个，所以通常供中型网络使用。

③ C 类。IP 地址的前 24 位为网络号，其中第 1 位为 "1"，第 2 位为 "1"，第 3 位为 "0"，后 8 位为主机号，其有效范围为 192.0.0.1~223.255.255.254。该类地址全球共有 $2^5 \times 2^8 \times 2^8 = 2\,097\,152$ 个。每个可连接的主机数为 254 台，所以通常供小型网络使用。

2. 子网掩码

从 IP 地址的结构中可知，IP 地址由网络地址和主机地址两部分组成。这样 IP 地址

中具有相同网络地址的主机应该位于同一网络内，同一网络内的所有主机的 IP 地址中网络地址部分应该相同。不论是在 A、B 或 C 类网络中，具有相同网络地址的所有主机构成了一个网络。

通常一个网络本身并不只是一个大的局域网，它可能是由许多小的局域网组成的。因此，为了维持原有局域网的划分便于网络的管理，允许将 A、B 或 C 类网络进一步划分成若干个相对独立的子网。A、B 或 C 类网络通过 IP 地址中的网络地址部分来区分。在划分子网时，将网络地址部分进行扩展，占用主机地址的部分数据位。在子网中，为识别其网络地址与主机地址，引出一个新的概念：子网掩码（subnet mask）或网络屏蔽字（netmask）。

子网掩码的长度也是 32 位，其表示方法与 IP 地址的表示方法一致。其特点是，它的 32 位二进制可以分为两部分，第一部分全部为"1"，而第二部分则全部为"0"。子网掩码的作用在于，利用它来区分 IP 地址中的网络地址与主机地址。其操作过程为，将 32 位的 IP 地址与子网掩码进行二进制的逻辑与操作，得到的便是网络地址。比如，IP 地址为 166.111.80.16，子网掩码为 255.255.128.0，则该 IP 地址所属的网络地址为 166.111.0.0，而 166.111.129.32 子网掩码为 255.255.128.0，则该 IP 地址所属的网络地址为 166.111.128.0，原本为一个 B 类网络的两种主机被划分为两个子网。由 A、B 以及 C 类网络的定义中可知，它们具有默认的子网掩码。A 类地址的子网掩码为 255.0.0.0，B 类地址的子网掩码为 255.255.0.0，而 C 类地址的子网掩码为 255.255.255.0。

这样，便可以利用子网掩码来进行子网的划分。例如，某单位拥有一个 B 类网络地址 166.111.0.0，其默认的子网掩码为 255.255.0.0。如果需要将其划分成为 256 个子网，则应该将子网掩码设置为 255.255.255.0。于是，就产生了从 166.111.0.0 到 166.111.255.0 总共 256 个子网地址，而每个子网最多只能包含 254 台主机。此时，便可以为每个部门分配一个子网地址。

子网掩码通常用来进行子网的划分，它还有另外一个用途，即进行网络的合并，这一点对于新申请 IP 地址的单位很有用处。由于 IP 地址资源的匮乏，如今 A、B 类地址已分配完，即使具有较大的网络规模，所能够申请到的也只是若干个 C 类地址（通常会是连续的）。当用户需要将这几个连续的 C 类地址合并为一个网络时，就需要用到子网掩码。例如，某单位申请到连续 4 个 C 类网络，要将其合并成为一个网络，可以将子网掩码设置为 255.255.252.0。

3. IP 地址的申请组织及获取方法

IP 地址必须由国际组织统一分配。IP 组织分 A、B、C、D、E 共 5 类，A 类为最高级别的 IP 地址。

① 分配最高级 IP 地址的国际组织——国际网络信息中心（network information center，NIC）负责分配 A 类 IP 地址，有权重新刷新 IP 地址。

② 分配 B 类 IP 地址的国际组织 InterNIC、APNIC 和 ENIC。目前全世界有 3 个自治区系统组织：ENIC 负责欧洲地区的分配工作、InterNIC 负责北美地区、APNIC 负责亚太地区（设在日本东京大学）。我国属 APNIC，被分配 B 类地址。

③ 分配 C 类地址。由各国或地区的网管中心负责分配。

4. MAC 地址

在局域网中，硬件地址又称为物理地址或 MAC 地址（因为这种地址用在 MAC 帧中）。

在所有计算机系统的设计中，标识系统（identification system）是一个核心问题。在标识系统中，地址就是为识别某个系统的一个非常重要的标识符。

严格地讲，名字应当与系统的所在地无关。这就像每一个人的名字一样，不随所处的地点而改变。但是 802 标准为局域网规定了一种 48 bit 的全球地址（一般都简称为"地址"），是指局域网上的每一台计算机所插入的网卡上固化在 ROM 中的地址。

① 假定连接在局域网上的一台计算机的网卡坏了而更换了一个新的网卡，那么这台计算机的局域网的"地址"也就改变了，虽然这台计算机的地理位置一点也没变化，所接入的局域网也没有任何改变。

② 假定将位于南京的某局域网上的一台笔记本电脑转移到北京，并连接在北京的某局域网。虽然这台笔记本电脑的地理位置改变了，但只要笔记本电脑中的网卡不变，那么该笔记本电脑在北京的局域网中的"地址"仍然和它在南京的局域网中的"地址"一样。

现在 IEEE 的注册管理委员会（registration authority committee，RAC）是局域网全球地址的法定管理机构，它负责分配地址字段的 6 个字节中的前 3 个字节（即高位 24 bit）。世界上凡要生产局域网网卡的厂家都必须向 IEEE 购买由这 3 个字节构成的一个号（即地址块），这个号的正式名称是机构唯一标识符（organizationally unique identifier，OUI），通常也叫公司标识符（Company_id）。例如，3Com 公司生产的网卡的 MAC 地址的前 6 个字节是 02-60-8C；地址字段中的后 3 个字节（即低位 24 bit）则是由厂家自行指派的，称为扩展标识符（extended identifier），只要保证生产出的网卡没有重复地址即可。可见用一个地址块可以生成 2^{24} 个不同的地址。用这种方式得到的 48 bit 地址称为 MAC-48，它的通用名称是 EUI-48。这里 EUI 表示扩展的唯一标识符（extended unique identifier）。EUI-48 的使用范围更广，不限于硬件地址，如用于软件接口。但应注意，24 bit 的 OUI 不能够单独用来标志一个公司，因为一个公司可能有几个 OUI，也可能由几个小公司合起来购买一个 OUI。在生产网卡时这种 6 字节的 MAC 地址已被固化在网卡的只读存储器（ROM）中。因此，MAC 地址也常常叫做硬件地址（hardware address）或物理地址。可见"MAC 地址"实际上就是网卡地址或网卡标识符 EUI-48。当这块网卡插入到某台计算机后，网卡上的标识符 EUI-48 就成为这个计算机的 MAC 地址了。

5. IPv6

IP 是因特网的核心协议。现在使用的 IP（即 IPv4）是在 20 世纪 70 年代末期设计的。无论从计算机本身发展还是从因特网规模和网络传输速率来看，现在 IPv4 已很不适用了。这里最主要的问题就是 32 bit 的 IP 地址不够用。

要解决 IP 地址耗尽的问题，可以采用以下 3 个措施。

① 采用无分类编址 CIDR，使 IP 地址的分配更加合理。

② 采用网络地址转换 NAT 方法，可节省许多全球 IP 地址。
③ 采用具有更大地址空间的新版本的 IP，即 IPv6。

尽管上述前两项措施的采用使得 IP 地址耗尽的日期推后了不少，但却不能从根本上解决 IP 地址即将耗尽的问题。因此，治本的方法应当是上述的第 3 种方法。

及早开始过渡到 IPv6 的好处是，有更多的时间来规划平滑过渡；有更多的时间培养 IPv6 的专门人才；及早提供 IPv6 服务比较便宜，因此现在有些 ISP 已经开始进行 IPv6 的过渡。

IETF 早在 1992 年 6 月就提出要制定下一代的 IP，即 IPng（IP next generation），IPng 现在正式称为 IPv6。1998 年 12 月发表的"RFC 2460-2463"已成为 Internet 草案标准协议，应当指出，换一个新版本的 IP 并非易事。世界上许多团体都从因特网的发展中看到了机遇，因此在新标准的制订过程中出于自身的经济利益而产生了激烈的争论。

IPv6 仍支持无连接的传送，但将协议数据单元 PDU 称为分组，而不是 IPv4 的数据报。为方便起见，本书仍采用数据报这一名词。

IPv6 所引进的主要变化如下：

① 更大的地址空间。IPv6 将地址从 IPv4 的 32 bit 增大到了 128 bit，使地址空间增大了 2^{96} 倍。这样大的地址空间在可预见的将来是不会用完的。

② 扩展的地址层次结构。IPv6 由于地址空间很大，因此可以划分为更多的层次。

③ 灵活的首部格式。IPv6 数据报的首部和 IPv4 的并不兼容。IPv6 定义了许多可选的扩展首部，不仅可提供比 IPv4 更多的功能，而且还可提高路由器的处理效率，这是因为路由器对扩展首部不进行处理。

④ 改进的选项。IPv6 允许数据报包含有选项的控制信息，因而可以包含一些新的选项，IPv4 所规定的选项是固定不变的。

⑤ 允许协议继续扩充。这一点很重要，因为技术总在不断地发展（如网络硬件的更新），而新的应用也还会出现，但 IPv4 的功能是固定不变的。

⑥ 支持即插即用（即自动配置）。

⑦ 支持资源的预分配。IPv6 支持实时视像等要求保证一定的带宽和时延的应用。

IPv6 将首部长度变为固定的 40 bit，称为基本首部（base header）。将不必要的功能取消了，首部的字段数减少到只有 8 个（虽然首部长度增大一倍）。此外，还取消了首部的检验和字段（考虑到数据链路层和运输层部有差错检验功能）。这样就加快了路由器处理数据报的速度。

IPv6 数据报在基本首部的后面允许有零个或多个扩展首部（extension header），再后面是数据。但请注意，所有的扩展首部都不属于数据报的首部。所有的扩展首部和数据合起来叫数据报的有效载荷（payload）或净负荷。

6. IPv4 向 IPv6 的过渡

由于现在整个因特网上使用老版本 IPv4 的路由器的数量太多，因此，"规定一个日期，从这一天起所有的路由器一律都改用 IPv6"，显然是不可行的。这样，向 IPv6 过渡只能采用逐步演进的办法，同时，还必须使新安装的 IPv6 系统能够向后兼容，这就是说，

IPv6 系统必须能够接收和转发 IPv4 分组，并且能够为 IPv4 分组选择路由。

下面介绍两种向 IPv6 过渡的策略，即使用双协议栈和使用隧道技术。

双协议栈（dual stack）是指在完全过渡到 IPv6 之前，使一部分主机（或路由器）装有两个协议栈，一个 IPv4 和一个 IPv6。因此，双协议栈主机（或路由器）既能够和 IPv6 的系统通信，又能够和 IPv4 的系统通信。双协议栈的主机（或路由器）记为 IPv6/IPv4，表明它具有两种 IP 地址：一个 IPv6 地址和一个 IPv4 地址。

双协议栈主机在和 IPv6 主机通信时采用 IPv6 地址，而和 IPv4 主机通信时就采用 IPv4 地址。但双协议栈主机怎样知道目的主机是采用哪一种地址呢？它是使用域名系统 DNS 来查询的。若 DNS 返回的是 IPv4 地址，双协议栈的源主机就使用 IPv4 地址。但当 DNS 返回的是 IPv6 地址时，源主机就会使用 IPv6 地址。

向 IPv6 过渡的另一种方法是隧道技术（tunneling）。这种方法的要点就是在 IPv6 数据报要进入 IPv4 网络时，将 IPv6 数据报封装成为 IPv4 数据报（整个 IPv6 数据报变成了 IPv4 数据报的数据部分），然后 IPv6 数据报就在 IPv4 网络的隧道中传输，当 IPv4 数据报离开 IPv4 网络中的隧道时再将其数据部分（即原来的 IPv6 数据报）交给主机的 IPv6 协议栈。要使双协议栈的主机知道 IPv4 数据报里面封装的数据是一个 IPv6 数据报，就必须将 IPv4 首部的协议字段的值设置为 41（41 表示数据报的数据部分是 IPv6 数据报）。

7.4.4 WWW 服务

1. WWW 服务概述

WWW（world wide web）是环球信息网的缩写，一般把它称为"环球网"或"万维网"。WWW 是一个基于超文本（hypertext）方式的信息浏览服务，它为用户提供了一个可以轻松驾驭的图形化用户界面，以查阅 Internet 上的文档。这些文档与它们之间的链接一起构成了一个庞大的信息网，称为 WWW 网。

现在 WWW 服务是因特网上最主要的应用，通常所说的上网、看网站一般说来就是使用 WWW 服务。WWW 技术最早是在 1992 年由欧洲粒子物理实验室（CERN）研制的，它可以通过超链接将位于全世界因特网上不同地点的不同数据信息有机地结合在一起。对用户来说，WWW 带来的是世界范围的超级文本服务，这种服务是非常易于使用的。只要操纵计算机的鼠标进行简单的操作，就可以通过因特网从全世界任何地方查询到希望得到的文本、图像、影像和声音等信息。

Web 允许用户通过跳转或"超链接"从某一页跳到其他页。可以把 Web 看作是一个巨大的图书馆，Web 结点就像一本本书，而 Web 页好比书中特定的页。页可以包含新闻、图像、动画、声音、3D 世界以及其他任何信息，而且能存放在全球任何地方的计算机上。由于它良好的易用性和通用性，使得非专业的用户也能非常熟练地使用它。另外，它制定了一套标准的、易为人们掌握的超文本标记语言（HTML）、信息资源的统一定位格式（URL）和超文本传送通信协议（HTTP）。

随着技术的发展，传统的因特网服务如 Telnet、FTP、Gopher 和 Usenet News（因特网的电子公告板服务）现在也可以通过 WWW 的形式实现了。通过使用 WWW，一个不熟悉网络的人也可以很快成为因特网的行家，自由地使用因特网的资源。

2. WWW 的工作原理

WWW 中的信息资源主要由一篇篇的 Web 文档，或称 Web 页为基本元素构成。这些 Web 页采用超文本（hyper text）的格式，即可以含有指向其他 Web 页或其本身内部特定位置的超链接，或简称链接。可以将链接理解为指向其他 Web 页的"指针"。链接使得 Web 页交织为网状。这样，如果因特网上的 Web 页和链接非常多，那么就构成了一个巨大的信息网。

当用户从 WWW 服务器取到一个文件后，用户需要在自己的屏幕上将它正确无误地显示出来。由于将文件放入 WWW 服务器的人并不知道将来阅读这个文件的人到底会使用哪一种类型的计算机或终端，要保证每个人在屏幕上都能读到正确显示的文件，必须以一种各类型的计算机或终端都能"看懂"的方式来描述文件，于是就产生了 HTML——超文本语言。

HTML（hype text markup language）的正式名称是超文本标记语言。HTML 对 Web 页的内容、格式及 Web 页中的超链接进行描述，而 Web 浏览器的作用就在于读取 Web 网点上的 HTML 文档，再根据此类文档中的描述组织并显示相应的 Web 页面。

HTML 文档本身是文本格式的，用任何一种文本编辑器都可以对它进行编辑。HTML 有一套相当复杂的语法，专门提供给专业人员用来创建 Web 文档，一般用户并不需要掌握它。在 UNIX 系统中，HTML 文档的后缀为".html"，而在 DOS/Windows 系统中则为".htm"。

3. WWW 服务器

WWW 服务器是任何运行 Web 服务器软件、提供 WWW 服务的计算机。理论上来说，这台计算机应该有一个非常快的处理器、一个巨大的硬盘和大容量的内存，但是，所有这些技术需要的基础就是它能够运行 Web 服务器软件。

下面给出服务器软件的一个详细定义。

① 支持 WWW 的协议 HTTP（基本特性）。

② 支持 FTP、USENET、Gopher 和其他的因特网协议（辅助特性）。

③ 允许同时建立大量的链接（辅助特性）。

④ 允许设置访问权限和其他不同的安全措施（辅助特性）。

⑤ 提供一套健全的例行维护和文件备份的特性（辅助特性）。

⑥ 允许在数据处理中使用定制的字体（辅助特性）。

⑦ 允许俘获复杂的错误和记录交通情况（辅助特性）。

对于用户来说，存在不同品牌的 Web 服务器软件可供选择，除了 FrontPage 中包括的 Personal Web Server，Microsoft 还提供了另外一种流行的 Web 服务器，名为 Internet Information Server（IIS）。

4. WWW 的应用领域

WWW 是因特网发展最快、最吸引人的一项服务，它的主要功能是提供信息查询，不仅图文并茂，而且范围广、速度快，所以 WWW 几乎应用在人类生活、工作的所有领域。

最突出的有如下几方面。

① 交流科研进展情况，这是最早的应用。

② 宣传单位。企业、学校、科研院所、商店、政府部门，都通过主页介绍自己。许多个人也拥有自己的主页，让世界了解自己。

③ 介绍产品与技术。通过主页介绍本单位开发的新产品、新技术，并进行售后服务，越来越成为企业、商家的促销渠道。

④ 远程教学。因特网流行之前的远程教学方式主要是广播电视。有了因特网，在一间教室安装摄像机，全世界都可以听到该教师的讲课。另外，学生和教师可以不同时联网，学生仍可以通过因特网获取自己感兴趣的内容。

⑤ 新闻发布。各大报纸、杂志、通讯社、体育、科技都通过 WWW 发布最新消息。例如彗星与木星碰撞的照片，由世界各地的天文观测中心及时通过 WWW 发布。

⑥ 世界各大博物馆、艺术馆、美术馆、动物园、自然保护区和旅游景点介绍自己的珍品，成为人类共有资源。

⑦ 休闲娱乐交朋友，下棋打牌看电影，丰富人们的业余生活。

5. WWW 浏览器

在因特网上发展最快、使用最多、应用最广泛的是 WWW 浏览服务，且在众多的浏览器软件中，最常用的是微软公司的 IE（Internet Explorer）浏览器和 Google（谷歌）公司的开放源代码网页浏览器 Google Chrome。

（1）微软公司的 IE 浏览器

美国微软公司为了争夺和占领浏览器市场，大量投入人力、财力加紧研制用于因特网的 WWW 浏览器，一举从网景公司手中夺得大片浏览器市场。微软公司的 IE 流行的版本有 V7.0、V8.0、V9.0、V10.0、V11.0，现在使用最广泛的是 IE V11.0。2022 年 6 月 16 日，IE 正式退役，其功能由 Edge 浏览器接棒。

（2）Google Chrome 浏览器

Chrome 是谷歌公司开发的浏览器，又称 Google 浏览器。Chrome 是在中国的通俗名字，取意"开阔你的视野"。

Chrome 包含了"无痕浏览"（incognito）模式（与 Safari 的"私密浏览"和 Internet Explorer 8 的 InPrivate 类似），这个模式可以"让你在完全隐秘的情况下浏览网页，因为你的任何活动都不会被记录下来"，同时也不会存储 cookies。当在窗口中启用这个功能时，"任何发生在这个窗口中的事情都不会进入你的计算机。"

Chrome 的标志性功能之一就是把搜索引擎 Omnibox 融入其中。用户可以在 Omnibox 中输入网站地址或搜索关键字，或者同时输入这两者，Chrome 会自动执行用户希望的操作，Omnibox 能够了解用户的偏好，如果一用户喜欢使用 PCWorld 网站的搜索功能，那么一旦用户访问该站点，Chrome 就会记得 PCWorld 网站有自己的搜索框，并让用户选择是否使用该站点的搜索功能。如果用户选择使用 PCWorld 网站的搜索功能，那么系统将自动执行搜索操作。

7.4.5 域名系统

1. 什么是域名

前面讲到的 IP 地址，是因特网上互连的若干主机进行内部通信时，区分和识别不同主机的数字型标志，这种数字型标志对于上网的广大一般用户而言却有很大的缺点，它既无简明的含义，又不容易被用户很快记住。因此，为解决这个问题，人们又规定了一种字符型标志，称之为域名（domain name）。如同每个人的姓名和每个单位的名称一样，域名是因特网上互连的若干主机（或称网站）的名称。广大网络用户能够很方便地用域名访问因特网上自己感兴趣的网站。

从技术上讲，域名只是一个因特网中用于解决地址对应问题的一种方法，可以说只是一个技术名词。但是，由于因特网已经成为全世界人的因特网，域名也自然地成为一个社会科学名词。

从社会科学的角度看，域名已成为因特网文化的组成部分。

从商界看，域名已被誉为"企业的网上商标"。没有一家企业不重视自己产品的标识——商标，而域名的重要性和其价值，也已经被全世界的企业所认识。

2. 为什么要注册域名

因特网这个信息时代的宠儿，已经走出了襁褓，为越来越多的人所认识，电子商务、网上销售、网络广告已成为商界关注的热点。"上网"已成为不少人的口头禅。但是，要想在网上建立服务器发布信息，则必须首先注册自己的域名，只有有了自己的域名才能让别人访问到自己。所以，域名注册是在因特网上建立任何服务的基础。同时，由于域名的唯一性，尽早注册又是十分必要的。

域名一般是由一串用点分隔的字符串组成的，组成域名的各个不同部分常称为子域名（sub-domain），它表明了不同的组织级别，从左向右可不断增加，类似于通信地址一样从广泛的区域到具体的区域。理解域名的方法是从右向左来看各个子域名，最右边的子域名称为顶级域名，它是对计算机或主机最一般的描述。越往左看，子域名越具有特定的含义。域名的结构是分层结构，从右到左的各子域名分别说明不同国家或地区的名称、组织类型、组织名称、分组织名称和计算机名。

以××.jsjx.zzu.edu.cn 为例，顶级域名 cn 代表中国，第 2 个子域名 edu 表明这台主机属于教育部门，zzu 具体指明是郑州大学，其余的子域名是计算机系 jsjx 的一台名为××的主机。注意，在因特网地址中不得有任何空格存在，而且因特网地址不区分大写或小写字母，但作为一般的原则，在使用因特网地址时，最好全用小写字母。

顶级域名可以分成两大类，一类是组织性顶级域名，另一类是地理性顶级域名。

组织性顶级域名是为了说明拥有并对因特网主机负责的组织类型。组织性顶级域名是在国际性因特网产生之前的地址划分，主要是在美国国内使用，随着因特网扩展到世界各地，新的地理性顶级域名便产生了，它仅用两个字母的缩写形式来完全表示某个国家或地区。表 7.2 所示为组织性顶级域名和地理性顶级域名的例子。如果一个因特网地址的顶级域名不是地理性域名，那么该地址一定是美国国内的因特网地址，换句话讲，因特网地址的地理性顶级域名的默认值是美国，即表中 us 顶级域名通常没有必要使用。

表 7.2　组织性顶级域名和地理性顶级域名

组织性顶级域名		地理性顶级域名			
域名	含义	域名	含义	域名	含义
com	商业组织	au	澳大利亚	it	意大利
edu	教育机构	ca	加拿大	jp	日本
gov	政府机构	cn	中国	sg	新加坡
int	国际性组织	de	德国	uk	英国
mil	军队	fr	法国	us	美国
net	网络技术组织	in	印度		
org	非营利组织				

为保证因特网上的 IP 地址或域名地址的唯一性，避免导致网络地址的混乱，用户需要使用 IP 地址或域名地址时，必须通过电子邮件向网络信息中心（NIC）提出申请。目前世界上有 3 个网络信息中心：InterNIC（负责美国及其他地区）、RIPENIC（负责欧洲地区）和 APNIC（负责亚太地区）。

我国网络域名的顶级域名为 CN，二级域名分为类别域名和行政区域名两类。行政区域名共 34 个，包括各省、自治区、直辖市。类别域名如表 7.3 所示。

表 7.3　二级类别域名

域名	含义
ac	科研机构
com	工、商、金融等企业
edu	教育机构
gov	政府部门
net	因特网络，接入网络的信息中心和运行中心
org	非营利性的组织

我国由 CERNET 网络中心受理二级域名 EDU 下的三级域名注册申请，CNNIC 网络中心受理其余二级域名下的三级域名注册申请。除此之外，还包括如表 7.4 所示的省市级域名。

表 7.4　省市级域名

域名	含义	域名	含义	域名	含义
Bj:	北京市	Sh:	上海市	Tj:	天津市
Ln:	辽宁省	Jl:	吉林省	Hl:	黑龙江省

续表

域名	含义	域名	含义	域名	含义
Fj：	福建省	Jx：	江西省	Hi：	海南省
Gd：	广东省	Gx：	广西	Gs：	甘肃省
Xz：	西藏	Sn：	陕西省	Hk：	香港特别行政区
Nm：	内蒙古	Tw：	台湾地区	Sx：	山西省
Cq：	重庆市	He：	河北省	Ah：	安徽省
Js：	江苏省	Zj：	浙江省	Hn：	湖南省
Ha：	河南省	Hb：	湖北省	Yn：	云南省
Sc：	四川省	Gz：	贵州省	Xj：	新疆
Qh：	青海省	Nx：	宁夏		
Mo：	澳门特别行政区	Sd：	山东省		

3. 网络域名注册

申请注册三级域名的用户首先必须遵守国家对因特网的各种规定和法律，还必须拥有独立法人资格。在申请域名时，各单位的三级域名原则上采用其单位的中文拼音或英文缩写，com 域下每个公司只登记一个域名，用户申请的三级域名，域名中字符的组合规则如下。

① 在域名中，不区分英文字母的大小写。

② 域名的长度是有一定限制的，CN 下域名命名的规则如下。

a. 遵照域名命名的全部共同规则。

b. 只能注册三级域名，三级域名用字母（A~Z，a~z，大小写等价）、数字（0~9）和连接符（-）组成，各级域名之间用实点（.）连接，三级域名长度不得超过 20 个字符。

c. 不得使用，或限制使用以下名称。

含有"CHINA""CHINESE""CN""NATIONAL"等，必须经国家有关部门（指部级以上单位）正式批准。

公众知晓的其他国家或者地区名称、外国地名、国际组织名称不得使用。

县级以上（含县级）行政区划名称的全称或者缩写，需要相关县级以上（含县级）人民政府正式批准。

行业名称或者商品的通用名称不得使用。

他人已在中国注册过的企业名称或者商标名称不得使用。

对国家、社会或者公共利益有损害的名称不得使用。

经国家有关部门（指部级以上单位）正式批准和相关县级以上（含县级）人民政府正式批准是指，相关机构要出具书面文件表示同意××××单位注册××××域名。例如，要申请 beijing.com.cn 域名，要提供北京市人民政府的批文。

国内用户申请注册域名，应向中国因特网络信息中心提出，该中心是由国务院信息化工作领导小组办公室授权的提供因特网域名注册的唯一合法机构。

7.4.6 电子邮件

电子邮件（E-mail）是 Internet 应用最广的服务，通过网络的电子邮件系统，可以用非常低廉的价格（不管发送到哪里，都只需负担网费即可），以非常快速的方式（几秒之内可以发送到世界上任何指定的目的地），与世界上任何一个角落的网络用户联系。这些电子邮件可以是文字、图像、声音等各种文件。同时，可以得到大量免费的新闻、专题邮件，并实现轻松的信息搜索。正是由于电子邮件的使用简易、投递迅速、收费低廉、易于保存、全球畅通无阻，使得电子邮件被广泛地应用，它使人们的交流方式得到了极大的改变。

近年来随着因特网的普及和发展，万维网上出现了很多基于 Web 页面的免费电子邮件服务，用户可以使用 Web 浏览器访问和注册自己的用户名与口令，一般可以获得存储容量达数 GB 的电子邮箱，并可以以注册的用户名登录，收发电子邮件。如果经常需要收发一些大的附件，那么网易、腾讯等都能很好地满足要求。

因特网的电子邮件系统一般由两台服务器构成：一台称作邮件接收服务器（POP3），专门用于邮件的接收、存储；另一台称作邮件发送服务器（SMTP），专门用于邮件发送。在收发邮件之前，必须向 ISP（互联网服务提供商）申请电子信箱。每个用户经过申请，都可以拥有属于自己的电子邮箱。每个电子邮箱都有一个唯一的邮件地址，邮件地址的组成形式如下：

邮箱名@邮箱所在的主机域名

例如，mat68@163.com 是一个邮箱地址，其中，邮箱的名字是 mat68，邮箱所在的主机是 163.com。

收发电子邮件要使用相应的软件，最简单的是使用 Web 在线收发电子邮件，另外一种方法是使用 Outlook Express、FoxMail 等软件收发电子邮件。无论使用哪种方式，电子邮件都会有以下几种基本功能：写信、邮件收发、随信附件、信件回复与转发、信件地址管理、参数配置等。

用户使用 Web 电子邮件服务时几乎无须设置任何参数，直接通过浏览器收发电子邮件，阅读与管理服务器上个人电子信箱中的电子邮件（一般不在用户计算机上保存电子邮件），大部分电子邮件服务器还提供了自动回复功能。电子邮件具有使用简单方便、安全可靠、便于维护等优点，其缺点是用户在编写、收发、管理电子邮件的全过程都需要联网，不利于采用计时付费上网的用户。由于现在电子邮件服务被广泛应用，用户都会使用，所以具体操作过程不再赘述。

7.4.7 文件传输

文件传输是指把文件通过网络从一个计算机系统复制到另一个计算机系统的过程。在因特网中，实现这一功能的是 FTP。像大多数的因特网服务一样，FTP 也采用客户机—

服务器模式,当用户使用一个名叫 FTP 的客户程序时,就和远程主机上的服务程序相连了。若用户输入一个命令,要求服务器传送一个指定的文件,服务器就会响应该命令,并传送这个文件;用户的客户程序接收这个文件,并把它存入用户指定的目录中。从远程计算机上复制文件到自己的计算机上,称为"下传"(downloading)文件;从自己的计算机上复制文件到远程计算机上,称为"上传"(uploading)文件。使用 FTP 程序时,用户应输入 FTP 命令和想要连接的远程主机的地址。一旦程序开始运行并出现提示符"ftp"后,就可以输入命令了,如可以查询远程计算机上的文档,也可以变换目录等。远程登录是由本地计算机通过网络,连接到远端的另一台计算机上作为这台远程主机的终端,可以实地使用远程计算机上对外开放的全部资源,也可以查询数据库、检索资料或利用远程计算机完成大量的计算工作。

在实现文件传输时,需要使用 FTP 程序。IE 和 Chrome 浏览器都带有 FTP 程序模块。用户可在浏览器窗口的地址栏直接输入远程主机的 IP 地址或域名,浏览器将自动调用 FTP 程序。例如,要访问主机为 172.20.33.25 的服务器,在地址栏输入 ftp://172.20.33.25。当连接成功后,输入用户名和密码后,浏览器窗口就会显示出该服务器上的文件夹和文件名列表,如图 7.17 所示。

图 7.17 访问 FTP 站点

如果想从站点上下载文件，那么可参考站点首页的文件。找到需要的文件，右击所需下载文件的文件名，弹出快捷菜单，选择"目标地点另存为"命令，选择路径后，下载过程开始。

文件上载对服务器而言是"写入"，这就涉及使用权限问题。上载的文件需要传送到 FTP 服务器上指定的文件夹或通过右击文件夹名，选择快捷菜单中的"属性"命令，打开"FTP 属性"对话框可以查看该文件是否具有"写入"权限。

若用户没有账号，则不能正式使用 FTP，但可以匿名使用 FTP。匿名 FTP 允许没有账号和口令的用户以 anonymous 或 FTP 特殊名来访问远程计算机，当然，这样会有很大的限制。匿名用户一般只能获取文件，不能在远程计算机上建立文件或修改已存在的文件，对可以复制的文件也有严格的限制。当用户以 anonymous 或 FTP 登录后，FTP 可接受任何字符串作为口令，但一般要求用电子邮件的地址作为口令，这样服务器的管理员能知道谁在使用，当需要时可及时联系。

拓展阅读：文献检索

习 题 7

1. 名词解释。
(1) TCP/IP；(2) IP 地址；(3) URL；(4) 域名；(5) 网关。
2. 简述因特网发展史，因特网提供哪些服务？常用的因特网连接方式是什么？
3. 什么是 WWW？什么是 FTP？
4. IP 地址和域名的作用是什么？
5. 分析以下域名的结构。
(1) www.×××××.com；(2) www.××.ha.cn；(3) www.×××.edu.cn。
6. Web 服务器使用什么协议？简述 Web 服务程序和 Web 浏览器的基本作用。
7. 什么是计算机网络？它主要涉及哪几方面的技术？其主要功能是什么？
8. 从网络的地理范围来看，计算机网络如何分类？
9. 什么是网络拓扑结构？常用的网络拓扑结构有哪几种？
10. 简述网络适配器的功能、作用及组成。

第 8 章　信息安全与职业道德

本章主要阐述信息安全的概念，介绍信息安全的策略和信息安全技术；介绍计算机病毒的概念、特点及防治方法；介绍计算机黑客及如何预防黑客攻击；还介绍知识产权的概念、特点以及计算机软件著作权的相关知识；最后介绍信息社会应遵守的道德规范和相关的法律法规。

【知识要点】
1. 信息安全概述、信息安全策略、信息安全技术
2. 计算机病毒及网络黑客的概念、防治方法
3. 知识产权概念、分类和特点、计算机软件著作权
4. 使用计算机的职业道德及相关法律法规

电子教案：信息安全与职业道德

微视频：第8章章首导读

8.1　信息安全概述

信息安全本身包括的范围很大，大到国家军事政治机密安全，小到防范政府企业机密的泄露、个人信息的泄露等。网络环境下的信息安全体系是保证信息安全的关键，包括计算机安全系统、各种安全协议、安全机制，直至安全系统，其中任何一个安全漏洞都可以威胁全局安全。

8.1.1　信息安全相关概念

信息安全是指信息网络的硬件、软件及其系统中的数据受到保护，不受偶然的或者恶意的原因而遭到破坏、更改、泄露，系统连续可靠正常地运行，信息服务不中断，最终实现业务连续性。

有很多原因可能导致信息安全受到威胁，下面对其主要影响因素进行介绍。

硬件及物理因素：指系统硬件及环境的安全性，如机房设施、计算机主体、存储系统、辅助设备、数据通信设施以及存储介质的安全性。

软件因素：指系统软件及环境的安全性，软件的非法删改、复制与窃取都可能造成系统损失、泄密等情况，如计算机病毒即是以软件为手段侵入系统造成破坏。

人为因素：指人为操作、管理的安全性，包括工作人员的素质、责任心，严密的行政管理制度、法律法规等。防范人为因素方面的安全，即是防范人为主动因素直接对系统安全所造成的威胁。

数据因素：指数据信息在存储和传递过程中的安全性，数据因素是计算机犯罪的核心途径，也是信息安全的重点。

其他因素：信息和数据传输通道在传输过程中产生的电磁波辐射可能被检测或接收，造成信息泄露，同时空间电磁波也可能对系统产生电磁干扰，影响系统的正常运行。此外，一些不可抗力的自然因素也可能对系统的安全造成威胁。

在研究信息安全问题时，更关注于恶意的犯罪导致的对信息安全的威胁，包括以下内容：信息窃取、信息截取、信息伪造、信息篡改、拒绝服务攻击、行为否认、非授权访问和传播病毒等。

我们研究信息安全，就是为了实现以下目标。

真实性：对信息的来源进行判断，能对伪造来源的信息予以鉴别。

保密性：保证机密信息不被窃听，或窃听者不能了解信息的真实含义。

完整性：保证数据的一致性，防止数据被非法用户篡改。

可用性：保证合法用户对信息和资源的使用不会被不正当地拒绝。

不可抵赖性：建立有效的责任机制，防止用户否认其行为，这一点在电子商务中是极其重要的。

可控制性：对信息的传播及内容具有控制能力。

可审查性：对出现的网络安全问题提供调查的依据和手段。

8.1.2 信息安全策略

信息安全策略是指为保证提供一定级别的安全保护所必须遵守的规则。为了保证信息安全，需要从先进的技术、法律约束、严格的管理和安全教育等几个方面着手，制定完善的规则。

1. 先进的技术

先进的信息安全技术是信息安全的根本保证，用户对自身面临威胁的风险性进行评估，然后对所需要的安全服务种类进行确定，通过相应的安全机制，集成先进的安全技术，形成全方位的安全系统。

2. 法律约束

法律法规是信息安全的基石，必须建立与网络安全相关的法律法规，对网络犯罪行为实施约束。《中华人民共和国计算机信息系统安全保护条例》《计算机信息网络国际联网安全保护管理办法》《中华人民共和国网络安全法》等都是有关信息安全的法律法规。

3. 严格的管理

信息安全管理是提高信息安全的有效手段，对于计算机网络使用机构、企业和事业单位而言，必须建立相应的网络安全管理办法和安全管理系统，加强对内部信息安全的管理，建立起合适的安全审计和跟踪体系，提高网络安全意识。

4. 安全教育

要建立网络安全管理系统，在提供技术、制定法律、加强管理的基础上，还应该加强安全教育，提高用户的安全意识，对网络攻击与攻击检测、网络安全防范、安全漏洞与安全对策、信息安全保密、系统内部安全防范、病毒防范、数据备份与恢复等有一定的了解，及时发现潜在问题，尽早解决安全隐患。

8.1.3 信息安全技术

信息安全技术是一门涉及计算机科学、网络技术、密码技术、信息安全技术、应用数学、数论、信息论等多种学科的综合性学科。为了保证网络信息的保密性、完整性和可用性，就必须对影响计算机网络安全的因素进行研究，通过各种信息安全技术保障计算机网络信息的安全。下面主要对6种关键的信息安全技术进行介绍。

1. 加密技术

密码技术包含两方面内容，即加密和解密。加密就是研究、编写密码系统，把数据和信息转换为不可识别的密文的过程；解密就是研究密码系统的加密途径，恢复数据和信息本来面目的过程。加密和解密过程共同组成了加密系统。根据加密和解密过程是否使用相同的密钥，加密算法可以分为对称加密算法和非对称加密算法两种。一个密码系统采用的基本工作方式称为密码体制。密码体制从原理上分为两大类：对称密码体制和非对称密码体制。

① 对称密码体制。在大多数的对称加密算法中，加密密钥和解密密钥是相同的，所以也称这种加密算法为秘密密钥算法或单密钥算法。它要求发送方和接收方在安全通信之前，商定一个密钥。对称算法的安全性依赖于密钥，泄露密钥就意味着任何人都可以对他们发送或接收的消息解密，所以密钥的保密性对通信的安全性至关重要。

② 非对称密码体制。非对称加密算法需要两个密钥：公开密钥和私有密钥。公开密钥与私有密钥是一对，如果用公开密钥对数据进行加密，那么只有用对应的私有密钥才能解密；如果用私有密钥对数据进行加密，那么只有用对应的公开密钥才能解密。因为加密和解密使用的是两个不同的密钥，所以这种算法称为非对称加密算法。非对称加密算法比对称加密算法慢数千倍，但在保护通信安全方面，非对称加密算法却具有对称加密算法难以企及的优势。

2. 认证技术

认证就是对于证据的辨认、核实、鉴别，以建立某种信任关系。在通信中，要涉及两个方面：一方面提供证据或标识，另一方面对这些证据或标识的有效性加以辨认、核实、鉴别。

① 数字签名。数字签名是数字世界中的一种信息认证技术，是非对称加密技术的一种应用，是根据某种协议来产生反映被签署文件的特征和签署人特征，以保证文件的真实性和有效性的数字技术，同时也可用来核实接收者是否有伪造、篡改行为。

② 身份验证。身份验证是指通过一定的手段，完成对用户身份的确认。身份验证的目的是确认当前所声称为某种身份的用户，确实是其所声称的用户。身份验证的方法有很多，基本上可分为基于共享密钥的身份验证、基于生物学特征的身份验证和基于公开密钥加密算法的身份验证。不同的身份验证方法，安全性也各有高低。

3. 访问控制技术

访问控制是对信息系统资源的访问范围以及方式进行限制的策略。它是建立在身份认证之上的操作权限控制。身份认证解决了访问者是否合法的问题，但并非身份合法就什么都可以做，还要根据不同的访问者，规定他们分别可以访问哪些资源以及对这些可以访问的资源可以用什么方式（读、写、执行、删除等）访问。

访问控制通常用于系统管理员控制用户对服务器、目录、文件等网络资源的访问，涉及的技术比较广，包括入网访问控制、网络权限控制、目录级安全控制、属性安全控制和服务器安全控制格式等多种手段。

4. 防火墙技术

防火墙是一种位于内部网络与外部网络之间的网络安全防护系统，有助于实施一个比较广泛的安全性政策。防火墙可以依照特定的规则允许或限制传输的数据通过，网络中的"防火墙"主要用于对内部网和公众访问网进行隔离，使一个网络不受另一个网络的攻击。

防火墙系统的主要用途是控制对受保护网络的往返访问，是网络通信时的一种尺度，只允许符合特定规则的数据通过，最大限度地防止黑客的访问，阻止他们对网络的非法操作。防火墙不仅可以有效地监控内部网和因特网之间的活动，保证内部网络的安全，还可以将局域网的安全管理集中起来，屏蔽非法强求，防止跨权限访问。

5. 入侵检测技术

入侵检测是对入侵行为的检测。它通过收集和分析网络行为、安全日志、审计数据、其他网络上可以获得的信息以及计算机系统中若干关键点的信息，检查网络或系统中是否存在违反安全策略的行为和被攻击的迹象。入侵检测作为一种积极主动的安全防护技术，提供了对内部攻击、外部攻击和误操作的实时保护，在网络系统受到危害之前拦截和响应入侵。因此被认为是防火墙之后的第二道安全闸门，在不影响网络性能的情况下能对网络进行监测。

6. 云安全技术

云安全技术是紧随着云计算、云存储技术而提出的，它是网络时代信息安全的最新体现，混合了对等网络（peer-to-peer, P2P）技术、网格技术和云计算技术等。云安全技术充分利用网络的资源共享和分布式处理任务等优势，并融合了并行处理、网格计算、未知病毒行为判断等新兴技术。在云安全技术中，云端的海量客户端通过对网络中软件的异常行为进行监测，获取互联网中木马、恶意程序的最新信息，并将其传送到服务器端，服务器端对接收到的信息进行自动分析和处理，最后再把相关的解决方案分发给客户端。

简单地说，云安全技术就是一种对木马、恶意程序采取"群起而攻之"的技术。而这里的"群"指的是网络中的海量计算机，不仅有负责收集信息的普通计算机客户端，还有负责分析处理的安全技术平台。这些计算机通过网络搭就一个庞大的病毒、木马查杀和恶意软件监测网，这个网的参与者越多，收集到的信息也就越多，从而整个网也就越安全。因为群中的用户既是这个安全网络的贡献者，也是这个安全网络的享用者。

8.2 计算机中的信息安全

随着信息技术的飞速发展,计算机信息已经成为不同领域、不同职业的重要信息交换媒介。计算机用户要做好安全防范,必须了解计算机信息面临的计算机病毒、黑客等潜在的威胁。

8.2.1 计算机病毒及其防范

1. 计算机病毒的概念

在《中华人民共和国计算机信息系统安全保护条例》中,计算机病毒有明确的定义:"计算机病毒,是指编制或者在计算机程序中插入的破坏计算机功能或者毁坏数据、影响计算机使用,并能自我复制的一组计算机指令或者程序代码"。根据这个定义,计算机病毒可以理解为一种计算机程序,它不仅能破坏计算机系统,而且还能传染到其他计算机系统。

2. 计算机病毒的传播途径

计算机病毒的传播途径大致分为两种:一种是网络传播,包括互联网和局域网;另一种就是移动介质传播,比如U盘、移动硬盘、光盘等。具体如下。

(1) 网络传播

在计算机日益普及的今天,人们通过计算机网络相互传递文件、信件,这样使病毒传播速度加快;因为资源共享,人们经常从网上下载免费的共享软件,病毒文件也难免夹带在其中,因此网络也是现代病毒传播的主要方式。

随着Internet的不断发展,计算机病毒也出现了一种新的趋势。不法分子制作的个人网页,不仅直接提供了下载大批计算机病毒活样本的便利途径,而且还将制作计算机病毒的工具、向导、程序等内容写在自己的网页中,使没有编程基础和经验的人制造新病毒成为可能。

(2) 移动介质传播

U盘传播:U盘携带方便,便于计算机之间传递文件,因此成为计算机病毒传播的主要媒介。当人们使用U盘在计算机之间进行文件交换时,计算机病毒就已经悄悄地传播。

移动硬盘传播:由于带病毒的移动硬盘在本地或者移到其他地方使用,使得移动硬盘上的病毒得以传染和扩散。

光盘传播:光盘容量较大,可以存放很多可执行文件,当然也为计算机病毒提供了藏身之地。对于只读光盘来说,由于不能对它进行写操作,因此只读光盘上的病毒就不能被删除。

3. 计算机病毒的特点

计算机病毒可谓五花八门、种类繁多,但它们有以下一些共有的特性。

① 传染性。计算机病毒具有极强的传染性,病毒一旦入侵,就会不断地自我复制,占据磁盘空间,寻找适合其传染的介质,向其他计算机传播,达到破坏数据的目的。

② 破坏性。任何病毒只要侵入系统，都会对系统及应用程序产生程度不同的影响。轻者会降低计算机工作效率，占用系统资源；重者对数据造成不可挽回的破坏，甚至导致系统崩溃。

③ 潜伏性。某些病毒可长期隐藏在系统中，只有在满足特定条件时才启动其破坏模块，只有这样它才可能进行广泛的传播。例如，著名的"黑色星期五"会在逢 13 号的星期五发作。

④ 隐蔽性。病毒一般是具有很高编程技巧、短小精悍的程序，通常附在正常程序中或磁盘较隐蔽的地方，也有个别的以隐藏文件形式出现，目的是不让用户发现它的存在。

⑤ 不可预见性。从对病毒的检测方面来看，病毒还有不可预见性。病毒的制作技术一直在不断地提高，病毒对反病毒软件来说永远是超前的。

4. 计算机病毒的防范

计算机病毒的危害性很大，用户可以采取一些方法来防范病毒，减少计算机感染病毒的概率。具体有以下几种方法。

（1）切断病毒的传播途径

最好不要使用和打开来历不明的光盘和可移动存储设备，使用前最好先进行查毒操作以确认这些介质中无病毒。

（2）良好的使用习惯

网络是计算机病毒最主要的传播途径，因此用户在上网时不要随意浏览不良网站，不要打开来历不明的电子邮件，不下载和安装未经过安全认证的软件。

（3）提高安全意识

在使用计算机的过程中，应该有较强的安全防护意识，如及时更新操作系统、主动备份硬盘的主引导区和分区表、定时体检计算机、定时进行系统修复、定时查杀计算机中的病毒等。

5. 杀毒软件

杀毒软件是一种反病毒软件，主要用于对计算机中的病毒进行扫描和清除。杀毒软件通常集成了监控识别、病毒扫描清除和自动升级等多项功能，可以防止病毒和木马入侵计算机、查杀病毒和木马、清理计算机垃圾和冗余注册表、防止进入钓鱼网站等，有的杀毒软件还具备数据恢复、防范黑客入侵、网络流量控制、保护网购、保护用户账号等功能，是计算机防御系统中一个重要组成部分。现在市面上提供杀毒功能的软件非常多，如金山毒霸、瑞星杀毒软件、360 安全卫士、诺顿杀毒软件等。

8.2.2 网络黑客及其防范

1. 网络黑客的概念

"黑客"一词源于英语单词 hacker，早期在美国的计算机界是带有褒义的，是对一群智力超群、奉公守法的计算机迷的统称。也就是说"黑客"原指那些热心于计算机技术，水平高超的计算机专家。

黑客一般都精通各种编程语言和各类操作系统，拥有熟练的计算机技术。事实上根据黑客的行为，行业内也对黑客的类型进行了细致的划分。在未经许可的情况下，进入对方系统的一般被称为黑帽黑客，黑帽黑客对计算机安全或账户安全都具有很大的威胁性，如非法获取支付结算、证券交易、期货交易等网络金融服务的账号、口令、密码等信息。而调试和分析计算机系统的被称为白帽黑客，白帽黑客有能力破坏计算机安全但没有恶意目的，他们一般有明确的道德规范，其行为也以发现和改善计算机安全弱点为主。

但是到了今天黑客一词已被用于泛指那些专门利用计算机漏洞搞破坏和恶作剧的人。对这些人的正确英文叫法是cracker，也有人翻译成"骇客"或"入侵者"。

2. 网络黑客的防范

黑客攻击会造成不同程度的损失，为了将损失降到最低限度，计算机用户要了解一些防范网络黑客攻击的方法。

① 屏蔽可疑IP地址。这种方式见效最快，网络管理员一旦发现了可疑的IP地址申请，就可以通过防火墙屏蔽相对应的IP地址，这样黑客就无法再连接到服务器上了。但这种方法也有一些缺点，如很多黑客都使用动态IP地址，一个IP地址被屏蔽，只要更换其他IP地址，就可以进攻服务器，而且高级黑客有可能会伪造IP地址，屏蔽的也许是正常用户的地址。

② 过滤信息包。通过编写防火墙规则，可以让系统知道什么样的信息包可以进入，什么样的应该放弃。当黑客发送的攻击性信息包经过防火墙时，就会被丢弃，从而防止了黑客的进攻。

③ 关闭不必要的服务和无用端口。系统中安装的软件越多，所提供的服务就越多，而存在的系统漏洞也越多，因此对于不需要的服务，可以适当进行关闭。计算机进行网络连接必须通过端口，黑客控制用户计算机也必须通过端口，如果是暂时无用的端口，那么可将其关闭，减少黑客的攻击路径。

④ 建立完善的访问控制策略。设置入网访问权限、网络共享资源的访问权限、目录安全等级控制、网络端口和节点安全控制、防火墙安全控制等，通过各种安全控制机制的相互配合，最大限度地保护系统。

⑤ 经常升级系统版本。任何一个版本的系统发布之后，一旦其中的问题暴露出来，黑客就会蜂拥而至。管理员在维护系统时，可经常浏览著名的安全站点，找到系统的新版本或者补丁程序进行安装，以保证系统中的漏洞在没有被黑客发现之前，已经修补上了，从而保证服务器的安全。

⑥ 安装必要的安全软件。用户还应在计算机中安装并使用必要的防黑软件、杀毒软件和防火墙。在上网时打开它们，这样即便有黑客进攻，用户的安全也是有一定保证的。

⑦ 做好IE的安全设置。ActiveX控件和Applets有较强的功能，但也存在被人利用的隐患，网页中的恶意代码往往是利用这些控件编写的小程序，只要打开网页就会被运行。所以要避免恶意网页的攻击只有禁止这些恶意代码的运行。

8.3 知识产权

8.3.1 知识产权概念

知识产权是指公民、法人或者其他组织对创造性的劳动所完成的智力成果依法享有的专有权利。通常是国家赋予创造者对其智力成果在一定时期内享有的专有权或独占权。知识产权从本质上说是一种无形财产权，它的客体是智力成果或知识产品，是一种无形财产或者一种没有形体的精神财富，是创造性的智力劳动所创造的劳动成果。知识产权受法律保护，不容侵犯。

知识产权包括两类：一类是著作权（也称为版权、文学产权），另一类是工业产权（也称为产业产权）。

知识产权权益包括人身权利与财产权利，也称之为精神权利和经济权利。所谓人身权利，是指权利同取得智力成果的人的人身不可分离，是人身关系在法律上的反映。例如，作者在其作品上署名的权利，或对其作品的发表权、修改权等，即为精神权利。所谓财产权是指智力成果被法律承认以后，权利人可利用这些智力成果取得报酬或者得到奖励的权利，即为经济权利。它是指智力创造性劳动取得的成果，并且是由智力劳动者对其成果依法享有的一种权利。

知识产权的主要特点包括：无形性，指被保护对象是无形的；专有性，指未经知识产权人的同意，除法律有规定的情况外，他人不得占有或使用该项智力成果；地域性，指法律保护知识产权的有效地区范围；时间性，指法律保护知识产权的有效期限，期限届满即丧失效力，这是为限制权利人不致因自己对其智力成果的垄断期过长而阻碍社会经济、文化和科学事业的进步和发展。

1967 年在瑞典斯德哥尔摩成立了世界知识产权组织，1980 年我国正式加入该组织。1990 年 9 月，我国颁布了《中华人民共和国著作权法》，确定计算机软件为保护的对象。1991 年 6 月，国务院正式颁布了我国《计算机软件保护条例》。这个条例是我国第一部计算机软件保护的法律法规，它标志着我国计算机软件的保护已走上法制化的轨道。

8.3.2 计算机软件著作权

计算机软件的体现形式是程序和文件，它们是受著作权法保护的。一个软件必须在其创作出来，并固定在某种有形物体（例如纸、磁盘、光盘等）上，能为他人感知、传播、复制的情况下，才享有著作权保护。

著作权法的基本原则是，只保护作品的表现，而不保护作品中所体现的思想、概念。目前人们比较一致的观点是，软件的功能、目标、应用属于思想、概念，不受著作权法的保护；而软件的程序代码则是表现，应受著作权法的保护。

根据我国著作权法的规定，作品著作人（或版权人）享有以下权利。

① 发表权：决定软件是否公之于众的权利。

② 开发者身份权：表明开发者身份的权利以及在其软件上署名的权利。

③ 使用权：在不损害社会公共利益的前提下，以复制、展示、发行、修改、翻译、注释等方式使用其软件的权利。

④ 使用许可和获酬权：许可他人全部或部分使用其软件的权利和由此而获得报酬的权利。

⑤ 转让权：向他人转让使用权和使用许可权的权利。

8.4 职业道德与相关法规

在高度信息化的今天，信息已深入到社会生活的各个方面，信息安全不仅是安全管理人员的责任，同时也需要全社会的共同维护，在享受信息化带来的优质服务的同时，也需要遵守相应的道德规范和法律法规。

8.4.1 使用计算机及网络社会应遵守的道德规范

网络行为同社会行为一样也应该有一定的规范和原则。这些规范是一个计算机用户在任何情况下都应该遵循的最基本的行为准则。我国信息产业，特别是互联网行业发展迅速，目前我国已拥有世界上人数最多的网民群。在这种情况下，互联网的道德规范建立显得尤其重要。从 2002 年起中国互联网协会先后颁布了一系列行业自律规范，这些自律规范主要包括《中国互联网行业自律公约》《互联网新闻信息服务自律公约》《互联网站禁止传播淫秽、色情等不良信息自律规范》《中国互联网协会公共电子邮件服务规范》《搜索引擎服务商抵制违法和不良信息自律规范》《中国互联网网络版权自律公约》《文明上网自律公约》《抵制恶意软件自律公约》《博客服务自律公约》和《反垃圾短信息自律公约》等。

上述的公约规范与人类社会的其他道德规范一样，不仅要理解道德规范的基本原则，更要对这些基本原则深思熟虑，明白哪些应该做，哪些不应该做。下面从知识产权、计算机安全、网络行为规范、社会道德四个方面给出应遵守的道德和规范。

① 在使用计算机软件或数据时，尊重其作品的版权，应该做到：
  a. 应该使用正版软件，坚决抵制盗版，尊重软件作者的知识产权。
  b. 不对软件进行非法复制。
  c. 不要为了保护自己的软件资源而制造病毒保护程序。
  d. 不要擅自篡改他人计算机内的系统信息资源。

② 在维护计算机系统的安全，防止病毒的入侵方面应该做到：
  a. 不要蓄意破坏和损伤他人的计算机系统设备及资源。
  b. 不要制造病毒程序，不要使用带病毒的软件，更不要有意传播病毒给其他计算机系统（传播带有病毒的软件）。
  c. 要采取预防措施，在计算机内安装防病毒软件；要定期检查计算机系统内的文件是否有病毒，如发现病毒，应及时用杀毒软件清除。

d. 维护计算机的正常运行，保护计算机系统数据的安全。

e. 被授权者对自己享用的资源负有保护责任，口令密码不得泄露给外人。

③ 在网络行为方面任何单位和个人不得利用国际互联网制作、复制、查阅和传播下列信息：

a. 煽动抗拒、破坏宪法和法律、行政法规实施的。

b. 煽动颠覆国家政权，推翻社会主义制度的。

c. 煽动分裂国家、破坏国家统一的。

d. 煽动民族仇恨、破坏国家统一的。

e. 捏造或者歪曲事实，散布谣言，扰乱社会秩序的。

f. 宣言封建迷信、淫秽、色情、赌博、暴力、凶杀、恐怖，教唆犯罪的。

g. 公然侮辱他人或者捏造事实诽谤他人的。

h. 损害国家机关信誉的。

i. 其他违反宪法和法律、行政法规的。

④ 在社会道德方面要做到：

a. 不能利用电子邮件进行广播型的宣传，这种强加于人的做法会造成别人的电子邮箱充斥无用的信息而影响正常工作。

b. 不应该使用他人的计算机资源，除非你得到了准许或者做出了补偿。

c. 不应该利用计算机去伤害别人。

d. 不能私自阅读他人的通信文件（如电子邮件），不得私自复制不属于自己的软件资源。

e. 不应该到他人的计算机里去窥探，不得蓄意破译别人口令。

8.4.2 我国信息安全的相关法律法规

所有的社会行为都需要法律法规来规范和约束。随着 Internet 的发展，我国各项涉及网络信息安全的法律法规也相继出台。

拓展阅读：《网络安全法》执法案例

我国现行的信息安全法律体系框架为 4 个层面。

① 一般性法律规定。这类法律法规是指宪法、国家安全法、国家秘密法、治安管理处罚条例、著作权法、专利法等。这些法律法规并没有专门对网络行为进行规定，但是，它所规范和约束的对象中包括了危害信息网络安全的行为。

② 规范和惩罚网络犯罪的法律。这类法律包括《中华人民共和国刑法》《全国人大常委会关于维护互联网安全的决定》等。其中刑法也是一般性法律规定。这里将其独立出来，作为规范和惩罚网络犯罪的法律规定。

③ 直接针对计算机信息网络安全的特别规定。这类法律法规主要有《中华人民共和国计算机信息系统安全保护条例》《中华人民共和国计算机信息网络国际联网管理暂行规定》《计算机信息网络国际联网安全保护管理办法》《中华人民共和国计算机软件保护条例》等。

④ 具体规范信息网络安全技术、信息网络安全管理等方面的规定。这一类法律主要有《商用密码管理条例》《计算机信息系统安全专用产品检测和销售许可证管理办法》《计算机病毒防治管理办法》《计算机信息系统保密管理暂行规定》《计算机信息系统国际联网保密管理规定》《电子出版物管理规定》《金融机构计算机信息系统安全保护工作暂行规定》等。

2016年11月7日，十二届全国人大常委会第二十四次会议表决通过《中华人民共和国网络安全法》（以下简称《网络安全法》），2017年6月1日起正式施行，《网络安全法》是中国网络安全领域的第一部专门法律，是保障网络安全的基本法，这是中国建立严格的网络治理指导方针的一个重要里程碑。《网络安全法》共有7章79条，内容十分丰富，具有六大突出亮点。一是明确了网络空间主权的原则；二是明确了网络产品和服务提供者的安全义务；三是明确了网络运营者的安全义务；四是进一步完善了个人信息保护规则；五是建立了关键信息基础设施安全保护制度；六是确立了关键信息基础设施重要数据跨境传输的规则。

《网络安全法》是我国第一部全面规范网络空间安全管理方面问题的基础性法律，是我国网络空间法治建设的重要里程碑，是依法治网、化解网络风险的法律重器，是让互联网在法治轨道上健康运行的重要保障。

习 题 8

1. 信息安全的含义是什么?
2. 信息安全技术有哪些?
3. 密码体制从原理上分为几大类?
4. 什么是计算机病毒?
5. 计算机病毒的特点是什么?
6. 如何防范网络黑客?
7. 什么是知识产权?它有哪些特点?
8. 软件著作权人享有什么权力?
9. 网络行为在社会道德方面应注意哪些事项?
10. 《中华人民共和国网络安全法》的六大亮点是什么?

第 9 章　算法与数据结构

本章从算法的基本概念入手，介绍算法的相关知识，包括算法的特点，算法设计的原则，算法的描述等。然后介绍数据结构的基本概念，常见的数据结构类型和运算。最后介绍常用的基本算法。本章将帮助读者了解算法的概念，为学习计算机程序设计做好准备。

【知识要点】
1. 算法的概念和描述方法
2. 数据结构的定义
3. 线性表的定义
4. 栈和队列的概念和基本运算
5. 线性链表的结构
6. 树与二叉树基本概念和运算
7. 常用的基本算法

电子教案：算法与数据结构

微视频9.1：第9章章首导读

9.1　算法

算法是程序设计的精髓，它的定义是：在有限步骤内求解某一问题所使用的一组定义明确的规则。在计算机科学中，算法要用计算机语言来描述。本书中的算法的概念都为计算机算法。

9.1.1　算法的基本概念

算法代表用计算机解决问题的精确、有效的方法和步骤，即计算机解题的过程。在这个过程中，无论是形成解题思路还是编写程序，都是在实施某种算法。前者是推理实现的算法，后者是操作实现的算法。因此算法设计与实现是计算思维训练的重要抓手。

微视频9.2：算法的基本概念

算法是一组有穷的规则，规定了解决某一特定类型问题的一系列运算，是对解题方案准确与完整的描述。设计算法，一般要经过设计、确认、分析、编码、测试、调试、计时等阶段。

学习算法要先了解以下 5 个方面的内容。

1. 设计算法。算法设计工作是不可能完全自动化的，应学习和了解已经被实践证明有用的一些基本的算法设计方法，这些基本的设计方法不仅适用于计算机科学，而且适用于电气工程、运筹学等领域。

2. 表示算法。描述算法的方法有多种形式，如自然语言和算法语言，各自有适用的环境和特点。

3. 确认算法。算法确认的目的是使人们确信这一算法能够正确无误地工作，即该算法具有可计算性。正确的算法用计算机算法语言描述，构成计算机程序，计算机程序在计算机上运行，得到算法运算的结果。

4. 分析算法。算法分析是对一个算法需要多少计算时间和存储空间进行定量的分析。分析算法可以预测这一算法适合在什么样的环境中有效运行，对解决同一问题的不同算法的有效性做出比较。

5. 验证算法。用计算机语言描述的算法是否可计算、是否有效合理，需对程序进行测试，测试程序的工作主要包括调试和制作时空分布图。

9.1.2 算法设计基本方法

首先明确算法功用：算法是为使用计算机解决实际问题而设计的方法和步骤。下面介绍 6 种常用的算法设计的基本方法。

1. 穷举法

穷举法也叫列举法。根据问题，列举出可能的解的集合中的所有元素，并使用问题中给定的条件测试这些所有可能的解哪些是满足条件的，哪些是不满足的。满足条件的即为问题的解。

2. 归纳法

通过列举少量的特殊情况，经过分析，最后找出一定的关系，等到结论。

3. 递推

递推法分为两种，一种是顺推，一种是逆推，都是从已知的初始条件出发，逐次推出所要求的各中间结果和最后结果。

4. 递归

将一个复杂的问题归纳为若干个和它相似的比较简单的问题，然后将这些较简单的每一个问题再归结为更简单的问题，这个过程一直做到最简单的问题为止。然后通过这些简单问题的结果，回归计算初始的复杂问题。

5. 减半递推法

"减半"是指将问题的规模减半，而问题的性质不变，"递推"是指重复"减半"的过程。

6. 回溯法

有些实际问题很难归纳出一组简单的递推公式或直观的求解步骤，并且也不能进行无限的列举。对于这类问题，一种有效的方法是"试"。通过对问题的分析，找出一个解决问题的线索，然后沿着这个线索逐步试探，对于每一步的试探，若试探成功，就得到问题的解,若试探失败,就逐步回退,换别的路线再进行试探。

9.1.3 算法的特征

算法应该具有以下 5 个重要的特征。

① 确定性。算法的每一种运算必须有确定的意义,它规定运算所执行的动作应该是无歧义的,并且目的是明确的。

② 可行性。要求算法中有待实现的运算都是基本的,每种运算至少在原理上能由人用纸和笔在有限的时间内完成。

③ 输入。一个算法可能有多个输入,在算法运算开始之前给出算法所需数据的初值,这些输入取自特定的对象集合。

④ 输出。作为算法运算的结果,一个算法会产生一个或多个输出,输出是同输入有某种特定关系的量。

⑤ 有穷性。一个算法会在执行了有限步的运算后终止。

9.1.4 算法的描述

算法是解题方法的精确描述。描述算法的工具对算法的质量有很大的影响。

1. 自然语言

自然语言就是人们日常使用的语言,可以使用中文,也可以使用英文。用自然语言描述的算法,通俗易懂,但是文字冗长,准确性不好,容易产生歧义。因此,一般情况下不提倡用自然语言来描述算法。

2. 伪代码

伪代码不是一种现实存在的编程语言。使用伪代码的目的是使被描述的算法可以容易地以任何一种编程语言来实现。它可能会综合使用多种编程语言中的语法、保留字,甚至会用到自然语言。因此,伪代码必须结构清晰、代码简单、可读性好,并且类似自然语言。

【例 9-1】描述"对两个数按照从大到小的顺序输出"的算法。

用"伪代码"描述:

```
Begin:
    Input("输入数据");A        //输入原始数据 A
    Input("输入数据");B        //输入原始数据 B
    If (A>B)
    {
        Print   A,B           //输出 A,B
    Else
        Print   B,A           //输出 B,A
    }
End
```

3. 流程图

流程图是一种传统的算法表示法，它利用几何图形的框来代表各种不同性质的操作，用流向线来指示算法的执行方向，流程图的常用符号如表9.1所示。由于流程图由各种各样的框组成，因此它也被称为框图。流程图简单、直观、形象，算法逻辑流程一目了然，便于理解，应用广泛。特别是在早期语言阶段，只有通过流程图才能简明地表述算法，流程图成为程序员们交流的重要手段，直到结构化的程序设计语言出现，对流程图的依赖才有所降低。但是流程图画起来比较麻烦，并且算法的整个流程由流向线控制，用户可以随心所欲地使算法流程任意流动，从而可能会造成算法阅读和理解上的困难。

表9.1 流程图的常用符号

符号	符号名称	含义
⬭	起止框	表示算法的开始或结束
▱	输入输出框	表示输入输出操作
▭	处理框	表示对框内的内容进行处理
◇	判断框	表示对框内的条件进行判断
↓ →	流向线	表示算法的流动方向
○	连接点	表示两个具有相同标记的"连接点"相连

4. N-S 结构图

N-S 结构图是美国的两位学者艾克·纳西（Ike Nassi）和本·施耐德曼（Ben Schneiderman）提出的。他们认为，既然任何算法都是由顺序结构、选择（分支）结构和循环结构3种基本程序结构组成的，那么各基本结构之间的流程线就是多余的，因此，N-S 图用一个大矩形框来表示算法，它是算法的一种结构化描述方法，是一种适合于结构化程序设计的流程图，求两个数按大小顺序输出的流程图如图9.1所示，其N-S结构如图9.2所示。

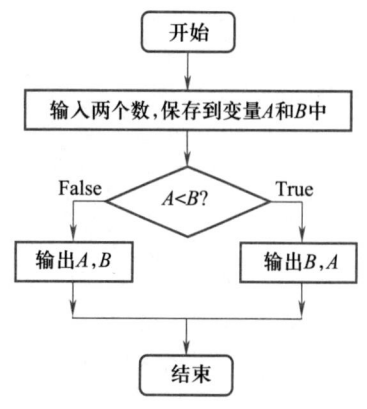

图9.1 两个数按大小顺序输出的流程图

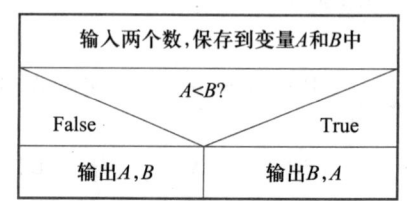

图9.2 两个数按大小顺序输出的N-S结构

一般情况下，我们设计的算法只给出了处理的步骤，对"输入原始数据"和"输出计算结果"并不做详细的说明。但是，在开始编程前，一定要对如何输入"原始数据"、以什么方式输入"原始数据"和将"计算结果"输出到什么地方、以什么方式输出"计算结果"这两个重要环节提出明确的要求。

9.1.5 Raptor 简介

Raptor（the rapid algorithmic prototyping tool for ordered reasoning，快速算法原型工具）是用于有序推理的快速算法原型工具，是一种可视化的程序设计环境，其目标是通过缩短现实世界中的行动与程序设计的概念之间的距离来减少学习上的认知负担。图 9.3 为 Raptor 工作界面。

微视频9.3：Raptor简介

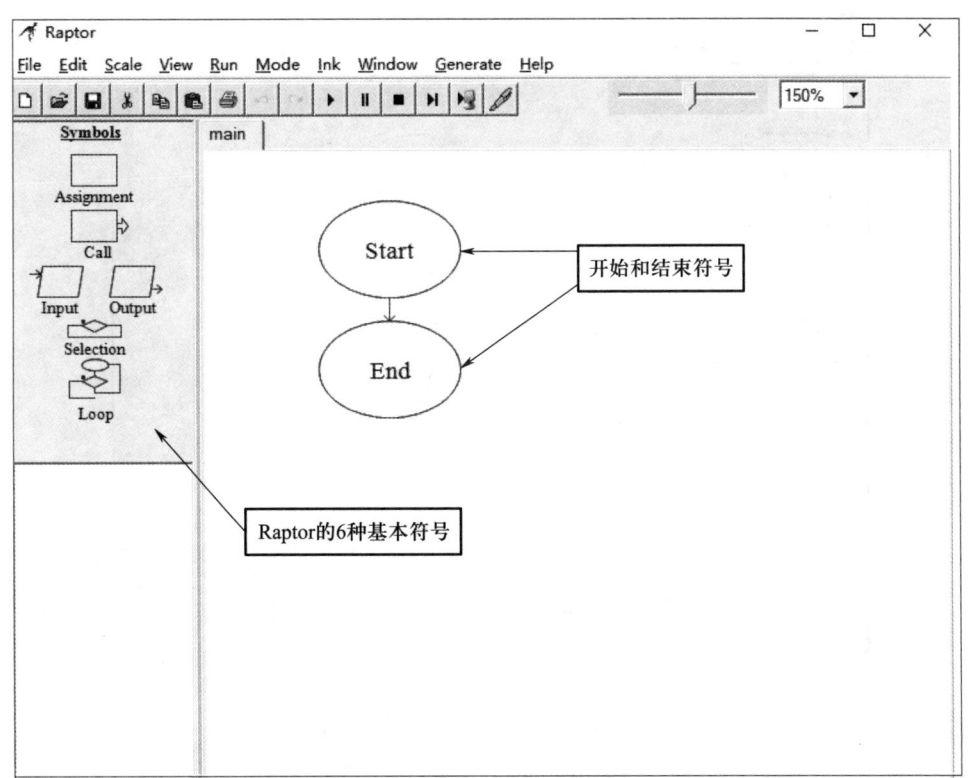

图 9.3　Raptor 工作界面

Raptor 程序是一组连接的符号，表示要执行的一系列动作。符号间的连接箭头确定所有操作的执行顺序。Raptor 程序执行时，从开始符号（Start）起步，并按照箭头的指示方向执行程序。Raptor 程序执行到结束符号（End）停止。使用时将需要的符号拖动到开始和结束符号中间相应位置即可。

Raptor 有 6 种基本符号，每个符号代表一个独特的指令类型。

① 赋值（Assignment）：对变量进行赋值。对应程序语言中的赋值语句。

② 调用（Call）：调用函数。对应程序语言中的函数调用语句。

③ 输入（Input）：接收键盘输入的所需要的数据值。对应程序语言中的输入语句。

④ 输出（Output）：将结果显示在主控制台（Master Console）中。对应程序语言中的输出语句。

⑤ 选择（Selection）：完成条件测试，执行相应的分支，对应程序语言中的分支结构。

⑥ 循环（Loop）：循环语句，对应程序语言中的循环结构。

下面将例 9-1 使用 Raptor 程序进行实现，如图 9.4 所示。

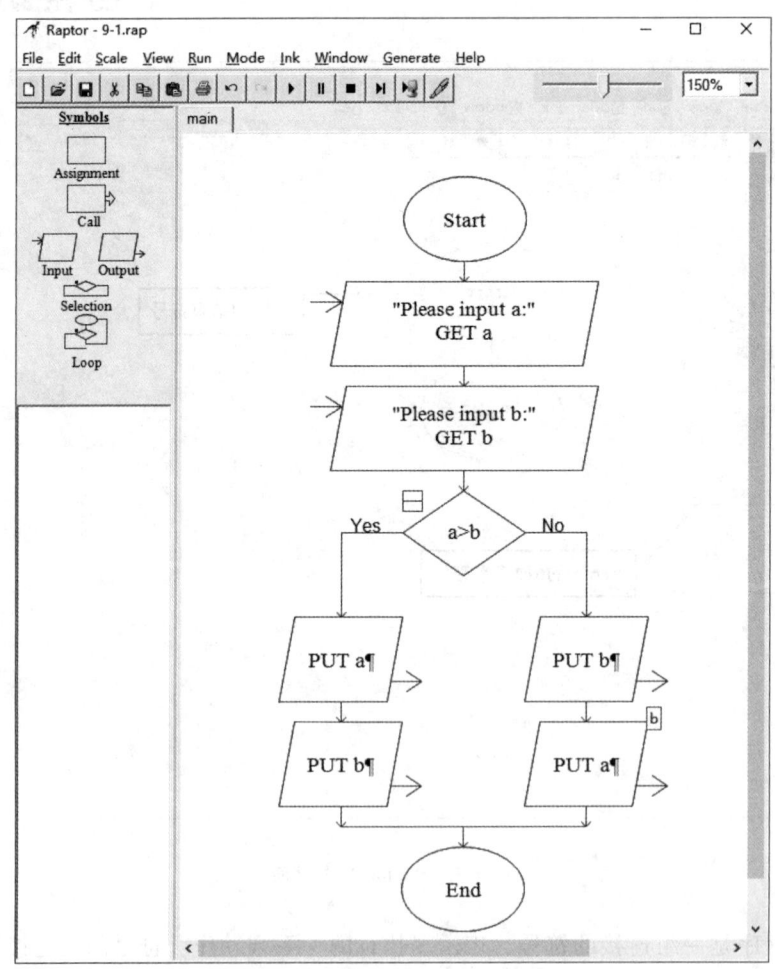

图 9.4　使用 Raptor 实现例 9-1

运行程序后,如图 9.5 所示。

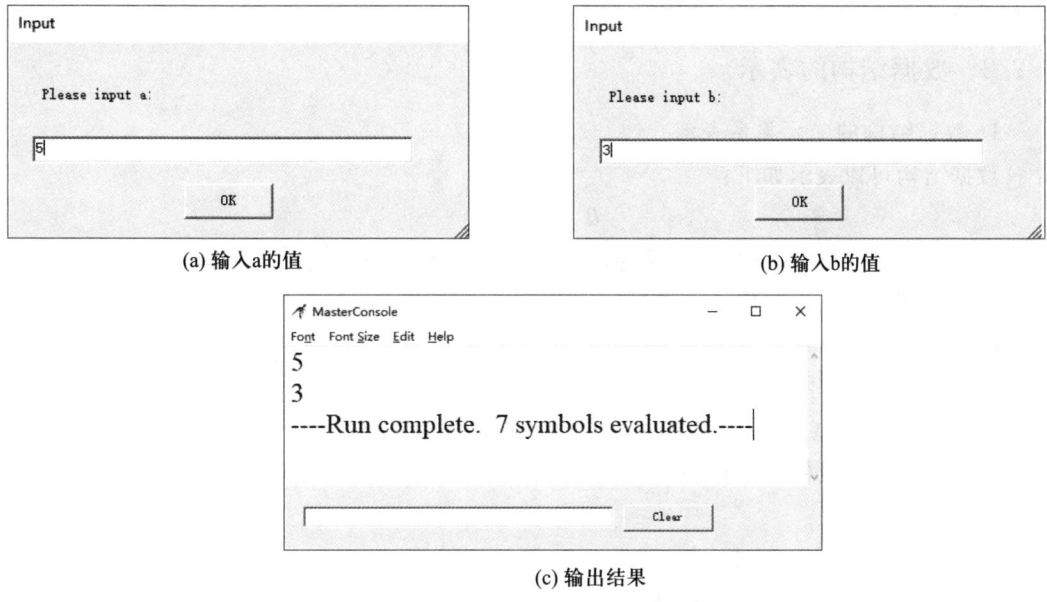

图 9.5　Raptor 程序运行结果

9.2　数据结构的基本概念

数据结构是计算机存储、组织数据的方式。

9.2.1　数据结构的基本概念

数据结构是指相互之间存在一种或多种特定关系的数据元素的集合。数据结构包含两个要素,即"数据"和"结构"。

"数据"是需要处理的数据元素的集合,一般情况下,这些数据元素都具有某个共同的特征。例如,春季、夏季、秋季、冬季这 4 个元素有一个共同特征,就是它们都是四季中的一季,从而构成了一年四季的集合。

"结构"就是关系,是集合中各个数据元素之间存在的某种关系或联系。在数据处理领域,通常把两个数据元素之间的关系用前后件关系来描述。例如,在考虑一年四季的时间顺序关系时,春季是夏季的"前驱",夏季是春季的"后继"。

数据结构分为数据的逻辑结构和数据的存储结构。

① 数据的逻辑结构是指元素之间的固有逻辑关系,包含表示数据元素的信息和各元素之间的前后件关系。

② 数据的存储结构又叫数据的物理结构，是数据的逻辑结构在计算机存储空间中的存放方式。

9.2.2 数据结构的表示

1. 数据结构的二元关系表示

数据结构可以表示如下：

$$B = (D, R)$$

其中，B 表示数据结构，D 是数据元素的集合，R 是 D 上的关系的集合。

例如，把一年四季看作一个数据结构，可以表示如下：

$B = (D, R)$

$D = \{春季，夏季，秋季，冬季\}$

$R = \{（春季，夏季），（夏季，秋季），（秋季，冬季）\}$

又如，公司人员的数据结构可表示如下：

$B = (D, R)$

$D = \{经理，科长，组长，组员\}$

$R = \{（经理，科长），（科长，组长），（组长，组员）\}$

2. 数据结构的图形表示

一个数据结构除了用二元关系表示外，还可以直观地用图形表示。在数据结构的图形表示中，对于数据集合 D 中的每一个数据元素用中间标有元素值的方框表示，一般称之为数据结点，简称为结点。为了进一步表示各数据元素之间的前后件关系，对于关系 R 中的每一个二元组，用一条有向线段从前件结点指向后件结点。例如，一年四季的数据结构可以用图 9.6（a）所示的图形来表示。公司人员的数据结构可以用图 9.6（b）所示的图形来表示。

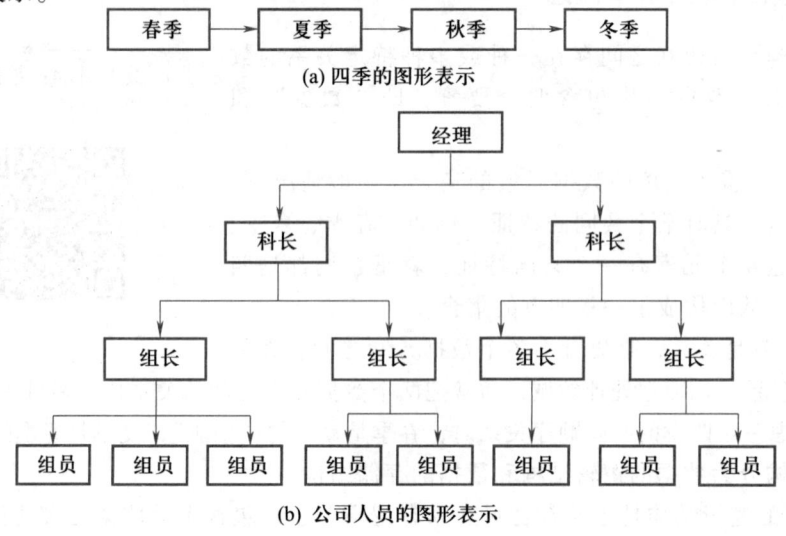

图 9.6 数据结构的图形表示

由前后件关系还可以引出三个基本概念。
根结点：在数据结构中，没有前件的结点。
叶子结点：在数据结构中，没有后件的结点。
内部结点：在数据结构中，除了根结点和叶子结点以外的结点，即既有前件也有后件的结点。

9.2.3 线性结构与非线性结构

根据数据结构中各数据元素之间的前后件关系的复杂程度，一般将数据结构分为两类：线性结构和非线性结构。

① 线性结构，是一个非空的数据集合，有且只有一个根结点，每一个结点只有最多一个前件，也最多只有一个后件。常见的线性结构有线性表、栈、队列和线性链表等。

② 非线性结构，不满足线性结构的数据结构即为非线性结构。常见的非线性结构有树、二叉树和图等。

9.3 线性表及其顺序存储结构

在数据结构中，线性结构通常也被称为线性表，线性表是较为常见的数据结构。点名册、超市购物小票、电话簿等都是常见的线性表实例。简单地说，线性表就是结点有限的线性表。

9.3.1 线性表的基本概念

一个线性表是由零个或多个具有相同类型的结点组成的有序集合。若元素个数为零则为空表，若元素个数大于零则线性表可表示如下：

$$L = (a_1, a_2, a_3, \cdots, a_i, \cdots, a_n)$$

其中，a_i是线性表的数据元素，也是该线性表的一个结点。若元素个数不为零，则结点个数 n 称为线性表的长度。数组、矩阵、向量等都是线性表。

9.3.2 线性表的顺序存储结构

任何数据结构都必须存储在计算机存储器中，线性表如何存储在计算机中，取决于线性表的存储结构。线性表的存储结构主要分为两类：顺序存储结构和链接存储结构。本小节介绍线性表的顺序存储结构。

采用顺序存储是表示线性表的最简单的方法：将线性表中的元素一个接一个存储在一段相邻的存储区域中。这种顺序表示的线性表也称为顺序表。

顺序表的基本特征如下：

① 线性表中的所有元素所占用的空间是连续的。

② 线性表中的各数据元素在存储空间中是按逻辑顺序依次存放的。逻辑相邻的两个元素在物理存储空间中也是相邻的。

9.3.3 顺序表的插入运算

在实际应用中,线性表中的元素会根据实际情况改变。本小节主要介绍顺序表的插入运算。

在顺序表 A 中下标为 k 的结点后插入值为 i 的结点,$length$ 为顺序表当前的长度。在保证表未满($length<MaxSize$),且插入位置合法的情况下,将顺序表 A 中下标大于或等于 $k+1$ 的元素都向后移动一个位置。算法描述如下。

① 如果 $k<0$ 或者 $k>length$ 或者 $length=MaxSize$,则插入不合法。
② 若插入位置合法,则从后向前将下标大于等于 $k+1$ 的元素都后移一个位置。
③ 将待插入元素 i 存储在 $k+1$ 的位置上,$length=length+1$。

9.3.4 顺序表的删除运算

在保证顺序表非空且删除位置合法的前提下,实现删除操作只需要从前向后将顺序表中下标大于 k 的结点均前移一个位置。算法描述如下。

① 如果删除位置不合法,则输出提示"删除不合法"。
② 若删除位置合法,则从前向后将下标大于或等于 k 的元素都前移一个位置。
③ $length=length-1$。

9.4 栈和队列

下面介绍两种操作受限的线性表,栈和队列。

9.4.1 栈及其基本运算

栈(stack)也叫堆栈,是一种特殊的线性表,即允许在表的同一端进行插入和删除操作,且这些操作都是按后进先出的原则进行。栈可以表示如下:

$$S=(a_1,a_2,a_3,a_4,a_5,a_6)$$

将进行插入和删除的一端称为栈顶,不允许插入和删除的一端称为栈底,则在栈 S 中,a_1 为栈底元素,a_6 为栈顶元素,栈示意图如图 9.7 所示。

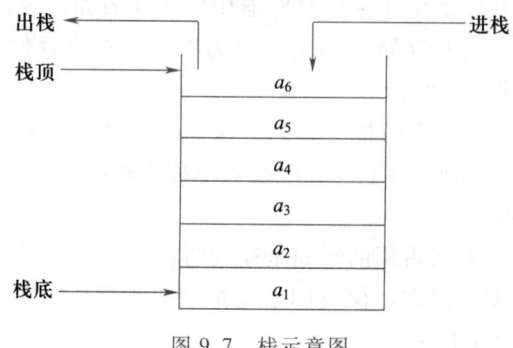

图 9.7 栈示意图

栈的基本运算有如下几种。
① 入栈（push）：压入一个元素。
② 出栈（pop）：弹出一个元素（删除）。
③ 栈顶元素操作（peek）：存取栈顶元素的值。
④ 清空（clear）：清空栈。
⑤ 判断栈是否为空。

9.4.2 队列及其基本运算

队列（queue）是一种允许在一端进行插入，而在另一端进行删除的线性表。允许进行删除运算的一端称为队头，允许进行插入运算的一端称为队尾。例如有一个队列：

$$Q = (q_1, q_2, q_3, q_4, q_5, q_6)$$

则 q_1 为队头元素，q_6 为队尾元素。队列操作按照"先进先出"或"后进后出"的原则进行。队列 Q 示意图如图 9.8 所示。

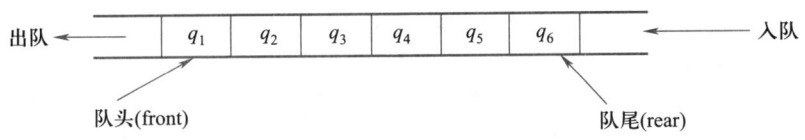

图 9.8 队列示意图

队列的基本运算如下。
① 向队尾添加元素（入队）。
② 删除队首元素（出队）。
③ 获取队首的元素值（存取）。
④ 判断队列是否为满。
⑤ 判断队列是否为空。

在实际应用中，队列一般采用循环队列的形式，也就是将队列存储空间的最后一个位置绕到第一个位置，形成逻辑上的环形结构。在循环队列中，当队头（front）= 队尾（rear）时，不能判断队列是空还是满，在实际应用中还需要增加一个标志来区分队列是空还是满。

9.5 线性链表

在顺序表结构中，插入或删除一个元素需要移动相当数量的元素，各个元素的地址也会产生变化，消耗了很多资源。为了解决这一问题，必须给出一个新的存储方式。用链接存储方式存储的线性表称为链表。在链表存储方式中，每个结点由两部分组成：一部分用于存放数据元素值，称为数据域；另一部分用于存放指针，称为指针域。其中，指针用于指向该结点前一个或后一个结点。链表主要有三种实现方式：单链表、双向链表和循环链表。

9.5.1 单链表

单链表是一个仅有一个数据域和一个指针域的链表结构，指向第一个结点的指针是一个特殊的指针，称为这个链表的头指针（HEAD）。单链表结点示意图如图 9.9 所示。在图 9.9 中，数据域存放结点的数据值，指针域存放结点的直接后继地址。链表通过每个结点的指针域将线性表的 n 个结点按照逻辑顺序链接在一起。图 9.10 为一个线性表（5，45，28，13）在计算机内部使用单链表存储的示意图。最后一个结点的指针域为空，使用"∧"来表示。

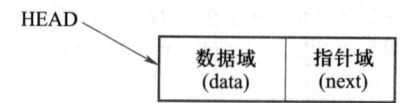

图 9.9 单链表的结点结构

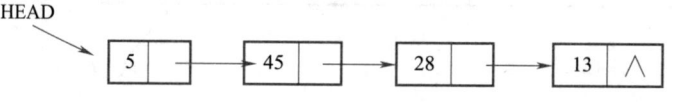

图 9.10 单链表示例示意图

9.5.2 双向链表

在某些应用中，对线性链表中的每个结点设置两个指针，一个称为左指针，用于指向其前驱结点；另一个称为右指针，用以指向其后继结点。这样的链表称为双向链表。图 9.11 为一个线性表（5，45，28，13）在计算机内部使用双链表存储的示意图。第一个结点的左指针和最后一个结点的右指针为空，使用"∧"来表示。

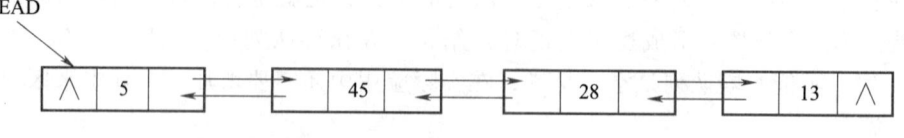

图 9.11 双向链表示例示意图

9.5.3 循环链表

在单链表的第一个结点前增加一个表头结点，队头指针指向表头结点，最后一个结点的指针域的值由空改为指向表头结点，这样的链表称为循环链表。在循环链表中，所有结点的指针构成了一个环状链。

在循环链表中，只要指出表中任何一个结点的位置，就可以从它出发访问到表中其他所有的结点。并且，由于表头结点是循环链表所固有的结点，因此，即使在表中没有数据元素的情况下，表中也至少有一个结点存在，从而空表和非空表的运算统一。图9.12 为循环链表示例示意图。

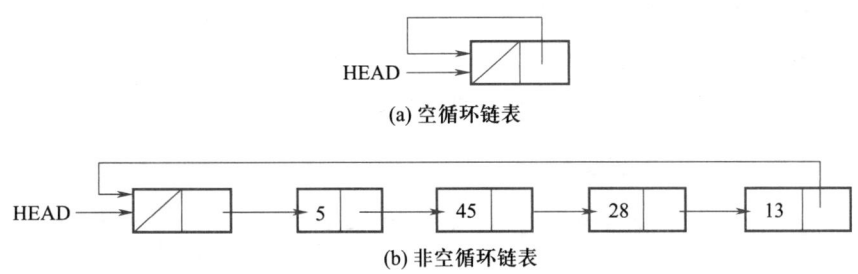

图 9.12　循环链表示例示意图

9.6　树与二叉树

之前介绍的所有的数据结构都是线性存储结构。本节所介绍的树结构是一种非线性存储结构，存储的是具有"一对多"关系的数据元素的集合。

图 9.13 中是使用树结构存储的集合 {A，B，C，D，E，F，G，H，I，J，K，L，M}。对于结点 A 来说，和结点 B、C、D 有关系；对于结点 B 来说，和 A、E、F 有关系。这就是"一对多"的关系。

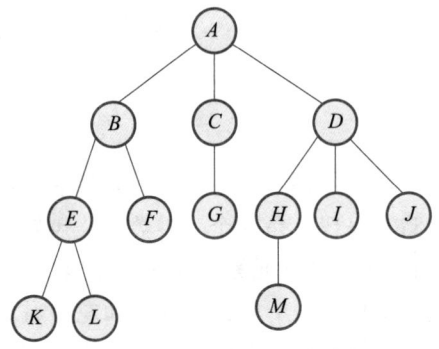

图 9.13　树结构示意图

9.6.1　树的基本概念

树是由 n（$n \geqslant 0$）个有限结点组成的一个具有层次关系的集合。当 $n=0$ 时，称为空树。把它称为"树"，是因为它看起来像一棵倒挂的树，也就是说它是根朝上，而叶朝下的。

在任何一棵非空树中：①有且只有一个特定的称为根（root）的结点；②当 $n>1$ 时，其余结点可分为 m（$m>0$）个互不相交的有限集，其中每一个集合又是一棵树，并且成为根的子树（subtree）。

树是由根结点（图 9.13 中的 A 结点）和若干棵子树构成的，由一个集合及在该集合上定义的一种关系组成。集合中的元素称为树的结点，所定义的关系称为父子关系。父子关系在树的结点之间建立了一个层次结构。在这种层次结构中有一个结点具有特殊的地位，这个结点称为该树的根结点，或者称为树根。

9.6.2 二叉树及其基本性质

二叉树是一种很有用的非线性结构，如图 9.14 所示。它具有以下两个特点。

① 非空二叉树只有一个根结点。

② 每一个结点最多有两棵子树，分别称为该结点的左子树和右子树。

微视频9.5：二叉树的基本概念

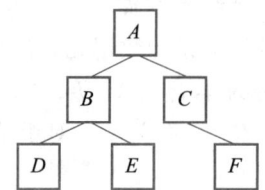

图 9.14　二叉树示意图

9.6.3 二叉树的存储结构

二叉树的存储方式分为两种，一是顺序存储，二是链表存储。

顺序存储：数组方式存储，表现上是一个一维数组，逻辑上是一棵二叉树。

链表存储：二叉树结点由一个数据元素和分别指向其左、右子树的两个分支构成，表示二叉树的链表中的结点至少包含 3 个域：数据域和左、右指针域。采用链表的方式进行存储，可以清楚地表明二叉树结点间的逻辑关系。从表现到逻辑都是一棵二叉树。

9.6.4 二叉树的遍历

1. 前序遍历

先访问根结点，然后遍历左子树，最后遍历右子树。在遍历左、右子树时，仍然先访问根结点，然后遍历左子树，最后遍历右子树。

对图 9.14 中的二叉树进行前序遍历的结果为 A，B，D，E，C，F。

2. 中序遍历

先遍历左子树，然后访问根结点，最后遍历右子树。在遍历左、右子树时，仍然先遍历左子树，然后访问根结点，最后遍历右子树。

对图 9.14 中的二叉树进行中序遍历的结果为 D，B，E，A，C，F。

3. 后序遍历

先遍历左子树，然后遍历右子树，最后访问根结点。在遍历左、右子树时，仍然先遍历左子树，然后遍历右子树，最后访问根结点。

对图 9.14 中的二叉树进行后序遍历的结果为 D，E，B，F，C，A。

9.7 图

树结构是一种一对多关系，在现实生活中，一个数据集合之间元素的关系可能是多对多的。本节介绍图形结构。

9.7.1 图的基本概念

图是由顶点的有穷非空集合和顶点之间边的集合组成的，通常表示为 G（V，E）。其中，G 表示一个图；V 是图 G 中顶点的集合；E 是图 G 中边的集合。

线性表可以是空表，树可以是空树，但图不可以是空图，也就是说，图中不能一个顶点也没有，图的顶点集 V 一定非空，但边集 E 可以为空，此时图中只有顶点而没有边。图有两种基本结构，即有向图和无向图。

微视频9.6：图的基本概念

9.7.2 有向图

图中每一条边的两个顶点互为邻接点。如果图中的每条边是有方向的，则称该图是有向图。有向图中的边也称为弧，是由两个顶点构成的有序偶，通常用尖括号表示。

在图 9.15 中，从顶点 A 到顶点 D 的路径有 2 条，分别是 {<A，C>，<C，D>} 和 {<A，B>，<B，C>，<C，D>}。

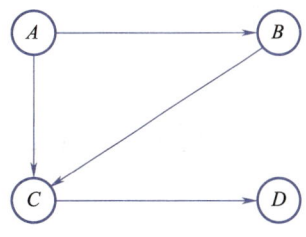

图 9.15 有向图示意图

9.7.3 无向图

如果图中的每条边是没有方向的,则称该图是无向图。无向图中的边均为顶点的无序偶,通常用圆括号表示。

在图 9.16 中,从顶点 B 到顶点 C 的路径有 3 条,分别是 $\{(B,E),(E,C)\}$、$\{(B,D),(D,C)\}$ 和 $\{(B,A),(A,C)\}$。

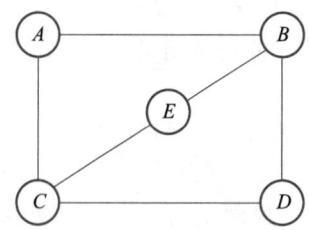

图 9.16 无向图示意图

9.7.4 图的遍历

从给定图中任意指定的顶点(称为初始点)出发,按照某种搜索方法沿着图的边访问图中的所有顶点,使每个顶点仅被访问一次,这个过程称为图的遍历。

图的遍历过程根据搜索方法的不同,又可划分为两种搜索策略。

1. 深度优先遍历

图的深度优先遍历(Depth_First_Search)也称为深度优先搜索。遍历的基本思想是,从图中某个顶点 V 出发,访问此顶点,然后从 V 的未被访问的邻接点出发深度优先遍历图,直至图中所有同 V 有路径相通的顶点都被访问到。如果图中尚有顶点未被访问,则另选图中一个未曾被访问的顶点作为起始点,重复上述过程,直至图中的所有顶点都被访问到为止。如图 9.17 所示,从顶点 A 出发对图中顶点进行深度优先遍历,则遍历结果为 $\{A,B,D,H,E,C,F,G\}$。

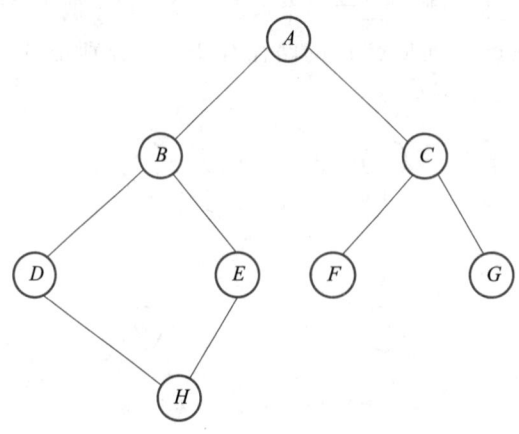

图 9.17 图示意图

2. 广度优先遍历

深度优先遍历可以认为是纵向遍历图。图的广度优先遍历（Breadth_First_Search）则是横向进行遍历。算法是一个分层遍历的过程。其基本思想是，从图中的某一个顶点 V 出发，访问此顶点后，依次访问 V 的各个未曾访问过的邻接点，然后分别从这些邻接点出发，直至图中所有顶点都被访问到。对图 9.17 使用广度优先遍历，从顶点 A 出发对图中顶点进行广度优先遍历，则遍历结果为 $\{A, B, C, D, E, F, G, H\}$。

9.8 查找算法

查找也称为检索，是在较大的数据集中找出或定位某些数据的过程，即在大量的信息中寻找一个特定的信息元素。在计算机中进行查找的方法是根据表中的记录的组织结构确定的，被用于查找的数据元素的属性一般称为关键字。

9.8.1 顺序查找

顺序查找也称为线性查找，是一种最简单的查找方法，可用于线性表，也可用于非线性表。顺序查找是按照线性表原有顺序对数组进行遍历比较查询的基本查找算法。

其基本原理是，从待查找表（数据结构为线性表）的一端开始，顺序扫描线性表，依次将遍历到的结点关键字同给定值 key 相比较，如果当前遍历到的结点关键字同 key 相等，则表示查找成功；如果遍历结束后，没有找到关键字等于 key 的结点，那么表示查找失败。

9.8.2 二分法查找

二分查找也称折半查找（binary search），它是一种效率较高的查找方法。但是，二分查找要求线性表必须采用顺序存储结构，而且表中元素按关键字有序排列。二分查找算法的原理如下。

① 如果待查序列为空，那么返回-1，并退出算法，表明未查到目标元素。

② 如果待查的序列不为空，则将它的中间元素与要查找的目标元素进行匹配，判断是否相等。

③ 如果相等，则返回该中间元素的索引，并退出算法，表明查找成功。

④ 如果不相等，就再比较这两个元素的大小。

⑤ 如果该中间元素大于目标元素，那么就将当前序列的前半部分作为新的待查序列，这是因为后半部分的所有元素都大于目标元素，它们全都被排除了。

⑥ 如果该中间元素小于目标元素，那么就将当前序列的后半部分作为新的待查序列，这是因为前半部分的所有元素都小于目标元素，则它们也全都被排除了。

⑦ 在新的待查线性表上重新开始①的工作。

9.9 排序算法

排序是指将一个无序序列整理成按值排序的有序序列，本节算法按照非递减顺序进行举例。

微视频9.7：排序算法

9.9.1 交换类排序法

在交换类算法中，最有名的是冒泡排序。冒泡排序是重复地遍历要排序的元素列，依次比较两个相邻的元素，如果顺序不符合要求就把它们交换过来。遍历元素的工作是重复地进行直到没有相邻元素需要交换，也就是说该元素列已经排序完成。

以从大到小的顺序进行排序，冒泡排序算法的原理如下。

拓展阅读：冒泡排序的过程

① 比较相邻的两个元素。如果第一个比第二个大，则将两个元素进行交换。

② 对每一对相邻元素做同样的工作，从开始第一对到结尾的最后一对。在一趟比较交换之后，最后的元素应该会是最大的数。

③ 再次对所有的元素重复①②步骤。上一趟最大的元素不参与比较。

④ 持续每次对越来越少的元素重复上面的步骤，直到没有任何一对元素需要比较。

冒泡排序算法的执行过程使得越小的元素经由交换慢慢"浮"到数列的顶端（升序或降序排列），就如同水中的气泡最终会上浮到水面一样，所以称为"冒泡排序"。

9.9.2 插入类排序法

插入排序是每次将一个待排序元素，按其元素值的大小插入到前面已经排好序的子序列表中的适当位置，直到全部元素插入完成为止。

1. 简单插入排序

简单插入排序是把 n 个待排序的元素看成一个有序表和一个无序表，开始时，有序表只包含一个元素，而无序表包含另外 $n-1$ 个元素，每次取无序表中的第一个元素插入到有序表中的正确位置，使之成为增加一个元素的新的有序表。插入元素时，插入位置及其后的记录依次向后移动。最后有序表的长度为 n，而无序表为空，此时排序完成。在最坏情况下，简单插入排序需要 $n(n-1)/2$ 次比较。

2. 谢尔排序

谢尔排序的基本思想是，一个待排序序列，元素个数为 n，先取一个整数（称为增量）k_1，$k_1<n$，把全部数据元素分成 k_1 个组，所有距离为 k_1 倍数的元素放在一组中，组成了一个子序列，对每个子序列分别进行简单插入排序。然后取 $k_2<k_1$，重复上述分组和排序工作，直到 $k_i=1$，即所有记录在一组中为止。谢尔排序的效率与所选取的增量序列有关。在最坏情况下，谢尔排序需要比较的次数是 n^r ($1<r<2$)。

9.9.3 选择类排序法

选择排序的基本思想是每一趟从待排序序列中选出值最小的元素，顺序放在已排好序的有序子表的后面，直到全部序列满足排序要求为止。

简单选择排序法的基本思想：先从所有 n 个待排序的数据元素中选择最小的元素，将该元素与第 1 个元素交换，再从剩下的 $n-1$ 个元素中选出最小的元素与第 2 个元素交换。重复这样的操作直到所有的元素有序为止。简单选择排序法在最坏的情况下需要比较 $n(n-1)/2$ 次。

9.10 经典算法

9.10.1 汉诺塔问题

传说在某庙宇中，有一种被称为汉诺塔（Hanoi）的游戏。该游戏是在一块铜板装置上，有三根柱子（编号 A、B、C），在 A 柱自下而上、由大到小按顺序放置 64 个金盘。游戏的目标：把 A 柱上的金盘全部移到 C 柱上，并仍保持原有顺序叠好。操作规则：每次只能移动一个盘子，并且在移动过程中三根柱子上都始终保持大盘在下，小盘在上，操作过程中盘子可以置于 A、B、C 任一柱子上。

为了将这 64 个盘子从 A 柱移动到 C 柱，可以做以下三步。

① 以 C 盘为中介，从 A 柱将 1 至 $n-1$ 号盘移至 B 柱。
② 将 A 柱中剩下的第 n 号盘移至 C 柱。
③ 以 A 柱为中介；从 B 柱将 1 至 $n-1$ 号盘移至 C 柱。

假设有 n 片，移动次数是 $f(n)$，显然 $f(1)=1$，$f(2)=3$，$f(3)=7$，且 $f(k+1)=2\times f(k)+1$。此后不难证明 $f(n)=2^n-1$。$n=64$ 时，假如每秒一次，则全部移动完毕需要 18 446 744 073 709 551 615 秒，合 5 845.42 亿年以上。计算移动次数不难，难度比较大的是将移动盘子的所有步骤描述出来。利用程序设计语言中的函数递归，可以用很少的代码解决这一问题。图 9.18 为一个 7 层的汉诺塔示意图。请读者试着将 A 柱上的盘子移动到 C 柱。

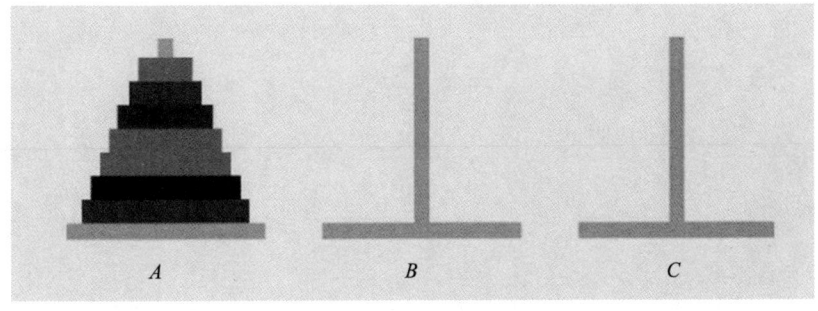

图 9.18 汉诺塔示意图

9.10.2 国王的烦恼

某国由 n 个小岛组成，为了方便小岛之间联络，某国在小岛间建立了 m 座大桥，每座大桥连接两座小岛。两个小岛间可能存在多座桥连接。然而，由于海水冲刷，有一些大桥面临不能使用的危险。

如果两个小岛间的所有大桥都不能使用，那么这两座小岛就不能直接到达了。然而，只要这两座小岛的居民能通过其他的桥或者其他的小岛互相到达，他们就会安然无事。但是，如果前一天两个小岛之间还有方法可以到达，后一天却不能到达了，那么居民们就会一起抗议。

现在某国的国王已经知道了每座桥能使用的天数，超过这个天数就不能使用了。现在他想知道居民们会有多少天进行抗议。

分析：这个问题实际上是一个无向图，每个小岛都是这个图中的一个顶点，桥为途中的边。每过一天删去一些边。如果连通情况发生变化，那么输出值加 1。输入一个边集数组，输出居民抗议的天数。可以使用遍历图的方法进行求解，也可以利用并查集法进行求解。

9.10.3 旅行商问题

一个商品推销员要去若干个城市推销商品，该推销员从一个城市出发，需要经过所有城市后回到出发地。应如何选择行进路线，以使总的行程最短？

从图论的角度来看，该问题实质是在一个带权完全无向图中，找一个权值最小的哈密顿（Hamilton）回路。由于该问题的可行解是所有顶点的全排列，随着顶点数的增加，会产生组合爆炸。

由于旅行商问题在交通运输、电路板线路设计以及物流配送等领域有着广泛的应用，各国学者对其进行了大量的研究。早期的研究者使用精确算法求解该问题，常用的方法包括分支定界法、线性规划法、动态规划法等。但是，随着问题规模的增大，精确算法将变得无能为力，因此，在后来的研究中，各国学者重点使用近似算法或启发式算法，主要有遗传算法、模拟退火法、蚁群算法、禁忌搜索算法、贪婪算法和神经网络等。

习 题 9

单项选择题

1. 算法可以没有（　　）。

A. 输入　　B. 输出　　C. 输入输出　　D. 结束

2. 用来描述算法的方法，没有（　　）。

A. 自然语言

B. 流程图输入输出

C. 伪代码

D. 方程式

3. 任何复杂算法都可以由 3 种基本结构组成，下列不属于基本结构的是（　　）。

A. 顺序结构　　B. 层次结构　　C. 选择结构　　D. 循环结构

4. 下列关于算法的描述，正确的是（　　）。

A. 一个算法的执行步骤可以是无限的

B. 一个完整的算法必须有输出

C. 算法只能用流程图表示

D. 一个完整的算法至少有一个输入

5. 下列叙述中正确的是（　　）。

A. 栈是一种先进先出的线性表

B. 队列是一种后进先出的线性表

C. 栈和队列都是非线性结构

D. 以上 3 种说法都不对

6. 下列关于栈和队列的叙述中，正确的是（　　）。

A. 栈是一种先进先出的线性表

B. 队列是一种后进先出的线性表

C. 栈和队列都是非线性结构

D. 栈和队列都是操作受限的线性表

第 10 章 问题求解与程序设计

本章将从程序设计的基本概念开始,由浅入深地介绍程序、程序设计、算法、程序设计的基本控制结构、常用的程序设计语言、Python 语言等知识,通过程序设计的实例介绍,让读者了解程序设计的基本方法和步骤,了解软件工程。通过本章的学习,读者应了解程序设计的基本控制结构,并对程序设计的基本方法和步骤有一个初步的认识。

【知识要点】
1. 程序设计的概念
2. 结构化程序设计的基本原则
3. 算法的概念和描述方法
4. 程序设计的基本控制结构和基本方法
5. 常用程序设计语言
6. Python 语言介绍

电子教案:问题求解与程序设计

微视频10.1:第10章章首导读

10.1 程序设计的概念

10.1.1 程序的概念

程序的概念非常普遍。简单地说,程序可以看作对一系列动作的执行过程的描述。

随着计算机的出现和普及,"程序"已经成了计算机领域的专有名词。计算机程序是指为了得到某种结果而由计算机等具有信息处理能力的装置执行的代码化指令序列。也可以这样说,程序就是由一条条代码组成的,这样的一条条代码各自代表着不同的命令,这些命令结合起来,就组成了一个完整的工作系统。

由于程序为计算机规定了计算的步骤,因此为了更好地使用计算机,我们必须先来了解程序的几个性质。

微视频10.2:程序设计的概念

① 目的性：程序必须有一个明确的目的。
② 分步性：程序给出了解决问题的步骤。
③ 有限性：解决问题的步骤必须是有限的。如果有无穷多个步骤，那么在计算机上就无法实现。
④ 可操作性：程序总是实施各种操作于某些对象的，它必须是可操作的。
⑤ 有序性：解题步骤不是杂乱无章地堆积在一起，而是要按一定顺序排列的（这是最重要的一点）。

10.1.2 指令和指令系统

计算机指令是一组符号，它表示人对计算机下达的命令。人通过指令来告诉计算机"做什么"和"怎么做"。

每一条指令都对应计算机的一种操作。指令由两部分组成：一部分叫操作码，它表示计算机该做什么操作；另一部分叫操作数，它表示计算机的操作对象。

计算机所能执行的全部操作指令称为指令系统，不同类型的计算机系统有不同的指令系统。

10.1.3 程序设计

目前的冯·诺依曼型计算机还不能直接接受任务，而只能按照人们事先确定的方案，执行人们规定好的操作步骤。通常计算机处理一个问题（程序设计）需要经过以下步骤。

① 分析问题，确定解决方案。当一个实际问题提出后，应首先对以下问题做详细的分析：需要提供哪些原始数据，需要对其进行什么处理，在处理时需要有什么样的硬件和软件环境，需要以什么样的格式输出结果等。在以上分析的基础上，确定相应的处理方案。一般情况下，处理问题的方法会有很多，这时就需要根据实际问题选择其中较为优化的处理方法。

② 建立数学模型。在对问题全面理解后，需要建立数学模型，这是把问题向计算机处理方式转化的第一步。建立数学模型就是要把处理的问题数学化、公式化，有些问题比较直观，可不去讨论数学模型问题；有些问题符合某些公式或有现成的数学模型可以直接利用；但是多数问题都没有对应的数学模型可以直接利用，这就需要创建新的数学模型，如果有可能，还应对数学模型做进一步的优化处理。

③ 确定算法（算法设计）。建立数学模型以后，许多情况下还不能直接进行程序设计，需要确定符合计算机运算的算法。计算机的算法比较灵活，一般要优选逻辑简单、运算速度快、精度高的算法用于程序设计。此外，还要考虑内存空间占用合理、编程容易等特点。算法可以使用伪代码或流程图等方法进行描述。

④ 编写源程序。要让计算机完成某项工作，必须将已设计好的操作步骤以若干条指令组成的程序的形式书写出来，让计算机按程序的要求一步一步地执行。

⑤ 程序调试。程序调试就是为了纠正程序中可能出现的错误，它是程序设计中非常重要的一步。没有经过调试的程序，很难保证没有错误，就是非常熟练的程序员也不能

保证这一点,因此,程序调试是不可缺少的重要步骤。

⑥ 整理资料。程序编写、调试结束以后,为了使用户能够了解程序的具体功能,掌握程序的运行操作,有利于程序的修改、阅读和交流,必须将程序设计的各个阶段形成的资料和有关说明加以整理,写成程序说明书。其内容应该包括程序名称、完成任务的具体要求、给定的原始数据、使用的算法、程序的流程图、源程序清单、程序的调试及运行结果、程序的操作说明、程序的运行环境要求等。程序说明书是整个程序设计的技术报告,用户应该按照程序说明书的要求将程序投入运行,并依据程序说明书对程序的技术性能和质量做出评价。

在程序开发过程中,上述步骤可能有反复,如果发现程序有错,那么就要逐步向前排查错误,修改程序。情况严重时可能会要求重新认识问题和重新设计算法。

10.2 结构化程序设计与面向对象程序设计

人们从多年来的软件开发经验中发现,任何复杂的算法都可以由顺序结构、选择(分支)结构和循环结构这3种基本结构组成。因此,构造一个解决问题的具体方法和步骤时,也仅以这3种基本结构作为"建筑单元",遵守3种基本结构的规范,基本结构之间可以相互包含,但不允许交叉,不允许从一个结构直接转到另一个结构的内部。正因为整个算法都是由3种基本结构组成的,就像用模块构建的一样,所以结构清晰,易于正确性验证,易于纠错。这种方法就是结构化方法,遵循这种方法的程序设计,就是结构化程序设计。

1. 模块化程序设计的概念

采用模块化设计方法是实现结构化程序设计的一种基本思路或设计策略。事实上,模块本身也是结构化程序设计的必然产物。当今,模块化设计方法也为其他软件开发的工程化方法所采用,并不为结构化程序设计所独家占有。

① 模块。当把要开发的一个较大规模的软件,依照功能需要,采用一定的方法(例如,结构化方法)划分成一些较小的部分时,这些较小的部分就称为模块,也称为功能模块。

② 模块化设计。通常把以功能模块为设计对象,用适当的方法和工具对模块外部(各有关模块之间)与模块内部(各成分之间)的逻辑关系进行确切的描述称为模块化设计。

2. 结构化程序设计的原则

结构化程序设计由迪杰斯特拉(Dijkstra)在1969年提出,以模块化设计为中心,将待开发的软件系统划分为若干个相互独立的模块,这样使完成每一个模块的工作变得单纯而明确,为设计一些较大的软件打下了良好的基础。

这种方法要求程序设计者不能随心所欲地编写程序,而要按照一定的结构形式来设计和编写程序。它的一个重要目的是使程序具有良好的结构,使程序易于设计、易于理解、易于调试、易于修改,以提高设计和维护程序工作的效率。

结构化程序设计方法的主要原则可以概括为"自顶向下，逐步求精，模块化和限制使用 Go To 语句"。

① 自顶向下。程序设计时，应先考虑总体，后考虑细节；先考虑全局目标，后考虑局部目标，即首先把一个复杂的大问题分解为若干相对独立的小问题，如果小问题仍较复杂，则可以把这些小问题又继续分解成若干子问题，这样不断地分解，使得小问题或子问题简单到能够直接用程序的 3 种基本结构表达为止。

② 逐步求精。对复杂问题，应设计一些子目标作为过渡，逐步细化。

③ 模块化。一个复杂问题，肯定是由若干个简单的问题构成的。模块化就是把程序要解决的总目标分解为子目标，再进一步分解为具体的小目标。可以把每一个小目标称为一个模块。对应每一个小问题或子问题编写出一个功能上相对独立的程序块，最后再统一组装，这样，对一个复杂问题的求解就变成了对若干个简单问题的求解。

④ 限制使用 GoTo 语句。GoTo 语句是"有害"的，程序的质量与 GoTo 语句的数量成反比，应该在所有的高级程序设计语言中限制 GoTo 语句的使用。

3. 面向对象程序设计

面向对象程序设计（object oriented programming，OOP）是 20 世纪 80 年代提出的，它汲取了结构化程序设计中好的思想，引入了新的概念和思维方式，从而给程序设计工作提供了一种全新的方法。通常，在面向对象的程序设计风格中，会将一个问题分解为一些相互关联的子集，每个子集内部都包含了相关的数据和函数。同时，它会以某种方式将这些子集分为不同等级，而一个对象就是已定义的某个类型的变量。

与传统的结构化分析与设计技术相比，面向对象技术具有许多明显的优点，主要体现在以下 3 个方面。

① 可重用性。继承是面向对象技术的一个重要机制。用面向对象方法设计的系统的基本对象类可以被其他新系统重用。这通常是通过一个包含类和子类层次结构的类库来实现的。因此，面向对象方法可以从一个项目向另一个项目提供一些重用类，从而能显著提高工作效率。

② 可维护性。由于面向对象方法所构造的系统是建立在系统对象基础上的，结构比较稳定，因此，当系统的功能要求扩充或改善时，可以在保持系统结构不变的情况下进行维护。

③ 表示方法的一致性。面向对象方法要求在从面向对象分析、面向对象设计到面向对象实现的系统整个开发过程中，采用一致的表示方法，从而加强了分析、设计和实现之间的内在一致性，并且改善了用户、分析员以及程序员之间的信息交流。此外，这种一致的表示方法，使得分析、设计的结果很容易向编程转换，从而有利于计算机辅助软件工程的发展。

10.3 程序设计的基本控制结构

结构化程序设计提出了顺序结构、选择（分支）结构和循环结构3种基本的程序结构。一个程序无论大小都可以由这3种基本的程序结构搭建而成。

微视频10.3：程序设计的基本控制结构

10.3.1 顺序结构

顺序结构要求程序中的各个操作按照它们出现的先后顺序执行。这种结构的特点是，程序从入口点开始，按顺序执行所有操作，直到出口点处。顺序结构是一种简单的程序设计结构，它是最基本、最常用的结构，是任何从简单到复杂的程序的主体基本结构，其流程图如图10.1所示。

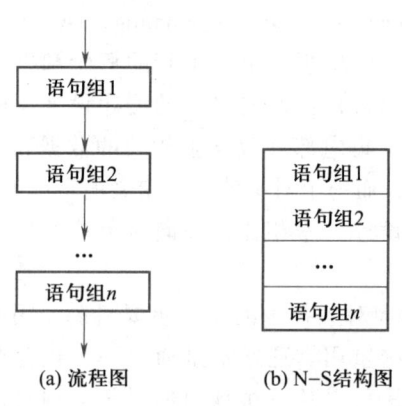

图 10.1 顺序结构的流程图

10.3.2 选择（分支）结构

选择（分支）结构是指程序的处理步骤出现了分支，它需要根据某一特定的条件选择其中一个分支执行。它包括两路分支选择结构和多路分支选择结构。其特点是，根据所给定的选择条件的真（分支条件成立，常用 Y 或 True 表示）与假（分支条件不成立，常用 N 或 False 表示），来决定从不同的分支中执行某一分支的相应操作，并且任何情况下都有"无论分支多寡，必择其一；纵然分支众多，仅选其一"的特性。

1. 两路分支选择结构

两路分支选择是指根据判断结构入口点处的条件来决定下一步的程序流向。如果条件为真则执行语句组1，否则执行语句组2。值得注意的是，在这两个分支中只能选择一条且必须选择一条执行，但不论选择了哪一条分支执行，最后流程都一定到达结构的出口点处，其流程图如图 10.2 所示（实际使用过程中可能会遇到只有一条有执行的两分支，此时最好将这些语句放在条件为真的执行语句中，如图 10.2 右侧图所示）。

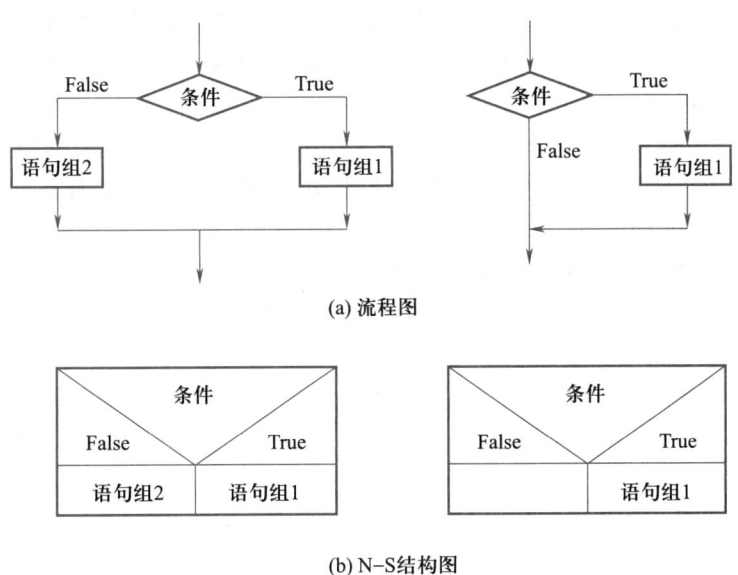

图 10.2　两路分支选择结构的流程图

2. 多路分支选择结构

多路分支选择是指程序流程中遇到了多个分支，程序执行方向将根据条件确定。如果条件 1 为真，则执行语句组 1，如果条件 2 为真，则执行语句组 2，如果条件 n 为真，则执行语句组 n。如果所有分支的条件都不满足，则执行语句组 $n+1$（该分支可以省略）。总之要根据判断条件选择多个分支的其中之一执行。不论选择了哪一条分支，最后流程要到达同一个出口处。多路分支选择结构的流程图如图 10.3 所示。

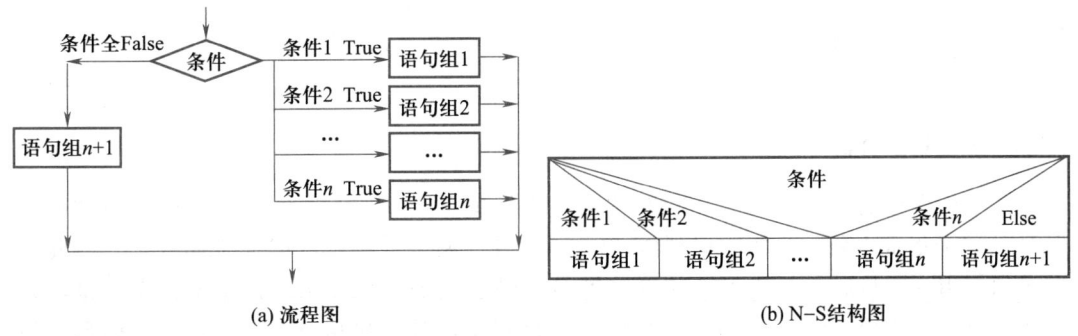

图 10.3　多路分支选择结构的流程图

10.3.3 循环结构

所谓循环,是指一个客观事物在其发展过程中,从某一环节开始有规律地反复经历相似的若干环节的现象。循环的主要环节具有"同处同构"的性质,即它们"出现位置相同,构造本质相同"。

程序设计中的循环,是指在程序设计中,从某处开始有规律地反复执行某一操作块(或程序块)的现象,称重复执行的该操作块(或程序块)为它的循环体。

下面介绍两种循环结构:"当"型循环和"直到"型循环。

(1)"当"型循环是指先判断条件,当满足给定的条件时执行循环体,并且在循环终端处流程自动返回到循环入口;如果条件不满足,则退出循环体直接到达流程出口处。"当"型循环结构的流程图如图 10.4 所示。

(2)"直到"型循环是指从结构入口处直接执行循环体,在循环终端处判断条件,如果条件不满足,则返回入口处继续执行循环体,直到条件为真时才退出循环到达流程出口处。"直到"型循环结构的流程图如图 10.5 所示。

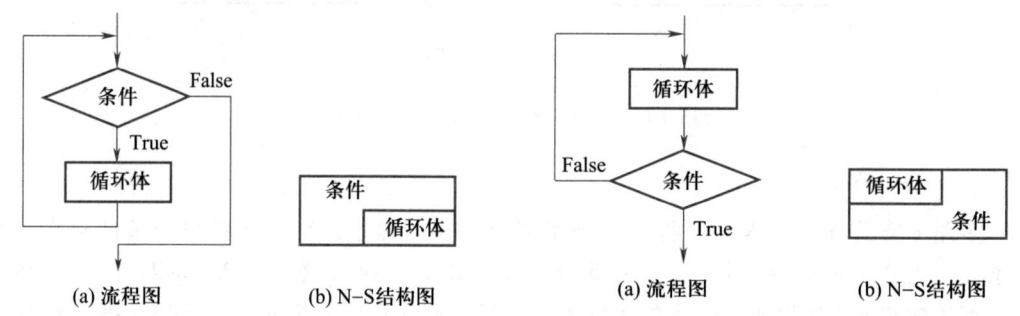

图 10.4 "当"型循环结构的流程图　　　图 10.5 "直到"型循环结构的流程图

10.4 程序设计语言

10.4.1 机器语言

微型计算机的"大脑"是一块被称为中央处理单元(CPU)的集成电路。而被称为 CPU 的这个集成电路,只能够识别由"0"和"1"两个数字组成的二进制数码。因此早期人们使用计算机时,就使用这种以二进制代码形式表示机器指令的基本集合,也就是说要写出一串串由"0"和"1"组成的指令序列交由计算机执行。由二进制代码形式组成的规定计算机动作的符号称为计算机指令,这些指令的集合就是机器语言。

机器语言与计算机硬件关系密切。由于机器语言是计算机硬件唯一可以直接识别和执行的语言,所以机器语言的执行速度最快。使用机器语言是令使用者十分痛苦的,因为组成机器语言的符号全部都是"0"和"1",所以使用时烦琐、费时,特别在程序有错需要修改时，更是如此。而且，由于每台计算机的指令系统往往各不相同，所以在一台计算机上执行的程序，要想在另一台计算机上执行，必须另编程序，造成了工作的重复。

10.4.2 汇编语言

为了解决使用机器语言编程的困难，20世纪50年代初，人们发明了汇编语言：用一些简洁的英文字母、符号串来替代一个特定含义的二进制串。例如，用"ADD"代表"加"操作，"MOV"代表数据"移动"等。这样一来，人们就很容易读懂并理解程序在干什么，纠错及维护都变得方便了。由于在汇编语言中，用"助记符"代替操作码，用"地址符号"或"标号"代替地址码，也就是用"符号"代替了机器语言的二进制码，所以汇编语言也被称为符号语言。汇编语言在形式上用了人们熟悉的英文符号和十进制数代替二进制码，因而方便了人们的记忆和使用。

但是，由于计算机只能识别"0"和"1"，而汇编语言中使用的是助记符号，因此用汇编语言编制的程序输入计算机后，不能像用机器语言编写的程序一样直接被计算机识别和执行，必须通过预先放入计算机中的"汇编程序"的加工和翻译，才能变成可被计算机识别和处理的二进制代码程序。这种起翻译作用的程序称为汇编程序。

10.4.3 高级语言

从最初与计算机交流的痛苦经历中，人们意识到，应该设计一种接近数学语言或自然语言，同时又不依赖计算机硬件，编出的程序能在所有机器上通用的语言。1954年，第一个完全脱离机器硬件的高级语言——FORTRAN问世了。几十年来，有几百种高级语言出现，有重要意义的有几十种，影响较大、使用较普遍的有C、C#、Visual C++、Visual Basic、.NET、Delphi、Java、ASP、Python等。

用高级语言编写程序的过程称为编码，编写出来的程序叫源代码（或源程序）。

高级语言编写的程序需要被翻译成目标代码（即机器语言）才能被计算机执行。通常将高级语言翻译为机器语言的方式有两种：解释方式和编译方式。

① 解释方式，即让计算机运行解释程序，解释程序逐句取出源程序中的语句，对它进行解释执行，输入数据，产生结果。解释方式的主要优点是计算机与人的交互性好，调试程序时，能一边执行一边直接改错，能较快得到一个正确的程序。缺点是逐句解释执行，整体运行速度慢。

② 编译方式，即先运行编译程序，将源程序全部翻译为计算机可直接执行的二进制程序（称为目标程序）；然后让计算机执行目标程序，输入数据，产生结果。编译方式的主要优点是计算机运行目标程序快，缺点是修改源程序后必须重新编译以产生新的目标程序。

10.5 Python 语言基础

Python 是一种面向对象的解释型计算机程序设计语言，它由荷兰人吉多·范罗苏姆（Guido van Rossum）于 1989 年发明，第一个公开发行版发行于 1991 年。

微视频10.4：Python语言介绍

10.5.1 Python 语言概述

Python 语言是非常优秀的开源项目，其解释器的全部代码都是开源的，用户可以到其官方网站下载。Python 软件基金会（Python software foundation，PSF）则致力于更好地推进并保护 Python 语言的开放性。

1. Python 语言的特点

由于 Python 语言的简洁性、易读性以及可扩展性，用 Python 做科学计算以及应用开发的研究机构日益增多，越来越多的大学用 Python 语言讲授程序设计课程。众多开源的科学计算软件包都提供了 Python 的调用接口，例如计算机视觉库 OpenCV、三维可视化库 VTK、医学图像处理库 ITK。而 Python 专用的科学计算扩展库就更多了，例如，3 个十分经典的科学计算扩展库 NumPy、SciPy 和 Matplotlib。它们分别为 Python 提供了快速数组处理、数值运算以及绘图功能。因此 Python 语言及其众多的扩展库所构成的开发环境十分适合工程技术人员和科研人员处理实验数据、制作图表，甚至开发科学计算应用程序。

拓展阅读10.1：开源软件

2. Python 语言开发环境的安装

由于 Python 是开源软件，Python 解释器可以由网络获得。在其官网的下载页面单击 Download 链接，打开的网页显示所有与这个版本相关的文件。在 Files 列表中选择与个人使用的计算机操作系统以及处理器适用的文件下载即可。以 64 位 Windows 操作系统为例，可选择 Windows x86-64 executable installer 文件。下载完成后，运行该文件，界面如图 10.6 所示。首先勾选"Add Python 3.10 to PATH"复选框，将 Python 添加到环境路径。然后单击 Install Now 按钮即可开始安装。

安装完成后，界面如图 10.7 所示。

在"所有程序"列表中选择 Python 3.10 选项，打开图 10.8 所示的列表。在这个列表中列出了安装的程序组件。选择 IDLE（Python 3.10 64-bit）命令即可打开 Python 的交互环境，如图 10.9 所示。

">>>"是 Python 语句的输入提示符。在这个符号之后就可以输入 Python 语句了。

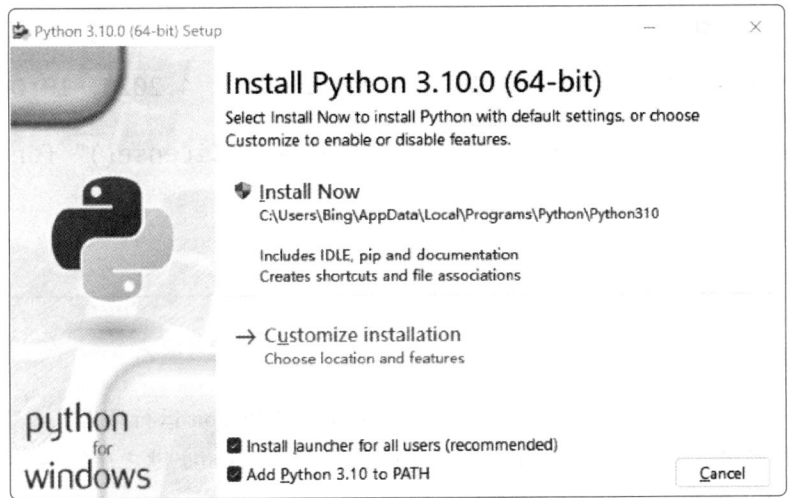

图 10.6 安装界面

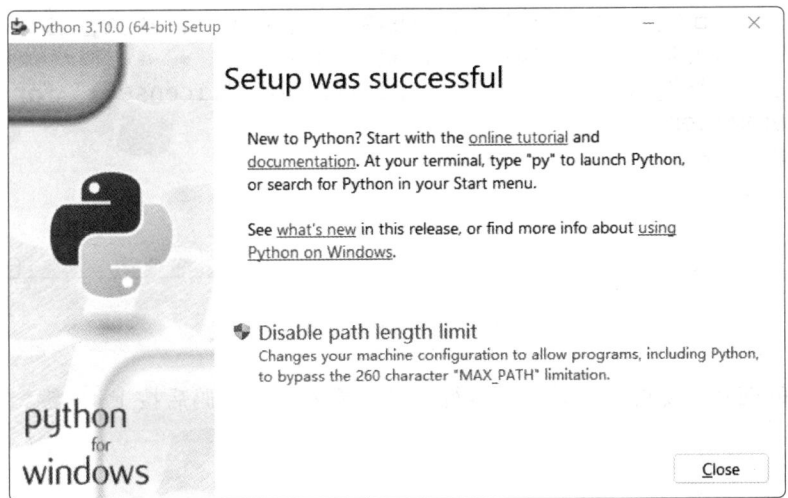

图 10.7 安装成功界面

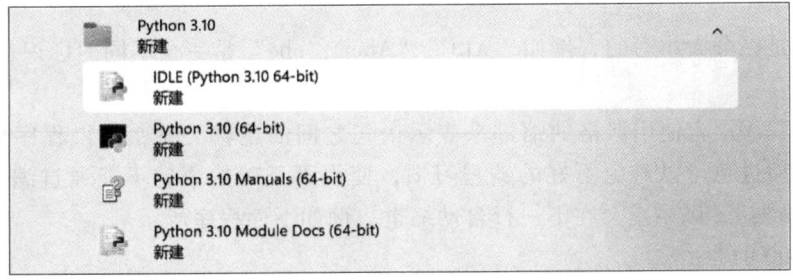

图 10.8 Python 程序列表

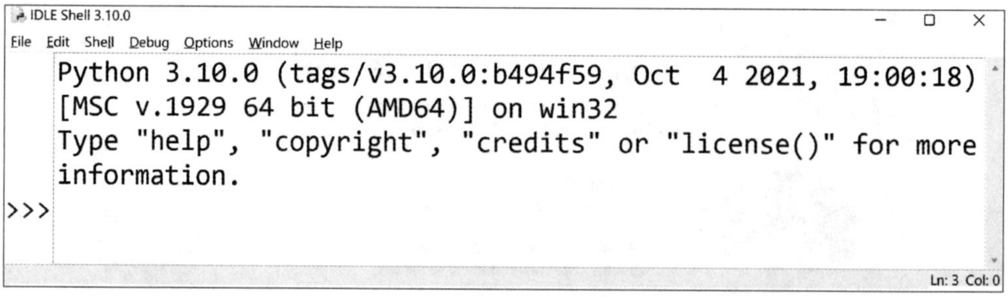

图 10.9　通过 IDLE 启动 Python Shell 交互环境

在>>>符号之后输入 quit（ ） 或 exit（ ），即可退出 Python 运行环境。

在>>>符号之后输入代码：print（'hello world！'），按 Enter 键之后即可运行第一个小程序，如图 10.10 所示。

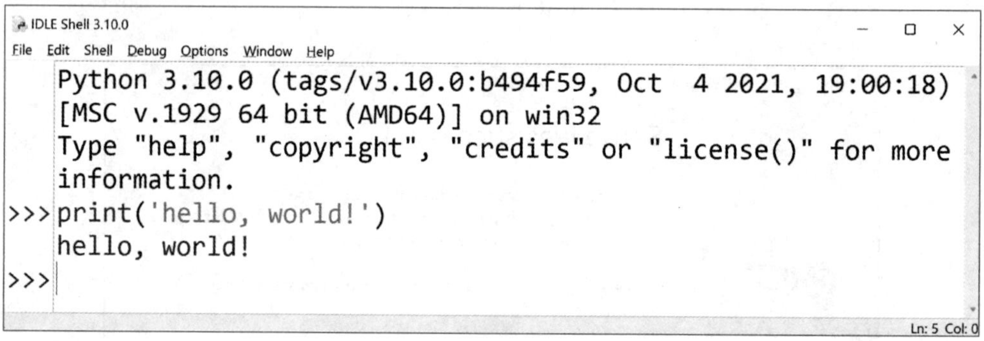

图 10.10　运行"hello world！"程序

Python 的交互环境可以即时反馈运行结果，输入一行代码后按 Enter 键，即可得到运行结果。

10.5.2　程序的格式

在书写 Python 程序时，要遵循其规定的格式。主要的格式要求有以下 3 点。

1. 大小写

Python 是区分大小写的，例如"ABC""Abc""abc"是完全不同的标识符。

2. 缩进

Python 程序语言使用严格的缩进来表示语句之间的逻辑关系，使得程序更加清晰和美观。强制缩进也可以避免不好的编程习惯，使得不正确的语句不能通过编译。在正确的位置输入"："，则系统会在下一行自动缩进。例如下面程序所示。

求 1~100 的和：

sum = 0　　　　　　　　　　　# 累加器设置为 sum

```
for I in range (101):        # 让 I 从 1 变化到 100
    sum = sum + I            # 将 I 的值加到 sum 上
print (sum)                  # 输出结果
```

在这个程序中,第三行缩进表示该语句是第二行 for 循环体中的语句,而第一行和第四行不属于循环。

3. 注释

注释是程序员对程序代码的说明,可以提升代码的可读性。注释是辅助文字,不作为程序代码,所以不会被编译或解释器执行。在上面的程序中,每一行"#"后的语句就是注释,用于解释该行语句的含义。在 Python 程序中可以用"#"开头书写单行注释。如需进行多行注释,可以使用三个单引号(''')开头和结尾,也可以使用三个双引号(""")开头和结尾。

10.5.3 变量和保留字

1. 变量

变量是用来存放程序运行过程中用到的各种原始数据、中间数据、最终结果的。与其他语言稍有不同,Python 并不是把数值存储在变量中,而更像是将名字贴在了数值上。在整个程序的执行过程中,变量的值是可以变化的。但在程序执行的每个瞬间,变量的值都是明确的、固定的、已知的。在使用变量的值时,通过变量的名字找到相应的数值,使得计算时可以把重点放在解决问题的算法上而不必考虑使用时具体数值是多少。

在给变量命名时需要遵循一定的规则。Python 语言对变量命名可以使用大写字母、小写字母、数字、下画线和汉字等字符(从编程习惯和跨平台兼容性方面考虑,不建议使用汉字为变量命名),但是首字符不能是数字。变量名中间不能有空格,变量名的长度在语法上不做限制,但是受计算机资源层面的限制。

合法的变量名有 A123、a_1、good、张三。

注意:A123 和 a123 是两个不同的标识符。

2. 保留字

在为变量命名时,要注意和 Python 的保留字有所区别。保留字是 Python 语言已经设定好的具有特殊用法和含义的标识符。每种程序设计语言都有一套保留字,保留字一般用来构成程序整体框架,表达关键值和具有结构性的复杂语义等。

10.5.4 赋值语句

在 Python 语言中,变量的使用不需要事先声明,只需要在使用之前对其赋值即可。赋值语句是任何程序设计中都必不可少的语句,它可以把指定表达式的值赋予某个变量或对象属性。表达式是程序中产生或计算新数据值的代码。

在 Python 语言中,赋值号使用"=",将"="右侧的计算结果赋给左边的变量或对象属性。所以把包含"="的语句称为赋值语句。基本格式如下:

<变量 1> = <表达式 1>

<对象1>.<属性x>=<表达式x>

给变量x赋值为2,给变量y赋值为3,语句可以写为

>>> x=2

>>> y=3

Python语言提供了一种简单的方式可以实现交换两个变量的值的操作,即同步赋值。基本格式如下:

<变量1>,…,<变量n>=<表达式1>,…,<表达式n>

如果采取同步赋值,则交换x和y的值,则语句如下:

>>> x, y=y, x

10.5.5 基本数据类型

在计算机中,通常会对表示信息的数据进行分类,以便于计算机对数据进行准确的处理。Python语言也一样。下面介绍在Python中使用的基本数据类型。

1. 数值类型

Python语言设置了3种数值类型:整数、浮点数和复数。

整数类型与数学中的整数概念相同。Python可将整数用十进制、二进制、八进制和十六进制表示。默认情况下,整数使用十进制表示。二进制数以0b开头,八进制数以0o开头,十六进制数以0x开头。在Python语言中,在语法上没有对整数的取值范围进行限制,但实际整数的取值范围取决于运行Python的计算机内存。在编写代码时可以进行很大的数据的运算,例如:

>>> 123456789874144786 * 45565144477741411456

5625326467333163075123990845430068416

>>> pow(2,1000)

10715086071862673209484250490600018105614048117055336074437503883703510511249361224931983788156958581275946729175531468251871452856923140435984577574698574803934567774824230985421074605062371141877954182153046474983581941267398767559165543946077062914571119647768654216766042983165262438683720566806 9376

其中,pow(2,1000)表示2的1 000次方。

浮点数是带有小数的数值。为了和整数区别,小数部分可以是0,如2.4、0.3、1.0。也可以使用科学计数法表示数据,格式为<a>e<b>。该表达式代表了$a×10^b$。复数类型可表示为a+bj,其中a为实部,b为虚部,后缀可用"j"或"J"表示。Python语言内置的数值运算操作符如表10.1所示。

表10.1 内置数值运算符

操作符	功能
+	加法运算
-	减法运算

续表

操作符	功能
*	乘法运算
/	浮点除。结果为浮点数
//	整除。结果为不大于商的最大整数
%	余除。结果为余数
**	指数运算。x**y 即 x^y

2. 字符串类型

对日常信息的表示，除了数值类型，还有字符串类型。字符串类型用于表示文本数据。在 Python 语言中，出现在两个单引号（'）或者两个双引号（"）中的内容，都被视为字符串类型数据。例如：

```
>>> x = 3
>>> y = '3'
>>> x
3
>>> y
'3'
```

在上述语句中，x 为数值类型的变量，值为数值 3；y 为字符串类型的变量，值为字符'3'。

与其他语言不同，在 Python 语言中，一个英文字母和一个汉字都能被视为一个字符。在 Python 语言中，字符串类型的数据自带索引功能，且分为正向索引和反向索引，如图 10.11 所示。将字符串"PYTHON"设为 s，则 s[4]='O'; s[-2]也是字母'O'。

正向索引:	0	1	2	3	4	5
	P	Y	T	H	O	N
逆向索引:	-6	-5	-4	-3	-2	-1

图 10.11 字符串索引示意图

与 C 语言相似，Python 的字符串类型也有转义符"\"。例如，\n 表示换行符，\\ 表示反斜杠，\t 表示制表符等。

用两个单引号和两个双引号都只能表示单行字符串。如果字符串内容涉及多行，则需要头尾都使用三个单引号（'''）或三个双引号来表示（"""）。

与数值类型数据相似，字符串类型也可以进行运算。字符串的基本操作符如表 10.2 所示。

表 10.2 字符串基本操作符

操作符	功能
x+y	将字符串 x 和 y 进行连接
x * n	将字符串 x 复制 n 次
str[i]	得到字符串中的第 i 个字符
str[n:m]	从字符串中获得从 n 到 m（不包括 m）的子串
x in y	判断字符串 x 是否存在于字符串 y 中，是返回 True，否返回 False

在 Python 的交换环境中的运算结果如下：
>>> x='程序设计'
>>> y=' is interesting！'
>>> x+y
'程序设计 is interesting！'
>>> x * 4
'程序设计程序设计程序设计程序设计'
>>> y[3:6]
' int '

10.5.6 输入语句：input()函数

在编写程序的过程中，参与计算的数值除了可以通过赋值语句获得外，更多的情况是通过键盘输入。在 Python 语言中，可以利用 input()函数来获得程序需要的数据。基本语法格式如下：

<变量1>=input(<提示性文字>)

在 Python 交互环境中输入以下语句：

r=input('请输入半径的值：')

按 Enter 键后，会出现图 10.12 所示的输入提示，在该行后面输入数值，再次按 Enter 键，则用户输入的数值被赋给变量 r。

需要注意，用户输入的无论是数值型数据还是字符串数据，input()函数都以字符串形式输出。如果需要计算，则需要使用 eval()函数将字符串转换为数值。语句"r=eval(r)"就可将字符串'5'当中的单引号去掉，将数值 5 重新赋值给变量 r。

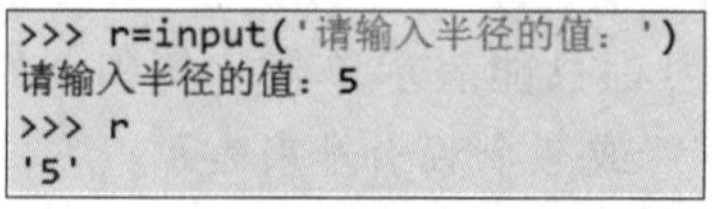

```
>>> r=input('请输入半径的值：')
请输入半径的值：5
>>> r
'5'
```

图 10.12 input()函数输入示例

10.5.7 输出语句: print () 函数

当计算完成后,计算结果已经生成,但是如果不使用语句将其显示出来,那么它只存在于内存中,用户看不到。所以,每当需要看到计算情况时,可以使用 print () 函数。基本语法格式如下:

print (<需要输出的内容>)

程序举例:从键盘输入半径的值,计算圆的周长和面积。

分析:这是一个完整的计算过程,首先需要使用键盘输入半径,然后进行计算,最后进行输出。

这个程序包含多行语句。在 Python 交互环境中,只能单行输入运行而且无法保存程序。可以在交互环境中选择 File→New File 命令,则会打开一个新的窗口,如图 10.13 所示。

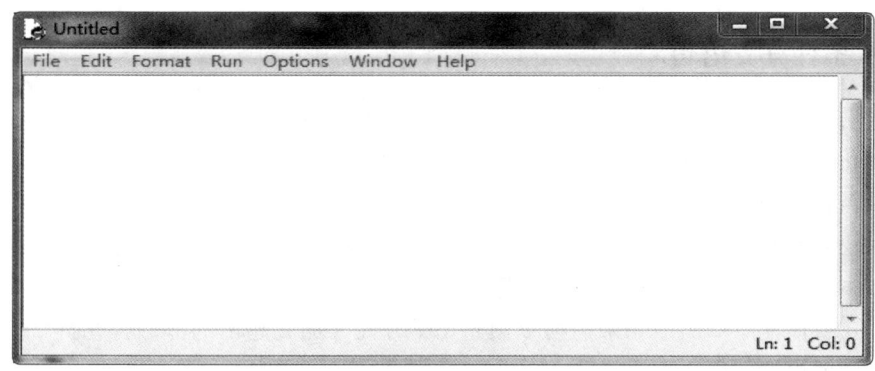

图 10.13 新建文件窗口

在这个窗口中用户就可以输入完整的程序了。

【例 10-1】从键盘输入半径的值,计算圆的周长和面积。

```
r=eval (input ('请输入圆的半径:'))        #输入部分:变量 r 代表圆的半径
l=2*3.14*r                               #计算部分:变量 l 代表圆的周长
s=3.14*r*r                               #计算部分:变量 s 代表圆的面积
print ('圆的周长是:{:.2f}'.format (l))    #输出部分:输出周长
print ('圆的面积是:{:.2f}'.format (s))    #输出部分:输出面积
```

在语句 "print ('圆的周长是:{:.2f}'.format (l))" 中,大括号相当于卡槽,将 format 后面括号里的内容填入大括号所在的位置。在大括号中的 ":.2f" 是将 format 括号里的数据进行保留两位小数的处理。

程序编写完成后,先保存。按 Ctrl+S 键打开 "保存" 对话框,选择好保存位置和文件名后就可以将程序以文件的形式保存在计算机上。系统将 Python 程序的扩展名设置为 .py。

保存完成后，按F5键即可运行程序。这时系统跳转到Python交互窗口。在提示信息后，输入数值5，按Enter键后结果如图10.14所示。

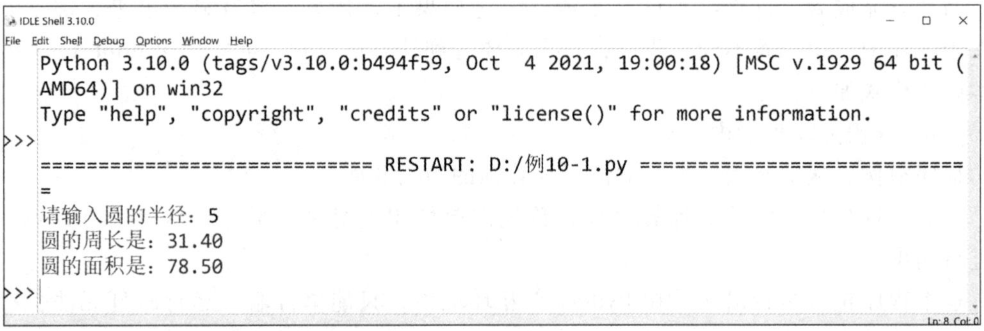

IDLE Shell 3.10.0
File Edit Shell Debug Options Window Help
Python 3.10.0 (tags/v3.10.0:b494f59, Oct 4 2021, 19:00:18) [MSC v.1929 64 bit (AMD64)] on win32
Type "help", "copyright", "credits" or "license()" for more information.
>>>
============================== RESTART: D:/例10-1.py ==============================
请输入圆的半径：5
圆的周长是：31.40
圆的面积是：78.50
>>>

图10.14　运行结果

10.5.8　条件分支语句

1. 单分支结构

在Python语言中，单分支语句的基本语法格式如下：

```
if  <条件>：
    <语句块>
```

若条件成立，则执行语句块中的程序；否则跳过分支结构。

【例10-2】程序举例：如果购物金额超出1万元，那么超出的部分打九折，并将实际付款金额显示输出。程序如下：

```
money=eval（input（'请输入金额：'））
if money>1000：
      money=10000+（money-10000）＊0.9
print（'实际金额是：{：.2f}'.format（money））
```

2. 双分支结构

双分支语句的基本语法格式如下：

```
if  <条件>：
    <语句块1>
else ：
    <语句块2>
```

当条件成立时，执行语句块1的内容；当条件不成立时，执行语句块2的内容。

3. 多分支结构

多分支语句的基本语法格式如下：

```
if  <条件>：
    <语句块1>
```

elif <条件2>：

  <语句块2>

…

else：

  <语句块N>

Python会依次计算第一个结果为True的条件，并执行该条件下的语句块。else是可选语句，如果没有条件成立，则执行else后面的语句块。

10.5.9　循环语句

在Python语言中，循环语句分为遍历循环和无限循环两种。

微视频10.6：Python循环语句

1. 遍历循环：for语句

如果循环次数确定，则可以使用for语句。基本语法结构如下：

for <循环变量> in <遍历结构>：

  <循环体>

在Python中for语句的循环次数是由遍历结构中元素个数确定的。遍历循环通过从遍历结构中逐一提取元素赋值给循环变量，然后对于提取的每个元素执行一次循环体。遍历结构可以是字符串、文件或range（）函数等。

【例10-3】编写一个程序，求1~100这100个自然数的和。

s = 0

for i in range（101）：

  s = s+i

print（s）

在这个程序中，range（101）表示循环结构是从1~100的自然数。若要表示1~20的自然数，可以写为range（21），最后一个数取不到。

【例10-4】利用循环，引用字符串中的每个字符。

for s in "程序设计"：

  print（'循环进行中：'+s）

else：

  print（'循环结束'）

在这个遍历循环中，循环结构为字符串，那么循环变量s依次取得字符串中的每一个字符然后输出。输出结果如图10.15所示。

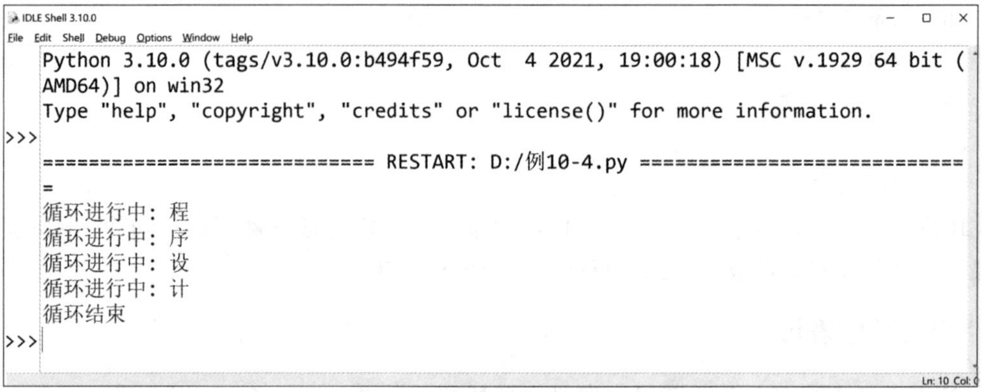
IDLE Shell 3.10.0
File Edit Shell Debug Options Window Help
Python 3.10.0 (tags/v3.10.0:b494f59, Oct 4 2021, 19:00:18) [MSC v.1929 64 bit (AMD64)] on win32
Type "help", "copyright", "credits" or "license()" for more information.
>>>
============================= RESTART: D:/例10-4.py =============================
=
循环进行中：程
循环进行中：序
循环进行中：设
循环进行中：计
循环结束
>>>
Ln: 10 Col: 0

图 10.15　遍历循环运行结果

2. 无限循环：while 语句

在大多数实际问题的解决过程中无法使用遍历循环，而需要根据某些特定的条件执行循环语句，这种循环称为无限循环。基本语法结构如下：

while　<条件>:
　　　<循环体>

在 while 中，当条件成立时，执行循环体；当条件不成立时，跳过 while 语句，执行后面与之同级的语句。

10.5.10　序列类型

1. 列表

微视频10.7：列表和字典

在处理单个数据时，使用变量是非常方便的。但如果遇到有组织有关联的成批数据，那么变量的使用就显得捉襟见肘了。在其他语言中处理这样的成批数据采用的是数组的形式，但是数组要求所有元素的数据类型是一致的。由于 Python 语言并没有数据类型的严格划分，所以 Python 没有采用数组，而是采用了功能更为强大的列表。

列表是包含 0 个或多个对象引用的有序序列，没有长度限制。列表用一对中括号“［］”表示。列表的内容和长度都是可变的。创建列表的基本语法如下：

<列表名>=［元素 1,元素 2,…,元素 N］

各个元素可以是数字，可以是字符串，也可以是列表。列表也属于序列型数据。列表一旦生成，每一个元素就有了自己的索引号。可以对列表进行增删查改的操作。

```
>>> list1=[1, 2, 3, 'Python', '你好', [4, 5, 5]]  #创建一个列表，命名为 list1
>>> list1                                          #显示列表内容
[1, 2, 3, 'Python', '你好', [4, 5, 5]]
```

```
>>> list1[3]                    #显示索引号为3的元素
'Python'
>>> list1[5]                    #显示索引号为5的元素,该元素为列表
[4,5,5]
>>> list1.append(6)             #在列表list1末尾追加一个元素6
>>> list1                       #显示列表内容
[1,2,3,'Python','你好',[4,5,5],6]
>>> list1.remove(3)             #移除列表list1中的元素3
>>> list1
[1,2,'Python','你好',[4,5,5],6]
>>> del list1[0]                #删除list1中指定位置的元素
>>> list1
[2,'Python','你好',[4,5,5],6]
>>> list1.insert(1,'插入')      #在指定位置插入具体元素
>>> list1
[2,'插入','Python','你好',[4,5,5],6]
```

2. 字典

在很多具体的应用中,使用索引号不一定方便。Python 语言提供了一种数据结构:字典。字典是由键值对组成的序列,通过键来查找值。例如电话号码簿就是典型的键值组合,通过姓名来查找电话号码。创建字典的基本语法格式如下:

<字典名1>= {键1:值1,键2:值2,…,键N:值N}

字典由大括号括起来,键和值由冒号连接,各个键值对之间用逗号间隔。

```
>>> dic1 = {'河北':'石家庄','江苏':'南京','浙江':'杭州','河南':'郑州'}
                                #创建一个字典名为dic1
>>> dic1.keys()                 #列出字典中所有键
dict_keys(['河北','江苏','浙江','河南'])
>>> dic1.values()               #列出字典中所有值
dict_values(['石家庄','南京','杭州','郑州'])
>>> dic1.items()                #列出所有键值对
dict_items([('河北','石家庄'),('江苏','南京'),('浙江','杭州'),('河南','郑州')])
```

3. 元组

与列表功能类似的还有元组。在 Python 中,元组是由一对()括起来的序列,元素可以是任意值。元组一旦生成便不能更改,元组是有序不可变类型。

4. 集合

在 Python 中用 {} 括起来的非键值对序列称为集合,与数学概念的集合相似,可以进行集合的交、并、差等运算,集合中的数据不能重复。

10.5.11 函数和库

1. 函数

函数是一段具有特定功能的、可重复使用的程序代码。Python 语言自带了一些函数和方法。Python 提供了 68 个内置函数，这些函数不需要引用库就可以直接使用。用户也可以自己编写函数。使用函数的好处是可以减少代码的重复，同时可以降低编程难度。自定义函数基本语法格式如下：

```
def  <函数名>（<参数列表>）：
        <函数体>
        return <返回值列表>
```

2. 库

Python 语言除了自带的函数之外，还有很多内置标准库和第三方库提供了很多专业函数。Python 语言致力于开源开放，建立了全球最大的编程计算生态。Python 语言的官方网站提供了第三方库的索引，介绍了 Python 语言 21 万多个第三方库的基本信息。这些函数库涵盖了信息领域的所有技术方向。

拓展阅读10.2：Python的计算生态

微视频10.8：turtle库介绍

（1）内置标准库 turtle 库

turtle 库是一个直观且有趣的图形绘制函数库，此库中的常用函数及功能如表 10.3 所示。

表 10.3 turtle 库中的常用函数

函数	功能
forward（n）	沿着绘图箭头前进 n 个像素长度，单位为像素，默认方向水平向右。n 若为负值则反方向绘图
left（x）	绘图箭头左转 x 角度
right（x）	绘图箭头右转 x 角度
pencolor（）	画笔的颜色
fillcolor（）	填充封闭图形的色彩
begin_fill（）/end_fill（）	定义填充颜色的代码范围，与 fillcolor（） 搭配使用
up（）/down（）	起笔/落笔命令
clear（）	擦除画布

【例 10-5】利用 turtle 库绘制图 10.16 所示的五角星。

图 10.16　五角星

程序如下：

import turtle	#使用库需要先将库导入
t=turtle.Pen()	#将 turtle 画笔命名为 t，方便使用
t.pensize(15)	#将画笔尺寸设置为 15 像素
t.fillcolor("red")	#将填充颜色设置为红色
t.pencolor("yellow")	#将画笔颜色设置为黄色
t.begin_fill()	#设置开始填充的起始位置
for i in range(0,5):	#因为五角星 5 条边，所以使用 for 遍历循环来绘制五角星
t.forward(200)	#每条边长度为 200 像素
t.right(144)	#绘制完一条边后，将画笔的方向向右调整 144°
t.end_fill()	#填充完成

注意：库中函数需要按照<库名>.<函数名>的格式来使用。

（2）第三方库 jieba 库

jieba 是目前最好的 Python 中文分词组件，为用户提供非常便利的处理中文的方法。它需要通过 pip3 工具安装。下面介绍在联网的情况下安装第三方库。首先要确保使用的计算机连通互联网，之后打开命令提示符，输入命令：pip install jieba。然后按 Enter 键即可安装，如图 10.17 所示。

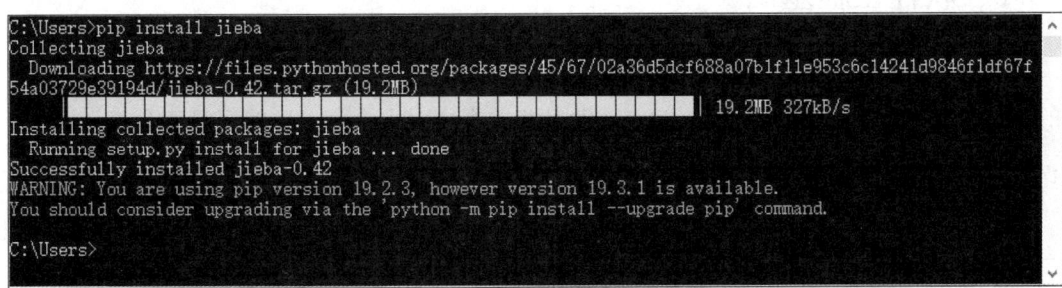

图 10.17　jieba 库的安装

jieba 库主要有以下 3 种特性。

① 支持三种分词模式。
　a. 精确模式：试图将句子最精确地切开，适合文本分析。
　b. 全模式：把句子中所有可以成词的词语都扫描出来，速度非常快，但是不能解决歧义的问题。
　c. 搜索引擎模式：在精确模式的基础上，对长词再次切分，提高召回率，适合用于搜索引擎分词。
② 支持繁体分词。
③ 支持自定义词典。

【例 10-6】安装 jieba 库，参照图 10.18，新建文件，输入以下语句，运行程序并观察不同模式的中文分词。

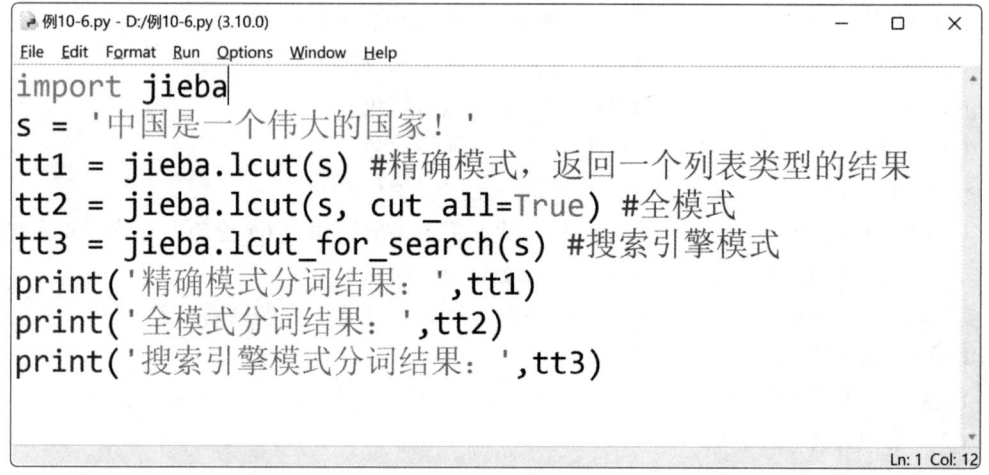

图 10.18　jieba 库分词

10.6　软件工程基础

软件是计算机系统中和硬件系统相互依存的另一部分，提供了用户与硬件系统之间的接口，它是一个包括程序（program）及其相关文档（document）的完整集合。

10.6.1　软件工程概述

1. 软件工程的概念

软件工程是一门研究用工程化方法构建和维护有效的、实用的和高质量的软件的学科，同时也是一门交叉学科，涉及计算机科学、管理科学、工程学和数学等学科。

（1）软件工程基本原理
① 严格按照计划进行管理。
② 坚持进行阶段评审。

③ 实行严格的产品控制。
④ 采用现代化的程序设计技术。
⑤ 结果应能清楚地审计。
⑥ 开发小组的人员应该少而精。
⑦ 承认不断进行软件工程实践的必要性。
（2）软件工程本质特性
① 软件工程关注大型程序的构造。
② 软件工程的中心课题是控制复杂性。
③ 软件经常变化。
④ 开发软件的效率非常重要。
⑤ 和谐合作是开发软件的关键。
⑥ 软件必须有效地支持其用户。
⑦ 在软件工程领域中由具有一种文化背景的人替代具有另一种文化背景的人。
2. 软件工程的三要素
软件工程三要素：方法、工具和过程。
（1）方法
提供一系列软件开发技术，包括完成开发过程中各方面任务的方法并用某种特殊的语言或图形来描述，包括结构化方法、Jackson 方法（面向数据结构的开发方法）、面向对象的方法。
（2）工具
从软件的开发、运行到维护各阶段都有软件工具。软件工具是一种自动化系统，包括需求分析工具、设计工具、编码工具、确认工具、维护工具等，如 Microsoft Visio、Rose、Visual Soure Safe、PowerDesigner、WinRunner、LoadRunner、Concurrent Version System。

近几年，软件工程领域中出现一种新趋势，即将软件工程方法、工具与环境方面的新技术同形式化语义理论有机地结合起来，形成高水平的计算机辅助软件工程（computer aided software engineering，CASE）系统，标志着软件开发技术进入到一个新阶段。
（3）过程
软件工程的过程就是软件过程，是一个为建造高质量软件所需完成的任务的框架，即形成软件产品的一系列步骤，它将软件工程的方法和工具综合起来，以达到合理、及时地进行计算机软件开发的目的。

从软件开发的观点看，它就是使用适当的资源（包括人员、硬软件工具、时间等），为开发软件进行的一组开发活动，在过程结束时将输入（用户要求）转化为输出（软件产品）。

10.6.2 软件工程各阶段简述

从软件开发项目的提出到软件产品完成使命而报废的整个时期大致经历如下几个

阶段。

(1) 项目计划阶段（可行性分析阶段）

确定一个软件是否具备可完成的条件，主要是从资金、技术和社会条件等方面进行分析，撰写可行性分析报告。需求方和开发方共同探讨项目中的问题的解决方案，例如需要的资金、人力、物力和社会方面的影响，是否符合法律等，并且对项目的进度和预期效益进行估计。

(2) 项目需求分析阶段

对用户需求进行分析。将用户的需求用逻辑的软件工程语言表达出来，设计好功能和数据库模型，编写成软件需求设计书。

(3) 项目设计阶段

项目设计阶段又分为概要设计和详细设计。

概要设计就是设计软件的结构，包括组成模块，模块的层次结构，模块的调用关系，每个模块的功能，等等。同时，还要设计该项目的应用系统的总体数据结构和数据库结构，即应用系统要存储什么数据，这些数据是什么样的结构，它们之间有什么关系。

详细设计阶段就是为每个模块完成的功能进行具体的描述，要把功能描述转变为精确的、结构化的过程描述。概要设计阶段通常得到软件结构图。详细设计阶段常用的描述方式有流程图、N-S图、PAD图、伪代码等。

(4) 编码阶段

为程序员分配好编码任务，将软件的设计具体为软件代码。这里注意的是编码语言、工具、环境和编码规范、统一，标准的编码规范可让程序可读和易维护。

(5) 软件测试阶段

软件测试就是利用测试工具按照测试方案和流程对产品进行功能和性能测试，甚至根据需要编写不同的测试工具，设计和维护测试系统，对测试方案可能出现的问题进行分析和评估。执行测试用例后，需要跟踪故障，以确保开发的产品适合需求。

测试的目的是以较小的代价发现尽可能多的错误。要实现这个目标，关键在于设计一套出色的测试用例。如何才能设计出一套出色的测试用例，关键在于理解测试方法。不同的测试方法有不同的测试用例设计方法。两种常用的测试方法是白盒法和黑盒法。白盒法的测试对象是源程序，依据程序内部的逻辑结构来发现软件的编程错误、结构错误和数据错误。结构错误包括逻辑、数据流、初始化等错误。用例设计的关键是以较少的用例覆盖尽可能多的内部程序逻辑结果。白盒法和黑盒法依据的是软件的功能或软件行为描述，发现软件的接口、功能和结构错误。其中接口错误包括内部/外部接口、资源管理、集成化以及系统错误。

(6) 维护阶段

对软件正式交付使用过程中出现的软件的问题进行修复，调整软件以适应正式环境，编写软件的维护报告。

程序源代码：第10章例题代码

习 题 10

一、单项选择题

1. 结构化程序设计强调（　　）。
   A. 程序的效率　　　　　　　B. 程序的规模
   C. 程序的易读性　　　　　　D. 程序的可复用性
2. 结构化程序的三种基本控制结构是（　　）。
   A. 递归、堆栈和队列　　　　B. 调用、返回和转移
   C. 顺序、选择和循环　　　　D. 过程、子程序和函数
3. 不属于结构化程序设计原则的是（　　）。
   A. 多态性　　B. 自顶向下　　C. 模块化　　D. 逐步求精
4. 下面属于良好程序设计风格的是（　　）。
   A. 程序效率第一
   B. 源程序文档化
   C. 随意使用无条件转移语句
   D. 程序输入输出的随意性
5. 程序流程图中带有箭头的线段表示的是（　　）。
   A. 图元关系　　B. 数据流　　C. 控制流　　D. 调用关系
6. 程序调试的任务是（　　）。
   A. 设计测试用例
   B. 验证程序的正确性
   C. 发现程序中的错误
   D. 诊断和改正程序中的错误
7. 属于结构化程序设计基本原则的是（　　）。
   A. 逐步求精　　B. 迭代法　　C. 归纳法　　D. 递归法
8. 下列描述中正确的是（　　）。
   A. 软件工程只是解决软件项目的管理问题
   B. 软件工程主要解决软件产品的生产率问题
   C. 软件工程的主要思想是强调在软件开发过程中需要应用工程化原则
   D. 软件工程只是解决软件开发中的技术问题
9. 软件测试的目的是（　　）。
   A. 证明软件的正确性
   B. 找出软件系统中存在的所有错误

C. 证明软件系统中存在错误

D. 尽可能多地发现软件系统中的错误

10. 软件工程管理的具体内容不包括对（　　）管理。

A. 开发人员　　　B. 设备　　　　C. 经费控制　　　D. 组织机构

二、简答题

1. 什么是程序？什么是程序设计？程序设计包含哪几个方面？
2. 在程序设计中应该注意哪些基本原则？
3. 机器语言、汇编语言、高级语言有什么不同？

三、编程题

1. 设计程序，输入任意正整数 n，计算输出 $n!$。
2. 设计程序，输出 500 以内的所有素数。
3. 画一个等边六边形，并用颜色填充。
4. 画一个等边的 n 边形，并用颜色填充，其中的整数 n 由键盘输入。

第 11 章　计算机的新技术

当前，以互联网、大数据、人工智能等为代表的现代信息技术日新月异，各行业正加速向数字化转型。大家对大数据、人工智能、数字化等这些名词也日渐了解，可以说充斥着我们的生活，随处可见。本章将对这些计算机的新技术概念和应用进行讲解。

【知识要点】
1. 大数据的基本概念
2. 人工智能的基本概念
3. 物联网的基本概念
4. 云计算的基本概念
5. 区块链的基本概念
6. 3D 打印技术的基本概念
7. 虚拟现实技术的基本概念
8. 元宇宙的基本概念

电子教案：计算机的新技术

微视频11.1：第11章章首导读

11.1　大数据

11.1.1　大数据的概念

大数据（big data），指无法在一定时间范围内用常规软件工具进行捕捉、管理和处理的数据集合，是需要新处理模式才能使其具有更强的决策力、洞察发现力和流程优化能力的海量、高增长率和多样化的信息资产。

大数据处理不用随机分析法（抽样调查）这样的捷径，而采用所有数据进行分析处理。大数据的 5V 特点（IBM 公司提出）：volume（大量）、velocity（高速）、variety（多样）、value（低价值密度）、veracity（真实性）。

麦肯锡全球研究所给出的大数据的定义是，一种规模大到在获取、存储、管理、分析方面大大超出了传统数据库软件工具能力范围的数据集合，具有海量的数据规模、快速的数据流转、多样的数据类型和价值密度低四大特征。

大数据技术的战略意义不在于掌握庞大的数据信息，而在于对这些含有意义的数据进行专业化处理。换而言之，如果把大数据比作一种产业，那么这种产业实现盈利的关键，在于提高对数据的"加工能力"，通过"加工"实现数据的"增值"。

从技术上看，大数据与云计算的关系就像一枚硬币的正反面一样密不可分。大数据必然无法用单台的计算机进行处理，必须采用分布式架构。它的特色在于对海量数据进行分布式数据挖掘。但它必须依托云计算的分布式处理、分布式数据库和云存储、虚拟化技术。

随着云时代的来临，大数据也吸引了越来越多的关注。分析师团队认为，大数据通常用来形容一个公司创造的大量非结构化数据和半结构化数据，这些数据在下载到关系型数据库用于分析时会花费过多时间和金钱。大数据分析常和云计算联系到一起，因为实时的大型数据集分析需要像 MapReduce 一样的框架来向数十、数百甚至数千的计算机分配工作。

大数据需要特殊的技术，以有效地处理大量的容忍经过时间内的数据。适用于大数据的技术，包括大规模并行处理（MPP）数据库、数据挖掘、分布式文件系统、分布式数据库、云计算平台、互联网和可扩展的存储系统。

大数据的特征在于以下 7 个方面。

1. 容量（volume）：数据的大小决定所考虑的数据的价值和潜在的信息。
2. 种类（variety）：数据类型的多样性。
3. 速度（velocity）：获得数据的速度。
4. 可变性（variability）：妨碍了处理和有效地管理数据的过程。
5. 真实性（veracity）：数据的质量。
6. 复杂性（complexity）：数据量巨大，来源多渠道。
7. 价值（value）：合理运用大数据，以低成本创造高价值。

大数据包括结构化、半结构化和非结构化数据，非结构化数据越来越成为数据的主要部分。据信息传播中心（information dissemination center，IDC）的调查报告显示：企业中 80% 的数据都是非结构化数据，这些数据每年都按指数增长 60%。大数据就是互联网发展到现今阶段的一种表象或特征而已，没有必要神化它或对它保持敬畏之心，在以云计算为代表的技术创新大幕的衬托下，这些原本看起来很难收集和使用的数据开始容易被利用起来了，通过各行各业的不断创新，大数据会逐步为人类创造更多的价值。

其次，想要系统地认知大数据，必须要全面而细致地分解它，着手从三个层面来展开，如图 11.1 所示。

第一层面是理论，理论是认知的必经途径，也是被广泛认同和传播的基线。在这里从大数据的特征定义理解行业对大数据的整体描绘和定性；从对大数据价值的探讨来深入解析大数据的珍贵所在；洞悉大数据的发展趋势；从大数据隐私这个特别而重要的视角审视人和数据之间的长久博弈。

第二层面是技术，技术是大数据价值体现的手段和前进的基石。在这里分别从云计算、分布式处理技术、存储技术和感知技术的发展来说明大数据从采集、处理、存储到形成结果的整个过程。

第三层面是实践，实践是大数据的最终价值体现。在这里分别从互联网的大数据、政府的大数据、企业的大数据和个人的大数据四个方面来描绘大数据已经展现的美好景

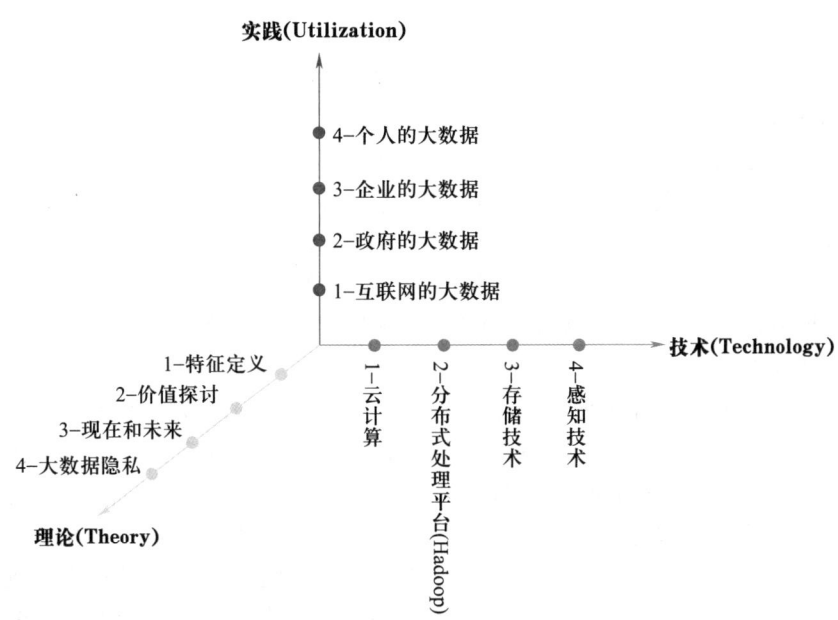

图 11.1 大数据系统的三个层次

象及即将实现的蓝图。

11.1.2 大数据的关键技术

1. 大数据采集

数据采集是大数据生命周期的第一个环节,它通过射频识别技术、传感器数据、社交网络数据、移动互联网数据等方式获得各种类型的结构化、半结构化及非结构化的海量数据。由于可能有成千上万的用户同时进行并发访问和操作,因此,必须采用专门针对大数据的采集方法,其主要包括以下三种。

(1) 数据库采集

一些企业会使用传统的关系数据库 MySQL 和 Oracle 等来存储数据。用得比较多的工具有 Sqoop 和结构化数据库间的 ETL 工具,当然当前对于开源的 Kettle 和 Talend 本身也集成了大数据集成内容,可以实现和 HDFS、HBase 及主流 NoSQL 数据库之间的数据同步和集成。

(2) 网络数据采集

网络数据采集主要是借助网络爬虫或网站公开 API 等方式,从网站上获取数据信息的过程。通过这种途径可将网络上非结构化数据、半结构化数据从网页中提取出来,并以结构化的方式将其存储为统一的本地数据文件。

(3) 文件采集

对于文件的采集,主要是采用 flume 进行实时的文件采集和处理,当然对于 ELK (Elasticsearch、Logstash、Kibana 三者的组合)虽然是处理日志,但是也有基于模板配置的完整增量实时文件采集实现。如果仅仅是做日志的采集和分析,那么用 ELK 解决方案就完全够用了。

2. 大数据预处理

数据的世界是庞大而复杂的,也会有残缺的,有虚假的,有过时的。想要获得高质量的分析挖掘结果,就必须在数据准备阶段提高数据的质量。大数据预处理可以对采集到的原始数据进行清洗、填补、平滑、合并、规格化以及检查一致性等,将那些杂乱无章的数据转化为相对单一且便于处理的构型,为后期的数据分析奠定基础。数据预处理主要包括数据清理、数据集成、数据转换以及数据规约四大部分。

(1) 数据清理

数据清理主要包含遗漏值处理(缺少感兴趣的属性)、噪声数据处理(数据中存在着错误或偏离期望值的数据)、不一致数据处理。主要的清洗工具是 ETL(Extraction, Transformation, Loading)和 Potter's Wheel。

遗漏数据可用全局常量、属性均值、可能值填充或者直接忽略该数据等方法处理;噪声数据可用分箱(对原始数据进行分组,然后对每一组内的数据进行平滑处理)、聚类、计算机人工检查和回归等方法去除噪声;对于不一致数据则可进行手动更正。

(2) 数据集成

数据集成是指将多个数据源中的数据合并存放到一个一致的数据存储库中。这一过程着重要解决三个问题:模式匹配、数据冗余、数据值冲突检测与处理。

来自多个数据集合的数据会因为命名的差异导致对应的实体名称不同,通常涉及实体识别,需要利用元数据来进行区分,对来源不同的实体进行匹配。数据冗余可能来源于数据属性命名的不一致,在解决过程中对于数值属性可以利用皮尔逊积矩 $R_{a,b}$ 来衡量,绝对值越大表明两者之间相关性越强。数据值冲突问题主要表现为来源不同的统一实体具有不同的数据值。

(3) 数据转换

数据转换就是处理抽取上来的数据中存在的不一致的过程。数据转换一般包括两类:第一类,数据名称及格式的统一,即数据粒度转换、商务规则计算以及统一的命名、数据格式、计量单位等;第二类,数据仓库中存在源数据库中可能不存在的数据,因此需要进行字段的组合、分割或计算。数据转换实际上还包含了数据清洗的工作,需要根据业务规则对异常数据进行清洗,保证后续分析结果的准确性。

(4) 数据规约

数据归约是指在尽可能保持数据原貌的前提下,最大限度地精简数据量,主要包括数据方聚集、维规约、数据压缩、数值规约和概念分层等。数据规约技术可以用来得到数据集的规约表示,使得数据集变小,但同时仍然近于保持原数据的完整性。也就是说,在规约后的数据集上进行挖掘,依然能够得到与使用原数据集近乎相同的分析结果。

3. 大数据存储

大数据存储与管理要用存储器把采集到的数据存储起来,建立相应的数据库,以便管理和调用。大数据存储技术路线最典型的有三种。

（1）MPP 架构的新型数据库集群

采用 MPP 架构的新型数据库集群重点面向行业大数据，采用 Shared Nothing 架构，通过列存储、粗粒度索引等多项大数据处理技术，再结合 MPP 架构高效的分布式计算模式，完成对分析类应用的支撑，运行环境多为低成本 PC Server，具有高性能和高扩展性的特点，在企业分析类应用领域获得极其广泛的应用。这类 MPP 产品可以有效支撑 PB 级别的结构化数据分析，这是传统数据库技术无法胜任的。对于企业新一代的数据仓库和结构化数据分析，目前最佳选择是 MPP 数据库。

（2）基于 Hadoop 的技术扩展和封装

基于 Hadoop 的技术扩展和封装，围绕 Hadoop 衍生出相关的大数据技术，应对传统关系型数据库较难处理的数据和场景，例如针对非结构化数据的存储和计算等，充分利用 Hadoop 开源的优势，伴随相关技术的不断进步，其应用场景也将逐步扩大，目前最为典型的应用场景就是通过扩展和封装 Hadoop 来实现对互联网大数据存储、分析的支撑。这里面有几十种 NoSQL 技术，也在进一步细分。对于非结构、半结构化数据处理、复杂的 ETL 流程、复杂的数据挖掘和计算模型，Hadoop 平台更擅长。

微视频11.2：Hadoop生态

（3）大数据一体机

这是一种专为大数据的分析处理而设计的软、硬件结合的产品，由一组集成的服务器、存储设备、操作系统、数据库管理系统以及为数据查询、处理、分析用途而预先安装及优化的软件组成，高性能大数据一体机具有良好的稳定性和纵向扩展性。

4. 大数据分析挖掘

数据的分析与挖掘主要目的是把隐藏在一大批看来杂乱无章的数据中的信息集中起来，进行萃取、提炼，以找出潜在有用的信息和所研究对象的内在规律的过程。可以从可视化分析、数据挖掘算法、预测性分析、语义引擎以及数据质量管理五大方面对其进行着重分析。

（1）可视化分析

数据可视化主要是借助于图形化手段，清晰有效地传达与沟通信息，可以应用于海量数据关联分析。由于所涉及的信息比较分散、数据结构有可能不统一，借助功能强大的可视化数据分析平台，可辅助人工操作将数据进行关联分析，并做出完整的分析图表，简单明了、清晰直观，更易于接受。

（2）数据挖掘算法

数据挖掘算法是根据数据创建数据挖掘模型的一组试探法和计算。为了创建该模型，算法将首先分析用户提供的数据，针对特定类型的模式和趋势进行查找，并使用分析结果定义用于创建挖掘模型的最佳参数，将这些参数应用于整个数据集，以便提取可行模式和详细统计信息。

大数据分析的理论核心就是数据挖掘算法，数据挖掘的算法多种多样，不同的算法基于不同的数据类型和格式会呈现出数据所具备的不同特点。各类统计方法都能深入数据内部，挖掘出数据的价值。

(3) 预测性分析

大数据分析最重要的应用领域之一就是预测性分析，预测性分析结合了多种高级分析功能，包括特别统计分析、预测建模、数据挖掘、文本分析、实体分析、优化、实时评分、机器学习等，从而对未来或其他不确定的事件进行预测。

从纷繁的数据中挖掘出其特点，可以帮助我们了解目前状况以及确定下一步的行动方案，从依靠猜测进行决策转变为依靠预测进行决策。它可帮助分析用户的结构化和非结构化数据中的趋势、模式和关系，运用这些指标来洞察预测将来事件，并做出相应的措施。

(4) 语义引擎

语义引擎是把已有的数据加上语义，可以把它想象成在现有结构化或者非结构化的数据库上的一个语义叠加层。语义技术最直接的应用可以将人们从烦琐的搜索条目中解放出来，让用户更快、更准确、更全面地获得所需信息，提高用户的互联网体验。

(5) 数据质量管理

数据质量管理是指对数据从计划、获取、存储、共享、维护、应用、消亡生命周期的每个阶段里可能引发的各类数据质量问题进行识别、度量、监控、预警等一系列管理活动，并通过改善和提高组织的管理水平使得数据质量获得进一步提高。

对大数据进行有效分析的前提是必须要保证数据的质量，高质量的数据和有效的数据管理无论是在学术研究还是在商业应用领域都极其重要，各个领域都需要保证分析结果的真实性和价值性。

11.1.3 大数据的应用实例

阿里信用贷款无抵押、无担保，能通过掌握的企业交易数据，借助于大数据技术自动分析判定是否给予企业贷款，全程不会出现人工干预，坏账率约3%，大大低于商业银行。

京东慧眼分析每天交易的海量数据，甚至可以在用户下单前就预测到其行为，实现未买先送。例如，在某款手机首发时，通过大数据分析测出每个小区的需要量，把相应量发到配送站。

11.2 人工智能

11.2.1 人工智能的概念

1. 人工智能的定义

人工智能的定义可以分为两部分，即"人工"和"智能"。"人工"比较好理解，争议性也不大。有时我们会考虑什么是人力所能及制造的，或者人自身的智能程度有没有高到可以创造人工智能的地步，等等。但总的来说，"人工系统"就是通常意义下的人工系统。

关于什么是"智能"，就问题多了。这涉及其他诸如意识（consciousness）、自我（self）、思维（mind）（包括无意识的思维（unconscious_ mind））等问题。人唯一了解的智能是人本身的智能，这是普遍认同的观点。但是我们对我们自身智能的理解都非常有限，对构成人的智能的必要元素也了解有限，所以就很难定义什么是"人工"制造的"智能"了。因此人工智能的研究往往涉及对人的智能本身的研究。其他关于动物或其他人造系统的智能也普遍被认为是人工智能相关的研究课题。

人工智能在计算机领域内得到了愈加广泛的重视，并在机器人、经济政治决策、控制系统、仿真系统中得到应用。

尼尔逊教授对人工智能下了这样一个定义："人工智能是关于知识的学科——怎样表示知识以及怎样获得知识并使用知识的科学。"而另一个美国麻省理工学院的教授温斯顿认为："人工智能就是研究如何使计算机去做过去只有人才能做的智能工作。"这些说法反映了人工智能学科的基本思想和基本内容，即人工智能是研究人类智能活动的规律，构造具有一定智能的人工系统，研究如何让计算机去完成以往需要人的智力才能胜任的工作，也就是研究如何应用计算机的软硬件来模拟人类某些智能行为的基本理论、方法和技术。

2. 人工智能的原理

人工智能的工作原理是计算机会通过传感器（或人工输入的方式）来收集关于某个情景的事实。计算机将此信息与已存储的信息进行比较，以确定它的含义。计算机会根据收集来的信息计算各种可能的动作，然后预测哪种动作的效果最好。计算机只能解决程序允许解决的问题，不具备一般意义上的分析能力。

人工智能是研究使计算机来模拟人的某些思维过程和智能行为（如学习、推理、思考、规划等）的学科，主要包括计算机实现智能的原理、制造类似于人脑智能的计算机，使计算机能实现更高层次的应用。人工智能将涉及计算机科学、心理学、哲学和语言学等学科，可以说几乎是自然科学和社会科学的所有学科，其范围已远远超出了计算机科学的范畴，人工智能与思维科学的关系是实践和理论的关系，人工智能处于思维科学的技术应用层次，是它的一个应用分支。从思维观点看，人工智能不仅限于逻辑思维，要考虑形象思维、灵感思维才能促进人工智能的突破性的发展，数学常被认为是多种学科的基础科学，数学也进入语言、思维领域，人工智能学科也必须借用数学工具，数学不仅在标准逻辑、模糊数学等范围发挥作用，数学进入人工智能学科，它们将互相促进而更快地发展。

人工智能是计算机学科的一个分支，20世纪70年代以来被称为世界三大尖端技术之一（空间技术、能源技术、人工智能），也被认为是21世纪三大尖端技术（基因工程、纳米科学、人工智能）之一。这是因为近30年来它获得了迅速的发展，在很多学科领域都获得了广泛应用，并取得了丰硕的成果，人工智能已逐步成为一个独立的分支，无论在理论和实践上都已自成一个系统。

11.2.2 人工智能的研究目标

人工智能的研究目标可划分为近期目标与远期目标两个阶段。

人工智能近期目标的中心任务是研究如何使计算机去做那些过去只有靠人的智力才能完成的工作。根据这个近期目标，人工智能作为计算机科学的一个重要学科，主要研究依赖于现有计算机去模拟人类某些智能行为的基本理论、基本技术和基本方法。近年来，虽然人工智能在理论探讨和实际应用上都取得了不少成果，但是仍有不尽如人意之处。尽管在发展的过程中，人工智能受到过重重阻力，而且曾陷于困境，但它仍然在艰难地向前发展着。

探讨智能的基本机理，研究如何利用自动机去模拟人的某些思维过程和智能行为，最终造出智能机器，这可以作为人工智能的远期目标。

人工智能研究的远期目标的实体是智能机器，这种机器能够在现实世界中模拟人类的思维行为，高效地解决问题。

从研究的内容出发，李艾特和费根鲍姆等人提出了人工智能的9个最终目标。

1. 理解人的认识。此目标研究人如何进行思维，而不是研究机器如何工作，要尽量深入了解人的记忆、问题求解能力、学习的能力和一般的决策等过程。

2. 有效的自动化。此目标是在需要智能的各种任务上用机器取代人。其结果是要建造执行起来和人一样好的程序。

3. 有效的智能拓展。此目标是建造思维上的弥补物，有助于使我们的思维更富有成效、更快、更深刻、更清晰。

4. 超人的智力。此目标是建造超过人的性能的程序。如果越过这一知识阈值，那么就可以导致进一步的增值。如制造行业上的革新、理论上的突破、感人的教师和非凡的研究人员等。

5. 通用问题求解。此目标的研究可以使程序能够解决或至少能够尝试解决其范围之外的一系列问题，包括过去从未听说过的领域。

6. 连贯性交谈。此目标类似于图灵测试，它可以令人满意地与人交谈。交谈使用完整的句子，而句子是用某一种人类的语言。

7. 自治。此目标是一个系统，它能够主动地在现实世界中完成任务，它与下列情况形成对比：仅在某一抽象的空间做规划，在一个模拟世界中执行，建议人去做某种事情。该目标的思想是，现实世界永远比我们的模型要复杂得多，因此它才成为测试所谓智能程序的唯一公正的手段。

8. 学习。该目标是建造一个程序。它能够选择收集什么数据和如何收集数据，然后再进行数据的收集工作。学习是将经验进行概括，使其成为有用的观念、方法、启发性知识，并能以类似方式进行推理。

9. 存储信息。此目标就是要存储大量的知识。系统要有一个类似于正文百科词典式的、包含广泛范围知识的知识库。

总之，无论是人工智能研究的近期目标还是远期目标。摆在我们面前的任务异常艰巨,还有一段很长的路要走。在人工智能的基础理论和物理实现上,还有许多问题等待解决。

11.2.3 人工智能的研究领域

1. 模式识别

模式识别(parttern recognition)是指对表征事物或现象的各种形式的(数值的、文字的和逻辑关系的)信息进行处理和分析,以对事物或现象进行描述、辨认、分类和解释的过程,是信息科学和人工智能的重要组成部分。

模式识别与统计学、心理学、语言学、计算机科学、生物学、控制论等都有关系。它与人工智能、图像处理的研究有交叉关系。例如自适应或自组织的模式识别系统包含了人工智能的学习机制;人工智能研究的景物理解、自然语言理解也包含模式识别问题。又如模式识别中的预处理和特征抽取环节应用图像处理的技术;图像处理中的图像分析也应用模式识别的技术。

如图 11.2 所示,模式识别的过程分为两部分,即训练过程与识别过程。在训练过程中首先将已知的模式样本进行数值化,送入计算机,然后对这些数据进行分析,去掉对分类无效的或可能引起混淆的那些特征数据。尽量保留对分类判别有效的数值特征。这个过程也称为特征选择。有时还必须采用某种变换技术,得出数量上比原来少的综合性特征(称为特征空间压缩,也称为特征提取)。然后再按设想的分类判别的数学模型进行分类,并将分类结果与已知类别的输入模式进行对比,不断修改,制定出错误率最小的判别准则。

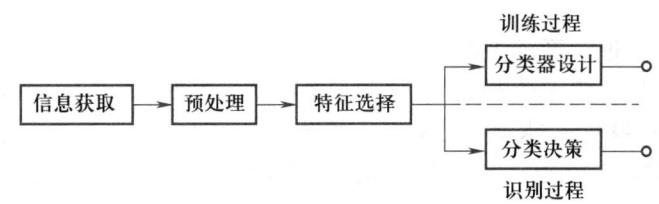

图 11.2　模式识别过程

2. 机器视觉

机器视觉研究的任务是理解一个图像,即利用像素所描绘的景物。其研究领域涉及图片处理、图像处理、模式识别、景物分析、图像解释、光学信息处理、视频信号处理以及图像理解。

这些领域可分成信号处理、分类和理解三类。

(1)信号处理。信号处理研究把一个图像转换为具有所需特征的另一个图像的方法,比如,人们往往想要使所输入的图像尽可能具有较好的信号—干扰比,或者使图像的某些特征得到增强,以便于人们观察。这种处理技术通常称为图像处理或图片处理。数字技术、光学技术和电气的视频信号处理技术通常是信号处理中采用的技术。

（2）分类。分类技术研究如何把图像划分为预定类别。分类是从图像中抽取一组预先确定的特征值，然后根据用于多维特征空间的统计决策方法决定一个图像是否"符合"某一类。这类方法一般称为模式识别或模式分类。

（3）理解。在给定某一图像的情况下，一个图像理解程序不仅描述这个图像的本身，而且也描述该图像所描绘的景物。对于一个图像的理解，需要任务领域的先验知识和复杂的图像处理技术。

视觉对于人来说是很容易的，但要构成一个可以与之相比的计算机视觉系统是非常困难的。这些困难也正是机器视觉所研究的课题。

3. 专家系统

专家系统是当前人工智能应用最成功的一个领域。

专家系统发展之所以如此迅速，主要是因为①专家系统解决实际问题的周密性；②人类专家知识的系统组织，应用领域的发展起到了促进作用；③专家系统突出知识的价值。通常推广和应用专家的知识要通过培训的方法，这需要很长的时间，而专家系统大大减少了知识传授和应用的代价，使其可以获得更大的经济效益。

专家系统具有下面三个特性。

（1）启发性。它运用规范的专门知识和直觉的评判知识进行问题求解。

（2）透明性。它使用户能够在无须了解其系统结构的情况下与专家系统直接交往，了解其知识内容和推理过程。

（3）灵活性。它可以不断接收新知识，调整有关的控制信息，使其与整个知识库协调。

4. 机器学习

机器学习是指通过计算机学习数据中的内在规律性信息，获得新的经验和知识，以提高计算机的智能性，使计算机能够像人那样去决策。谷歌旗下 Deep Mind 公司开发的基于深度卷积神经网络和蒙特卡洛树搜索算法的围棋智能程序 Alpha go，Alpha go 以 3∶0 的悬殊比分战胜围棋高手柯洁，充分展示出机器学习的强大学习能力和巨大发展潜力。Alpha go 就是机器学习的典型代表。

当前对机器学习尚未形成统一的定义。尽管如此，为了便于进行讨论和估计学科的进展，有必要对机器学习给出定义，即使这种定义是不完全的和不充分的。

Langley（1996）定义机器学习是一门人工智能的科学，该领域的主要研究对象是人工智能，特别是如何在经验学习中改善具体算法的性能。Tom Mitchell 的机器学习（1997）对信息论中的一些概念有详细的解释，其中定义机器学习时提到，机器学习是对能通过经验自动改进的计算机算法的研究。Alpaydin（2004）同时提出自己对机器学习的定义，机器学习是用数据或以往的经验，以此优化计算机程序的性能标准。

机器学习系统是能在一定程度上实现机器学习的软件。根据对机器学习的定义，机器学习系统应当具有如下功能。

（1）具有适当的学习环境。学习系统中的环境并非指通常的物理条件，而是指学习系统进行学习时所必需的信息来源。

（2）具有一定的学习能力。一个好的学习方法和一定的学习能力是取得理想的学习效果的重要手段。

（3）能用所学的知识解决问题。学习的目的在于应用，正像定义中提到的，学习系统能把学到的信息用于对未来的估计、分类、决策和控制。

机器学习领域的研究工作主要围绕以下三个方面进行。

（1）面向任务的研究

研究和分析改进一组预定任务的执行性能的学习系统。

（2）认知模型

研究人类学习过程并进行计算机模拟。

（3）理论分析

从理论上探索各种可能的学习方法和独立于应用领域的算法。

机器学习是继专家系统之后人工智能应用的又一重要研究领域，也是人工智能和神经计算的核心研究课题之一。现有的计算机系统和人工智能系统没有什么学习能力，至多也只有非常有限的学习能力，因而不能满足科技和生产提出的新要求。对机器学习的讨论和机器学习研究的进展，必将促使人工智能和整个科学技术的进一步发展。

11.3 物联网

物联网是新一代信息技术的重要组成部分，也是"信息化"时代的重要发展阶段。其英文名称是 Internet of things（IoT）。顾名思义，物联网就是物物相连的互联网。这有两层意思：其一，物联网的核心和基础仍然是互联网，是在互联网基础上延伸和扩展的网络；其二，其用户端延伸和扩展到了任何物品与物品之间，进行信息交换和通信，也就是物物相息。物联网通过智能感知、识别技术与普适计算等通信感知技术，广泛应用于网络的融合中，也因此被称为继计算机、互联网之后世界信息产业发展的第三次浪潮。物联网是互联网的应用拓展，与其说物联网是网络，不如说物联网是业务和应用。因此，应用创新是物联网发展的核心，以用户体验为核心的创新 2.0 是物联网发展的灵魂。

11.3.1 物联网起源与发展

物联网的实践最早可以追溯到 1990 年施乐公司的网络可乐贩售机——Networked Coke Machine。

1995 年，比尔·盖茨在《未来之路》一书中也曾提及物联网，但未引起广泛重视。

1999 年，美国麻省理工学院（MIT）的 Kevin Ash-ton 教授首次提出物联网的概念。

1999 年，美国麻省理工学院建立了"自动识别中心"（Auto-ID），提出"万物皆可通过网络互联"，阐明了物联网的基本含义。早期的物联网是依托射频识别（RFID）技术的物流网络，随着技术和应用的发展，物联网的内涵已经发生了较大变化。

2003 年，美国《技术评论》提出传感网络技术将是未来改变人们生活的十大技术之首，如图 11.3 所示。

图 11.3 物联网的应用

2005 年 11 月 17 日，在突尼斯举行的信息社会世界峰会（WSIS）上，国际电信联盟（ITU）发布《ITU 互联网报告 2005：物联网》，引用了"物联网"的概念。物联网的定义和范围已经发生了变化，覆盖范围有了较大的拓展，不再只是指基于 RFID 技术的物联网。

2008 年后，为了促进科技发展，寻找经济新的增长点，各国政府开始重视下一代的技术规划，将目光放在了物联网上。在中国，同年 11 月在北京大学举行的第二届中国移动政务研讨会"知识社会与创新 2.0"提出移动技术、物联网技术的发展代表着新一代信息技术的形成，并带动了经济社会形态、创新形态的变革，推动了面向知识社会的以用户体验为核心的下一代创新（创新 2.0）形态的形成，创新与发展更加关注用户、注重以人为本。而创新 2.0 形态的形成又进一步推动新一代信息技术的健康发展。

2009 年 2 月 24 日，在 2009IBM 论坛上，IBM 公司公布了名为"智慧的地球"的最新策略。此概念一经提出，即得到美国各界的高度关注，甚至有分析认为 IBM 公司的这一构想极有可能上升至美国的国家战略，并在世界范围内引起轰动。

今天，"智慧地球"战略被美国人认为与当年的"信息高速公路"有许多相似之处，同样被他们认为是振兴经济、确立竞争优势的关键战略。该战略能否掀起如当年互联网革命一样的科技和经济浪潮，不仅为美国关注，更为世界所关注。

物联网的概念已经是一个"中国制造"的概念，它的覆盖范围与时俱进，已经超越了 1999 年 Ashton 教授和 2005 年 ITU 报告所指的范围，物联网已被贴上"中国式"标签。

截至 2010 年，中华人民共和国国家发展和改革委员会、中华人民共和国工业和信息化部等部委正在会同有关部门，在新一代信息技术方面开展研究，以形成支持新一代信息技术的一些新政策措施，从而推动我国经济的发展。

物联网作为一个新经济增长点的战略新兴产业，具有良好的市场效益，《2014～2018 年中国物联网行业应用领域市场需求与投资预测分析报告》数据表明，2010 年物联网在安防、交通、电力和物流领域的市场规模分别为 600 亿元、300 亿元、280 亿元和 150 亿元。2011 年中国物联网产业市场规模达到 2 600 多亿元。

11.3.2 物联网的关键技术

在物联网应用中有三项关键技术。

1. 传感器技术：这也是计算机应用中的关键技术。大家都知道，到目前为止绝大部分计算机处理的都是数字信号。自从有计算机以来就需要传感器把模拟信号转换成数字信号，这样计算机才能处理。

2. RFID 标签：也是一种传感器技术，RFID 技术是融合了无线射频技术和嵌入式技术为一体的综合技术，RFID 在自动识别、物品物流管理有着广阔的应用前景。

3. 嵌入式系统技术：是综合了计算机软硬件、传感器技术、集成电路技术、电子应用技术为一体的复杂技术。经过几十年的演变，以嵌入式系统为特征的智能终端产品随处可见：小到人们身边的 MP3，大到航天航空的卫星系统。嵌入式系统正在改变着人们的生活，推动着工业生产以及国防工业的发展。如果把物联网用人体做一个简单比喻，那么传感器就相当于人的眼睛、鼻子、皮肤等感官，网络就是神经系统用来传递信息，嵌入式系统则是人的大脑，在接收到信息后要进行分类处理。这个例子很形象地描述了传感器、嵌入式系统在物联网中的位置与作用。

11.4 云计算

11.4.1 云计算的概念

云计算（cloud computing）是基于互联网的相关服务的增加、使用和交付模式，通常涉及通过互联网来提供动态易扩展且经常是虚拟化的资源。云是网络、互联网的一种比喻说法。过去往往用云来表示电信网，后来也用来表示互联网和底层基础设施的抽象。因此，云计算甚至可以让你体验每秒 10 万亿次的运算能力，拥有这么强大的计算能力可以模拟核爆炸、预测气候变化和市场发展趋势。用户通过台式机、笔记本电脑、手机等方式接入数据中心，按自己的需求进行运算。

云计算是一种商业计算模型，它将计算任务分布在大量计算机构成的资源池上，使用户能够按需获取计算力、存储空间和信息任务。这些资源称为"云"，"云"是一些可以自我维护和管理的虚拟计算资源，通常是一些大型服务器群，包括计算服务器、存储服务器和宽带资源等。云计算将计算资源集中起来，并通过专门软件实现自动管理，无须人为参与。用户可以动态申请部分资源，支持各种应用程序的运转，无须为烦琐的细节而烦恼，能够更加专注于自己的业务，有利于提高效率、降低成本和技术创新。

对云计算的定义有多种说法。对于到底什么是云计算，至少可以找到 100 种解释。现阶段广为接受的是美国国家标准与技术研究院（NIST）的定义：云计算是一种按使用量付费的模式，这种模式提供可用的、便捷的、按需的网络访问，进入可配置的计算资源共享池（资源包括网络、服务器、存储、应用软件、服务），这些资源能够被快速提供，只需投入很少的管理工作，或与服务供应商进行很少的交互。

云计算是继 1980 年代大型计算机到客户机—服务器的大转变之后的又一种巨变，是分布式计算（distributed computing）和网格计算（grid computing）的发展，或者说是这些计算科学概念的商业实现。云计算是虚拟化（virtualization）、效用计算（utility computing）、基础设施即服务 Iaas（infrastructure as a service）、平台即服务 PaaS（platform as a service）、软件即服务 SaaS（software as a service）等概念混合演进并跃升的结果。

11.4.2 云计算的发展

1983 年，太阳电脑（Sun Microsystems）提出"网络是计算机"（"The Network is the Computer"），2006 年 3 月，亚马逊（Amazon）推出弹性计算云（Elastic Compute Cloud，EC2）服务。

2006 年 8 月 9 日，Google 首席执行官埃里克·施密特（Eric Schmidt）在搜索引擎大会（SES San Jose 2006）首次提出"云计算"的概念。Google"云端计算"源于 Google 工程师克里斯托弗·比希利亚所做的"Google 101"项目。

2007 年 10 月，Google 与 IBM 开始在美国大学校园，包括卡耐基-梅隆大学、麻省理工学院、斯坦福大学、加州大学伯克利分校及马里兰大学等，推广云计算的计划，这项计划希望能降低分布式计算技术在学术研究方面的成本，并为这些大学提供相关的软硬件设备及技术支持（包括数百台个人计算机及 BladeCenter 与 System x 服务器，这些计算平台将提供 1 600 个处理器，支持包括 Linux、Xen、Hadoop 等开放源代码平台），而学生则可以通过网络开发各项以大规模计算为基础的研究计划。

2008 年 1 月 30 日，Google 宣布在中国台湾启动"云计算学术计划"，将与台湾大学、台湾交通大学等学校合作，将这种先进的大规模、快速计算技术推广到校园。

2008 年 2 月 1 日，IBM 宣布将在中国无锡太湖新城科教产业园为中国的软件公司建立全球第一个云计算中心（cloud computing center）。

2008 年 7 月 29 日，雅虎、惠普和英特尔宣布一项涵盖美国、德国和新加坡的联合研究计划，推出云计算研究测试床，推进云计算。该计划要与合作伙伴创建 6 个数据中心作为研究试验平台，每个数据中心配置 1 400 个至 4 000 个处理器。这些合作伙伴包括新加坡资讯通信发展管理局、德国卡尔斯鲁厄大学 Steinbuch 计算中心、美国伊利诺伊大学厄巴纳-香槟分校、英特尔研究院、惠普实验室和雅虎。

2008 年 8 月 3 日，美国专利商标局网站信息显示，戴尔正在申请"云计算"（cloud computing）商标，此举旨在加强对这一未来可能重塑技术架构的术语的控制权。

2010 年 3 月 5 日，Novell 与云安全联盟（CSA）共同宣布一项供应商中立计划，名为"可信任云计算计划"（trusted cloud initiative）。

2010 年 7 月，美国国家航空航天局和包括 Rackspace、AMD、Intel、戴尔等支持厂商共同宣布"OpenStack"开放源代码计划，微软在 2010 年 10 月表示支持 OpenStack 与 Windows Server 2008 R2 的集成；而 Ubuntu 已把 OpenStack 加至 11.04 版本中。

2011 年 2 月，思科系统正式加入 OpenStack，重点研制 OpenStack 的网络服务。

11.4.3　云计算的特点

云计算是通过使计算分布在大量的分布式计算机上，而非本地计算机或远程服务器中，企业数据中心的运行将与互联网更相似，使得企业能够将资源切换到需要的应用上，根据需求访问计算机和存储系统。

好比是从古老的单台发电机模式转向了电厂集中供电的模式，它意味着计算能力也可以作为一种商品进行流通，就像煤气、水电一样，取用方便，费用低廉。最大的不同在于，它是通过互联网进行传输的。

被普遍接受的云计算特点如下。

1. 超大规模

"云"具有相当的规模，Google 云计算已经拥有 100 多万台服务器，亚马逊、IBM、微软、雅虎等的"云"均拥有几十万台服务器。企业私有云一般拥有数百上千台服务器。"云"能赋予用户前所未有的计算能力。

2. 虚拟化

云计算支持用户在任意位置、使用各种终端获取应用服务。所请求的资源来自"云"，而不是固定的有形的实体。应用在"云"中某处运行，但实际上用户无须了解、也不用担心应用运行的具体位置。只需要一台笔记本电脑或者一个手机，就可以通过网络服务来实现我们需要的一切，甚至包括超级计算这样的任务。

3. 高可靠性

"云"使用了数据多副本容错、计算节点同构可互换等措施来保障服务的高可靠性，使用云计算比使用本地计算机可靠。

4. 通用性

云计算不针对特定的应用，在"云"的支撑下可以构造出千变万化的应用，同一个"云"可以同时支持不同的应用运行。

5. 高可扩展性

"云"的规模可以动态伸缩，满足应用和用户规模增长的需要。

6. 按需服务

"云"是一个庞大的资源池，用户按需购买；云可以像自来水、电、煤气那样计费。

7. 极其廉价

由于"云"的特殊容错措施，可以采用极其廉价的节点来构成云，"云"的自动化集中式管理使大量企业无须负担日益高昂的数据中心管理成本，"云"的通用性使资源的利用率较之传统系统大幅提升，因此用户可以充分享受"云"的低成本优势，经常只要花费几百美元、几天时间就能完成以前需要数万美元、数月时间才能完成的任务。

云计算可以彻底改变人们未来的生活，但同时也要重视环境问题，这样才能真正为人类进步做贡献，而不是简单的技术提升。

8. 潜在的危险性

云计算服务除了提供计算服务外，还提供了存储服务。但是云计算服务当前垄断在私人机构（企业）手中，而他们仅仅能够提供商业信用。对于政府机构、商业机构（特别像银行这样持有敏感数据的商业机构）对于选择云计算服务应保持足够的警惕。一旦商业用户大规模使用私人机构提供的云计算服务，无论其技术优势有多强，都不可避免地让这些私人机构以"数据（信息）"的重要性挟制整个社会。对于信息社会而言，"信息"是至关重要的。另一方面，云计算中的数据对于数据所有者以外的其他云计算用户是保密的，但是对于提供云计算的商业机构而言确实毫无秘密可言。所有这些潜在的危险是商业机构和政府机构选择云计算服务、特别是国外机构提供的云计算服务时，不得不考虑的一个重要的前提。

11.4.4 云计算的服务类型

对于云计算的服务类型来说，一般可分为三个层面，分别是基础设施即服务（IaaS）、平台即服务（PaaS）和软件即服务（SaaS）。这三个层次组成了云计算技术层面的整体架构，这其中可能包含了一些虚拟化的技术和应用、自动化的部署以及分布式计算等技术，这种技术架构的优势就是可以对外表现出非常优秀的并行计算能力以及大规模的伸缩性和灵活性等特点。

基础设施即服务（IaaS）：包含云 IT 的基本构建块，通常提供对联网功能、计算机（虚拟或专用硬件）以及数据存储空间的访问。基础设施即服务提供最高等级的灵活性和对 IT 资源的管理控制，其机制与现今众多 IT 部门和开发人员所熟悉的现有 IT 资源最为接近。

平台即服务（PaaS）：消除了组织对底层基础设施（一般是硬件和操作系统）的管理需要，让用户可以将更多精力放在应用程序的部署和管理上面。这有助于提高效率，因为用户不用操心资源购置、容量规划、软件维护、补丁安装或任何与应用程序运行有关的不能产生价值的繁重工作。

软件即服务（SaaS）：提供一种完善的产品，其运行和管理皆由服务提供商负责。通常人们所说的软件即服务指的是终端用户应用程序。使用 SaaS 产品时，服务的维护和底层基础设施的管理都不用用户操心，用户只需要考虑怎样使用 SaaS 软件就可以了。SaaS 的常见应用是基于 Web 的电子邮件，在这种应用场景中，用户可以收发电子邮件而不用管理电子邮件产品的功能添加，也不需要维护电子邮件程序所运行的服务器和操作系统。

11.4.5 云计算的实现机制

云计算的体系结构自上而下包括 4 个层级，即物理资源层、资源池层、管理中间件层和 SOA（service-oriented architecture，面向服务的体系结构）构建层，如图 11.4 所示。

物理资源层汇集了保障云计算正常运作所需的各种物理设备、基础数据和各式软件，包括服务器、PC、存储器、网络设施、数据库和网络软件等。

资源池层将大量相同类型的资源组成同构或接近同构的资源池，如计算资源池、存储资源池、网络资源池、数据资源池和软件资源池等。

管理中间件层提供管理和服务，负责云计算的用户管理、任务管理、资源管理和安

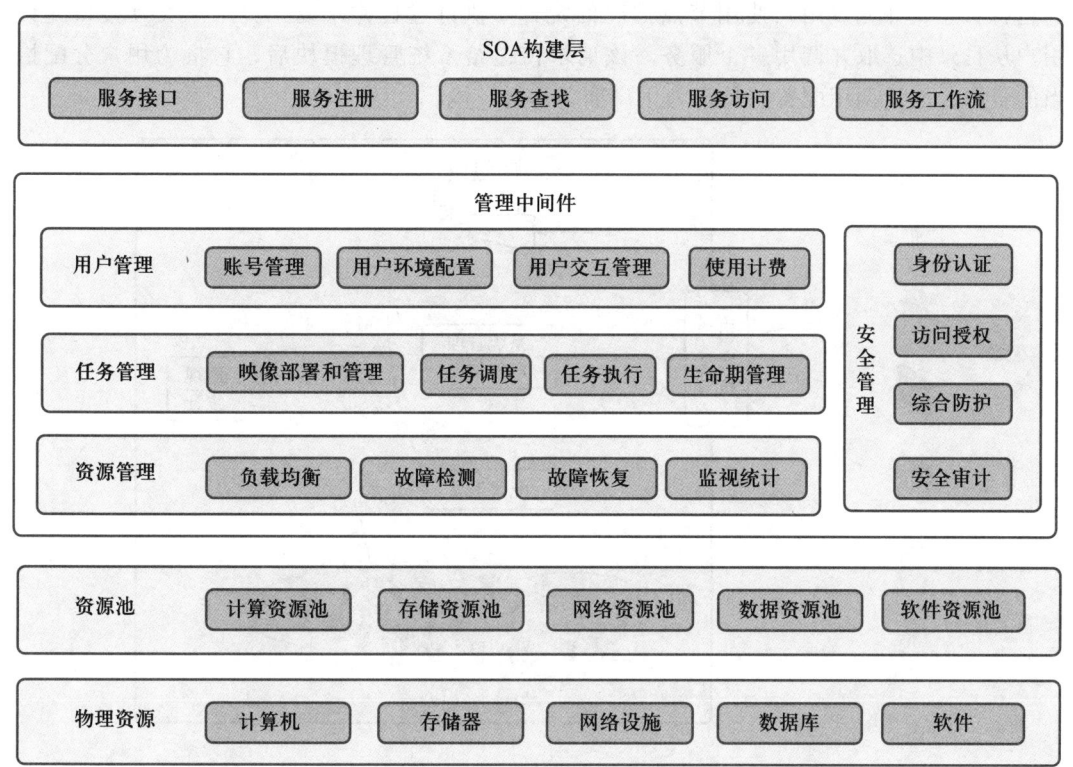

图 11.4 云计算技术体系结构

全管理。其中的用户管理是实现云计算商业模式的一个必不可少的环节,包括账号管理、用户环境配置、用户交互管理、使用计费等,即提供用户交互接口、管理和识别用户信息、创建用户程序的执行环境,并对用户的使用进行计费;任务管理是执行用户或应提交的任务,包括完成用户任务映像的部署和管理、任务调度、任务执行和任务生命期管理等;资源管理是均衡使用云资源节点,并对资源的使用情况进行监视统计,检测节点故障并试图对其进行恢复或屏蔽,包括负载均衡、故障检测、故障恢复和监视统计等;安全管理是保障云计算设施的整体安全,包括身份验证、访问授权、综合防护和安全审计等。

  SOA 构建层将云计算能力封装成标准的 Web 服务。服务接口统一规定云计算使用计算机的各种规范和云计算服务的各种标准,是用户与云交互操作的入口。完成服务注册,实现服务定制和使用。

  基于上述体系结构,下面以 IaaS 云计算为例,简述云计算的实现机制,如图 11.5 所示。

  用户交互接口以 Web Services 方式向应用提供访问接口,获取用户需求。服务目录是用户可以访问的服务清单。系统管理模块负责管理和分配所有可用的资源,其核心是负载均衡。配置工具负责在分配的节点上准备任务运行环境。监视统计模块负责监视节点的运行状态,并完成用户使用节点情况的统计。执行过程并不复杂:用户交互接口允许用户从目录中选取并调用一个服务。该请求传递给系统管理模块后,它将为用户分配恰当的资源,然后调用配置工具来为用户准备运行环境。

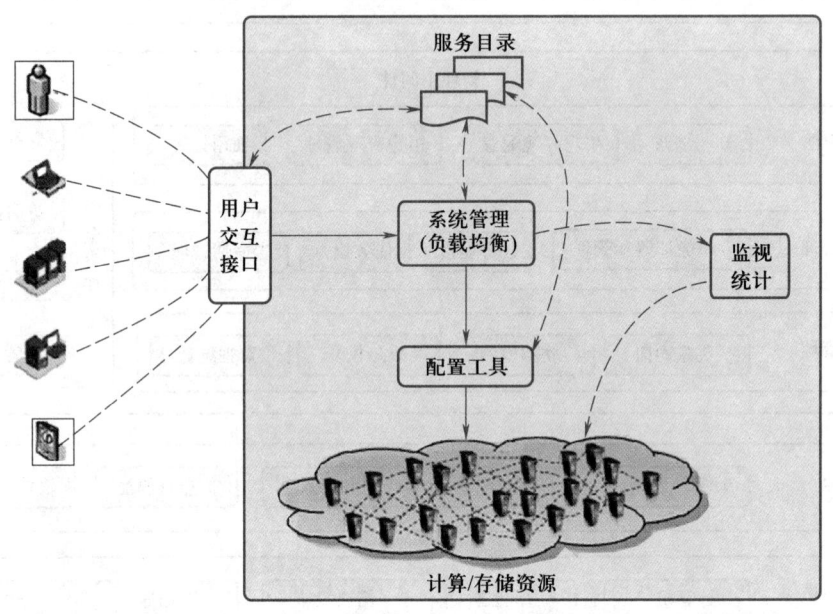

图 11.5　简化的 IaaS 实现机制

11.5　区块链

11.5.1　区块链的概念

区块链起源于中本聪的比特币,作为比特币的底层技术,本质上是一个去中心化的数据库,是指通过去中心化和去信任的方式集体维护一个可靠数据库的技术方案。

区块链技术是一种不依赖第三方、通过自身分布式节点进行网络数据的存储、验证、传递和交流的技术方案。因此,有人从金融会计的角度,把区块链技术看成是一种分布式开放性去中心化的大型网络记账簿,任何人在任何时间都可以采用相同的技术标准加入自己的信息,延伸区块链,持续满足各种需求带来的数据录入需要。

通俗地说,区块链技术就指一种全民参与记账的方式。所有的系统背后都有一个数据库,你可以把数据库看成一个大账本。那么谁来记这个账本就变得很重要。但现在在区块链系统中,系统中的每个人都有机会参与记账。在一定时间段内如果有任何数据变化,那么系统中每个人都可以来进行记账,系统会评判这段时间内记账最快最好的人,把他记录的内容写到账本,并将这段时间内账本内容发给系统内所有的其他人进行备份。这样系统中的每个人都有了一本完整的账本。这种方式就称为区块链技术。

区块链技术被认为是互联网发明以来最具颠覆性的技术创新,它依靠密码学和数学巧妙的分布式算法,在无法建立信任的互联网上,无须借助任何第三方中心的介入就可以使参与者达成共识,以极低的成本解决了信任与价值的可靠传递难题。

比特币点对点网络将所有的交易历史都存储在"区块链"中。区块链在持续延长,而且新区块一旦加入区块链中,就不会再被移走。区块链实际上是一群分散的用户端节点,并由所有参与者组成的分布式数据库,是对所有比特币交易历史的记录。比特币的交易数据被打包到一个"数据块"或"区块"(block)中后,交易就算初步确认了。当区块链接到前一个区块之后,交易会得到进一步的确认。在连续得到 6 个区块确认之后,这笔交易基本上就不可逆转地得到确认了。

区块链在网络上是公开的,可以在每一个离线比特币钱包数据中查询。轻量级比特币钱包使用在线确认,即不会下载区块链数据到设备存储中。

数字货币容易被传统金融机构视作一种新的货币,但实际上其底层技术的意义和价值远远大于其货币属性,以比特币为例,一般意义上它被当作一种点对点形式的数字货币,但从技术层面来说,它实际上是一个点对点的去中心化网络平台,这样一个网络平台依托的正是区块链技术。数字货币是依靠区块链技术搭建的全球点对点网络平台,以比特币为代表的,区块链在数字货币领域的应用,也被称为 Blockchain 1.0。

11.5.2 区块链的起源

区块链起源于比特币,标志着上轮金融危机起点的雷曼兄弟倒闭后两周,2008 年 11 月 1 日,一位自称中本聪(Satoshi Nakamoto)的人发表了《比特币:一种点对点的电子现金系统》一文,阐述了基于 P2P 网络技术加密技术、时间戳技术、区块技术等的电子现金系统的构架理念,这标志着比特币的诞生。两个月后理论步入实践,2009 年 1 月 3 日第一个序号为 0 的比特币创世区块诞生,几天后 2009 年 1 月 9 日出现序号为 1 的区块,并与序号为 0 的创世区块相连接形成了链,标志着区块链的诞生。

近年来,世界对比特币的态度起起落落,但作为比特币底层技术之一的区块链技术日益受到重视。在比特币形成过程中,区块是一个一个的存储单元,记录了一定时间内各个区块节点全部的交流信息。各个区块之间通过哈希算法实现链接(chain),后一个区块包含前一个区块的哈希值,随着信息交流的扩大,一个区块与一个区块相继接续,形成的结果就叫区块链。

11.5.3 区块链的特征

从区块链的形成过程看,区块链技术具有以下特征。

一是去中心化。区块链技术不依赖额外的第三方管理机构或硬件设施,没有中心管制,除了自成一体的区块链本身,通过分布式核算和存储,各个节点实现了信息自我验证、传递和管理。去中心化是区块链最突出、最本质的特征。

二是开放性。区块链技术基础是开源的,除了交易各方的私有信息被加密外,区块链的数据对所有人开放,任何人都可以通过公开的接口查询区块链数据和开发相关应用,因此整个系统信息高度透明。

三是独立性。基于协商一致的规范和协议（类似比特币采用的哈希算法等各种数学算法），整个区块链系统不依赖其他第三方，所有节点能够在系统内自动安全地验证、交换数据，不需要任何人为的干预。

四是安全性。只要不能掌控全部数据节点的51%，就无法肆意操控修改网络数据，这使区块链本身变得相对安全，避免了主观人为的数据变更。

五是匿名性。除非有法律规范要求，单从技术上来讲，各区块节点的身份信息不需要公开或验证，信息传递可以匿名进行。

11.5.4　区块链的应用

如果说蒸汽机释放了人们的生产力，电力解决了人们基本的生活需求，互联网改变了信息传递的方式，那么区块链作为构造信任的机器，将可能改变整个人类社会价值传递的方式。

区块链技术最具可行性的应用就在具有"公证性"事物方面。其实，阿里巴巴的快速发展壮大，支付宝可谓功不可没。因为相较于买卖双方在网上单独交易，支付宝可以作为一个第三方来提供担保，解决了交易过程中的信任问题。如果有了区块链技术作为基础，通过区块链技术获得的信息都是真实可靠的，那么人们交易就不需要通过第三方担保了，因此有人说区块链具有"去第三方"或"无须信任系统"等特性。区块链技术应用前景广阔，并且也不断有领域开始尝试应用，如图11.6所示。

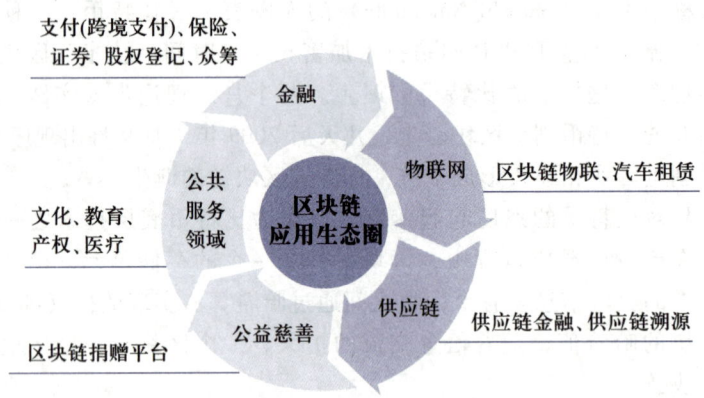

图11.6　区块链的应用

1. 区块链在金融领域的应用前景

区块链在国际汇兑、信用证、股权登记和证券交易所等金融领域有着潜在的巨大应用价值。

将区块链技术应用在金融行业中，可省去第三方中介环节，实现点对点的对接，从而在大大降低成本的同时，快速完成交易支付。

比如Visa推出基于区块链技术的Visa B2B Connect，它能为机构提供一种费用更低、更快速和安全的跨境支付方式来处理全球范围的企业对企业的交易。要知道传统的跨境支付需要等 3~5 天,并为此支付 1%~3%的交易费用。

又如纳斯达克推出基于区块链的交易平台 Linq,Linq 的具体应用场景是非上市公司的股权管理和股权交易。

Visa 还联合 Coinbase 推出了首张比特币借记卡,花旗银行则在区块链上测试运行加密货币"花旗币"。

2. 区块链在物联网和物流领域的应用前景

区块在物联网和物流领域也可以天然结合,通过区块链可以降低物流成本,追溯物品的生产和运送过程,并且提高供应链管理的效率,该领域被认为是区块链一个很有前景的应用方向。

3. 区块链在公共服务领域的应用前景

区块在公共管理、能源、交通等领域都与民众的生产生活息息相关,但是目前这些领域的中心化特质也带来了一些问题,可以用区块链来改造。

4. 区块链在认证、公证领域的应用前景

区块链具有不可篡改的特性,所以在认证和公证也有巨大的市场。Bitproof 是一家专门利用区块链技术进行文件验证的公司。Bitproof 已经与霍伯顿学校(Holberton School)开展合作,该校宣布将利用比特币区块链技术向学生颁发学历证书。解决学历造假等问题。

5. 区块链在数字版权领域的应用前景

通过区块链技术,可以对作品进行鉴权,证明文字、视频、音频等作品的存在,保证权属的真实、唯一性。作品在区块链上被确权后,后续交易都会进行实时记录,实现数字版权全生命周期管理,也可作为司法取证中的技术性保障。

6. 区块链在预测市场和保险领域的应用

在保险理赔方面,保险机构负责资金归集、投资、理赔,往往管理和运营成本较高。通过智能合约的应用,既无须投保人申请,也无须保险公司批准,只要触发理赔条件,实现保单自动理赔。

7. 区块链在公益慈善上的应用

区块链上存储的数据高可靠且不可篡改,天然适合用在社会公益场景。

公益流程中的相关信息,如捐赠项目、募集明细、资金流向、受助人反馈等均可以存放于区块链上,并且有条件地进行透明公开公示,方便社会监督。

11.6 3D 打印技术

11.6.1 3D 打印技术的概念

3D 打印技术是快速成型技术的一种,它是将计算机设计出的三维数字模型分解成若干层平面切片,然后由 3D 打印机把粉末状、液状或丝状塑料、金属、陶瓷或砂等可黏合材料按切片图形逐层叠加,最终堆积成完整物体的技术。该技术综合了数字建模技术、信息技术、机电控制技术、材料科学与化学等诸多方面的前沿技术知识,是一种具有很高科技含量的综合性应用技术。

3D打印技术可以实现大规模的个性化生产,可以制造出传统生产技术无法制造出的外形,可以实现首件的净型成形,大大减小了后期的辅助加工量,避免了委外加工的数据泄密和时间跨度。由于其制造准备和数据转换的时间大幅减少,使得单件试制、小批量生产的周期和成本降低,特别适合新产品的开发和单件小批量零件的生产。这些优势使3D打印成为一种潮流,目前已在建筑、工业设计、珠宝、鞋类、模型制造、汽车、航空航天、医疗、教育、地理信息系统等诸多领域都得到了广泛的应用。

11.6.2　3D打印技术的特点

3D打印与传统模型加工制造相比,有以下优势。

1. 打印的零件精度高。目前市面上的主流3D打印机的精度基本都可以控制在0.3 ram以下,这种精度对于一般产品需求来说是足够的。

2. 产品制造周期短,制造流程简单。3D打印技术省去了传统工艺模具设计与制作等工序,直接从CAD软件的三维模型数据得到实体零件,生产周期大大缩短,也简化了制造流程,节约制模成本。

3. 可实现个性化制造。3D打印一般通过计算机建模实现设计,很容易在尺寸、形状和比例上做修改,并且这些修改都是实时的,为制作个性化产品提供了极大便利。另一方面,利用计算机建模能得到一些传统工艺不能得到的曲线,这将使3D打印产品拥有更加个性的外观。

4. 制造材料的多样性。通常一个3D打印系统可以使用不同材料打印,如金属、石料、塑料等,从而满足不同领域的需要。

5. 可完成一些相对复杂的零件,弥补了传统加工工艺的不足。

11.6.3　3D打印技术的原理

3D打印技术是以计算机三维设计模型为蓝本,用软件将其离散分解成若干层平面切片,然后由数控成型系统利用激光束、热熔喷嘴等方式将粉末状、液状或丝状金属、陶瓷、塑料、细胞组织等材料进行逐层堆积黏结,最终加工成型,制造出实体产品。3D打印机是3D打印的核心装备,它是集机械、控制及计算机技术等为一体的复杂机电一体化系统,主要由高精度机械系统、数控系统、喷射系统和成型环境等子系统组成。与传统制造业的"减材制造技术"相反,3D打印遵从的是加法原则,即"逐层叠加"原则,不再需要传统的刀具、夹具和机床,能实现设计制造一体化,从而大幅降低了生产成本和缩短了加工周期,提高了原材料和能源的利用率,减少了对环境的影响,并且能实现复杂结构产品的设计制造,成型产品的密度也更加均匀。

11.6.4 3D 打印技术的步骤

设计人员使用计算机建模软件制作出产品的三维数字模型,再根据模型自动分析出打印的工序,之后按"打印"键,3D 打印机就可以把它们打印出来。3D 打印与传统打印原理是一样的,只是所用的打印原材料不一样,传统打印用的是"墨水",而用于 3D 打印的原材料则必须是能够液化、粉末化、丝化的塑料、金属、陶瓷或砂等,在打印完成后又能重新结合起来,并具有合格的物理、化学性质。

1. 三维设计

三维打印的设计过程是,先通过计算机建模软件建模,再将建成的三维立体模型"分区"成逐层的截面,即切片,从而指导打印机逐层打印。3D 设计软件是 3D 打印的数据源头,3D 打印所需的模型是由 3D 设计软件创建的,国内的 3D 设计软件包括 CAD、中望 3D、CAxA 等。虽然目前 3D 打印的专用软件不少,但更为直观、简单、实用的 3D 打印专用软件还有待开发。

2. 切片处理

3D 打印与激光成型技术一样,采用了分层加工、叠加成型来完成 3D 实体打印,每一层的打印过程分为两步,首先打印机通过读取文件中的横截面信息,在需要成型的区域喷洒一层特殊胶水,胶水液滴本身很小,且不易扩散。然后喷洒一层均匀的粉末,粉末遇到胶水会迅速固化黏结,而没有胶水的区域仍保持松散状态。这样在一层胶水一层粉末的交替下,实体模型将被"打印"成型,打印完毕后只要扫除松散的粉末即可"刨"出模型,而剩余粉末还可循环利用。

3. 完成打印

3D 打印机的分辨率对大多数应用来说已经足够,但在弯曲的表面可能会比较粗糙,像图像上的锯齿一样,要获得更高分辨率的物品可以先用当前的三维打印机打出稍大一点的物体,再稍微经过表面打磨即可得到表面光滑的"高分辨率"物品。

11.6.5 3D 打印技术的发展

3D 打印技术最早可追溯至 1984 年,世界上第一台 3D 打印机诞生于 1986 年,引起关注和商业化应用开发则是近几年的事。美国政府已将人工智能、3D 打印、机器人作为重振美国制造业的三大支柱,其中 3D 打印是第一个得到政府扶持的产业,我国工信部也正在组织研究制定 3D 打印技术路线图、中长期发展战略、3D 打印技术规范和标准以及 3D 打印产业发展的专项财税政策,目前,华中科技大学史玉升科研团队经过十多年的努力,已研发出全球最大的"3D 打印机",这一"3D 打印机"可加工零件长宽最大尺寸均达到 1.2 米。与此同时,民用 3D 打印机市场也在快速崛起,3D 打印机制造厂商也在不断增多。

目前,3D 打印技术主要应用于工业企业新产品设计、试制及快速打印成形,个性化产品设计及快速打印制造,模型制造,医疗行业,建筑业,汽车制造业,航空航天,食品产业,教育科研,军事等行业中,从长远看,这项技术应用范围之广将超乎想象,最终将给人们的生产和生活方式带来颠覆式的改变，但由于受制于材料、成本、打印速度、制造精度等多方面因素，这项技术并不能完全取代传统的减材制造法并实现大规模工业化生产，未来相当长的一段时间内两种生产方式将并存，互补。

11.7 虚拟（增强）现实技术

11.7.1 虚拟现实技术的概念

VR 是 virtual reality 的缩写，中文的意思就是虚拟现实（真实幻觉、灵境、幻真），也称灵境技术或人工环境。该概念是在 20 世纪 80 年代初提出来的，其具体是指借助计算机及最新传感器技术创造的一种崭新的人机交互手段。虚拟现实是利用计算机模拟产生一个三维空间的虚拟世界，提供使用者关于视觉、听觉、触觉等感官的模拟，让使用者如同身临其境一般，可以及时、没有限制地观察三维空间内的事物，如图 11.7 所示。

图 11.7　虚拟世界

1992 年美国国家科学基金资助的交互式系统项目工作组的报告中对虚拟现实提出了较系统的论述，并确定和建议了未来虚拟现实环境领域的研究方向。可以认为，虚拟现实技术综合了计算机图形技术、计算机仿真技术、传感器技术、显示技术等多种科学技术，它在多维信息空间上创建一个虚拟信息环境，能使用户具有身临其境的沉浸感，具有完善的与环境交互作用能力，并有助于启发构思。所以说，沉浸、交互、构想是虚拟现实环境系统的三个基本特性。虚拟技术的核心是建模与仿真。

11.7.2 虚拟现实技术的特点

虚拟现实被认为是多媒体最高级别的应用。它是计算机技术、计算机图形、计算机视觉、视觉生理学、视觉心理学、仿真技术、微电子技术、立体显示技术、传感与测量技术、语音识别与合成技术、人机接口技术、网络技术及人工智能技术等多种高新技术的结晶。其逼真性和实时交互性为系统仿真技术提供有力的支撑。虚拟现实技术有以下几个特点。

1. 沉浸性

沉浸性（immersion）又称临场感，指用户对虚拟世界中的真实感。理想的模拟环境应该使用户难以分辨真假，使用户全身心地投入到计算机创建的三维虚拟环境中，该环境中的一切看上去是真的，听上去是真的，动起来是真的，甚至闻起来、尝起来等一切感觉都是真的，如同在现实世界中的感觉一样。

2. 交互性

交互性（interaction）指用户对虚拟世界中的物体的可操作性。例如，用户可以用手去直接抓取模拟环境中虚拟的物体，这时手有握着东西的感觉，并可以感觉物体的重量，视野中被抓的物体也能立刻随着手的移动而移动。

3. 构想性

构想性（imagination）又称自主性，指用户在虚拟世界的多维信息空间中，依靠自身的感知和认知能力可全方位地获取知识，发挥主观能动性，寻求对问题的完美解决方案。

由于沉浸性、交互性和构想性三个特性的英文单词的第一个字母均为I，这三个特性又通常被统称为3I特性。

11.7.3 3D技术和虚拟现实技术的区别

1. 虚拟现实（VR）是交互式虚拟现实体验

（1）VR是利用计算机为用户提供一个交互式的可沉浸的身临其境的虚拟三维空间。它的特征主要有多感知性、交互性、沉浸性。

（2）VR是通过特定的头盔为用户形成密闭的虚拟现实体验空间，让用户根据头盔内的影像全方位感受虚拟场景。

（3）VR影像以用户为主体，随着用户肢体或者思维的改变，它会开辟出不同的画面和内容。

2. 3D是立体视觉特效

（1）3D电影是将两个影像重合后产生逼真三维立体视觉效果。

（2）3D电影中，观众只需佩戴相关的3D眼镜就可以获得唯美精致的三维立体影像画面。

（3）在3D电影中，观众不是自行开辟三维路线，而是随着屏幕内影像的移动改变空间、场景，从而产生身临其境的效果。

随着3D技术的提升，又出现了4D电影和5D电影。相对于3D电影只是简单给观众视觉的逼真体验，4D电影则会根据影片的情节制造出烟雾、喷水、座椅摇晃等效果，让观众从知觉、触觉、视觉等多方面感受虚拟现实的效果。5D电影在3D基础上加上了动感座椅，这样观众可以从听觉、视觉和触觉等几个方面感受到周围的环境，就好像在影片中一样，和剧中人有着同样的感觉。5D电影的片长很短，一般只有8～15分钟，一般都是比较刺激的科幻片或者恐怖片，这样才能在比较短暂的时间中给人带来刺激感。

11.7.4 虚拟现实技术的应用

虚拟现实技术的使用有着非常重要的现实意义，而且现已用在诸多领域。

1. 娱乐领域

丰富的感觉能力与 3D 显示环境使得 VR 成为理想的视频游戏工具。由于在娱乐方面对 VR 的真实感要求不是太高，故近年来 VR 在该方面发展最为迅猛。

现在比较出名的就是 Steam 平台上的各种游戏，现在许多 VR 设备厂商也都已经与 Steam 平台进行了对接。

2. 军事航天领域

军事领域的研究一直是推动虚拟现实技术发展的原动力，目前依然是主要的应用领域。如模拟训练一直是军事与航天工业中的一个重要课题，这为 VR 提供了广阔的应用前景。美国国防部高级研究计划局 DARPA 自 1980 年代起一直致力于研究称为 SIMNET 的虚拟战场系统，以提供坦克协同训练，该系统可联结 200 多台模拟器；美国空军技术研究所（air force institute of technology）也在利用 VR 开发培养实际空军操作人员的环境；美国宇航局（NASA）目前已建立了航空、卫星维护 VR 训练系统、空间站 VR 训练系统，并建立了能够供全国使用的 VR 教育系统，用以模拟实际环境培养、训练宇航员。

3. 医学领域

虚拟现实技术可以弥补传统医学的不足，主要应用在解剖学、病理学教学、外科手术训练等方面。在教学中，虚拟环境可以建立虚拟的人体模型，借助于跟踪球、HMD、感觉手套，学生可以很容易了解人体各器官结构，这比现有的采用教科书的方式更加有效。在医学院校，学生可在虚拟实验室中，进行"尸体"解剖和各种手术练习。同样，外科医生在真正动手术之前，可以通过虚拟现实技术，在显示器上重复地模拟手术，完成对复杂外科手术的设计，寻找最佳手术方案，这样的练习和预演能够将手术对病人造成的损伤降至最低。

4. 艺术领域

虚拟现实技术作为传输显示信息的媒体，在艺术领域有着巨大的潜力。例如，VR 技术能够将静态的艺术（如绘画、雕塑等）转化为动态的，可以提高用户与艺术的交互，并提供全新的体验和学习方式。

5. 教育领域

虚拟现实技术应用是教育技术发展的一个飞跃。虚拟学习环境、虚拟现实技术能够为学生提供生动、逼真的学习环境。亲身去经历的"自主学习"环境比传统的说教学习方式更具说服力。虚拟实验利用虚拟现实技术，可以建立各种虚拟实验室，如物理、化学、生物实验室等，利用 VR 能够极有效地降低实验室成本投入，并让学生获得与真实实验一样的体会，得到同样的教学效果。

6. 文物古迹

利用虚拟现实技术，可以对文物古迹的展示和保护带来更大的发展。将文物古迹通过影像建模，更加全面、生动地展示文物，提供给用户更直观的浏览体验，使文物实时实现资源共享，而不需要受地域所限制，并能有效保护文物古迹不被过度游客的游览所影响。同时使用三维模型能提高文物修复的精度、缩短修复工期。

7. 生产领域

利用虚拟现实技术建成的汽车虚拟开发工程，可以在汽车开发的整个过程中，全面采用计算机辅助技术来缩短设计周期。例如，福特官方公布过一项汽车研发技术——3D CAVE 虚拟技术。设计师戴上 3D 眼镜坐在"车里"，就能模拟"操控汽车"的状态，并在模拟的车流、行人、街道中感受操控行为，从而在车辆未被生产出来之前，及时、高效地分析车型设计，了解实际情况中的驾驶员视野、中控台设计、按键位置、后视镜调节等，并进行改进，这套系统能够在汽车开发中有效控制成本。

11.8 元宇宙

11.8.1 元宇宙的概念

元宇宙（Metaverse）是利用科技手段进行链接与创造的，与现实世界映射与交互的虚拟世界，是具备新型社会体系的数字生活空间。

拓展阅读：元宇宙探究

元宇宙本质上是对现实世界的虚拟化、数字化过程，需要对内容生产、经济系统、用户体验以及实体世界内容等进行大量改造。但元宇宙的发展是循序渐进的，是在共享的基础设施、标准及协议的支撑下，由众多工具、平台不断融合、进化而最终成形。它基于扩展现实技术提供沉浸式体验，基于数字孪生技术生成现实世界的镜像，基于区块链技术搭建经济体系，将虚拟世界与现实世界在经济系统、社交系统、身份系统上密切融合，并且允许每个用户进行内容生产和世界编辑。

11.8.2 元宇宙的特征

1. 与现实世界平行。
2. 反作用于现实世界。
3. 多种高技术综合。

11.8.3 元宇宙的实现路径

1. 沉浸和叠加

沉浸式路径的代表是 VR 技术，比如佩戴 VR 设备，可以让人进入一种"万物皆备于我"的沉浸式专属场景，这种场景既是沉浸的也是内卷的。叠加式路径的代表是 AR 技术，它是在现有条件上叠加和外拓，比如给普通机器人加入皮囊皮相、注入灵魂情感，令其成为仿真机器人。

2. 激进和渐进

通往元宇宙的路径，一直有激进和渐进两种方式。比如 Rolox 就是激进路径的代表，从一开始就不提供游戏，只提供开发平台和社区，以创作激励机制吸引用户，实现完全由用户打造的去中心化世界。这意味着任何人都可以进入这个空间进行编辑，做剧本或设置游戏关卡等。

3. 开放和封闭

元宇宙的路径还存在开放和封闭两种关系。这种关系在手机市场上体现较为明显，比如苹果系统就是一个封闭的系统，软硬件都是封闭的，笔者把这种逻辑总结为"我即宇宙"。

11.8.4 元宇宙的核心技术

1. 扩展现实技术，包括 VR 和 AR。扩展现实技术可以提供沉浸式的体验，可以解决手机解决不了的问题。

2. 数字孪生，能够把现实世界镜像到虚拟世界里面去。这也意味着在元宇宙里面，我们可以看到很多自己的虚拟分身。

3. 用区块链来搭建经济体系。随着元宇宙进一步发展，对整个现实社会的模拟程度加强，我们在元宇宙中可能不仅仅是在花钱，而且有可能赚钱，这样在虚拟世界里同样形成了一套经济体系。

在元宇宙时代，实现眼、耳、鼻、舌、身体、大脑 6 类需求（视觉、听觉、嗅觉、味觉、触觉、意识）有不同的技术支撑，如网线和计算机支持了视觉和听觉需求，但这种连接还处在初级阶段。随着互联网的进一步发展，连接不仅满足需求，而且通过供给刺激需求、创造需求。如通过大数据精准"猜你喜欢"，直接把产品推给用户，实现"概率购买"的赌注。

习 题 11

习题答案：习题11答案

简答题
1. 简述大数据的特征。
2. 简述物联网的关键技术。
3. 简述云计算的概念。
4. 简述 3D 打印技术的特点。

参 考 文 献

[1] 甘勇，尚展垒，翟萍，等．大学计算机基础［M］．北京：高等教育出版社，2018．

[2] 甘勇，尚展垒，王伟，等．大学计算机基础（微课版）［M］．北京：人民邮电出版社，2020．

[3] 甘勇，尚展垒，王浩，等．大学计算机基础［M］．5版．北京：人民邮电出版社，2021．

[4] 刘志成，石坤泉．大学计算机基础［M］．3版．北京：人民邮电出版社，2020．

[5] 姜可扉，杨俊生，谭可芳．大学计算机［M］．北京：电子工业出版社，2022．

[6] 李凤霞，陈宇峰，史树敏，等．大学计算机［M］．2版．北京：高等教育出版社，2020．

[7] 蒋加伏，沈岳．大学计算机［M］．4版．北京：北京邮电大学出版社，2017．

[8] 马华东．多媒体技术原理及应用［M］．2版．北京：清华大学出版社，2008．

[9] 王珊，萨师煊．数据库系统概论［M］．5版．北京：高等教育出版社，2014．

[10] 谢希仁．计算机网络［M］．8版．北京：电子工业出版社，2021．

[11] Bryany R E，O'Hallaron D R．深入理解计算机系统［M］．龚奕利，贺莲，译．3版．北京：机械工业出版社，2016．

[12] 郑鹏，曾平，刘华俊，等．计算机操作系统［M］．3版．武汉：武汉大学出版社，2022．

郑重声明

高等教育出版社依法对本书享有专有出版权。任何未经许可的复制、销售行为均违反《中华人民共和国著作权法》，其行为人将承担相应的民事责任和行政责任；构成犯罪的，将被依法追究刑事责任。为了维护市场秩序，保护读者的合法权益，避免读者误用盗版书造成不良后果，我社将配合行政执法部门和司法机关对违法犯罪的单位和个人进行严厉打击。社会各界人士如发现上述侵权行为，希望及时举报，本社将奖励举报有功人员。

反盗版举报电话　（010）58581999　58582371　58582488
反盗版举报传真　（010）82086060
反盗版举报邮箱　dd@hep.com.cn
通信地址　　　　北京市西城区德外大街4号
　　　　　　　　高等教育出版社法律事务与版权管理部
邮政编码　　　　100120

防伪查询说明

用户购书后刮开封底防伪涂层，利用手机微信等软件扫描二维码，会跳转至防伪查询网页，获得所购图书详细信息。也可将防伪二维码下的20位密码按从左到右、从上到下的顺序发送短信至106695881280，免费查询所购图书真伪。

反盗版短信举报

编辑短信"JB,图书名称,出版社,购买地点"发送至10669588128
防伪客服电话
（010）58582300